人工智能与机器人丛书

智能机器人

主　编　郝加波

副主编　朱兴华　刘贵权

陈光平　何国田

科 学 出 版 社

北　京

内 容 简 介

本书介绍了机器人技术的基础知识和综合实践应用。书中内容包括机器人的定义、历史、发展现状及机器人的控制器（大脑）、传感器（感官）、机身（骨骼）、电源（心脏）等方面的相关基础知识，以及智能机器人综述、仿人机器人、网络机器人、3D 打印机器人等实践应用。学生通过对机器人的综合设计及算法编程，学习机器人原理及相关知识，掌握机器人的软硬件原理、设计方法、基本算法和基本技能，结合实际理解机器人科学技术与应用的重要性，形成健康应用机器人的习惯，应用机器人解决实际问题。

本书可作为中小学生及机器人爱好者的教材，也可作为中小学课外活动和青少年科普活动的参考书。

图书在版编目（CIP）数据

智能机器人/郝加波主编. —北京：科学出版社，2019.6

（人工智能与机器人丛书）

ISBN 978-7-03-060423-1

Ⅰ. ①智… Ⅱ. ①郝… Ⅲ. ①智能机器人—基本知识 Ⅳ. ①TP242.6

中国版本图书馆 CIP 数据核字（2019）第 012818 号

责任编辑：邓 静 张丽花 王晓丽 / 责任校对：郭瑞芝
责任印制：张 伟 / 封面设计：迷底书装

科 学 出 版 社 出版
北京东黄城根北街 16 号
邮政编码：100717
http://www.sciencep.com
北京虎彩文化传播有限公司 印刷
科学出版社发行 各地新华书店经销
*
2019 年 6 月第 一 版 开本：787×1092 1/16
2019 年 6 月第一次印刷 印张：15 1/2
字数：280 000

定价：69.00 元

（如有印装质量问题，我社负责调换）

本书编委会

主　编　郝加波

副主编　朱兴华　刘贵权　陈光平　何国田

委　员　王成端　刁永锋　刘进长　李壮成

李孟然　顾　林　蒲国林　王田苗

赵　杰　韩建达　欧勇盛　石为人

吴其洲　冯玉玺　赵飞亚　冉　勇

涂　朴　伍世云　化希耀　潘　刚

李　斌　赵　炜　王贤福

丛书序

制造业是国民经济的主体，是立国之本、兴国之器、强国之基。随着《中国制造 2025》制造强国战略的提出，机器人技术作为其中非常重要的一个版块，使得机器人人才的培养受到了广泛关注。近年来，国内高等院校相继开设机器人专业，多所著名高等院校也在自主招生简章中加入了机器人比赛获奖经历的条件。

目前，教育机器人品牌繁多，大部分采用模块化的积木进行搭建，少部分采用金属机器人形式。企业基本都通过校外兴趣培训的方式进行产品推广，同时，通过赞助机器人比赛增加自身品牌的影响力。我国中小学机器人教育主要存在的问题包括：教材缺乏统一的技术层次结构；教具昂贵，缺少规范；学校师资力量不足。

在这样的背景下，重庆机器人学会、达州智能制造产业技术研究院等单位，深入学校和机器人教育相关企业展开调研和技术研讨，精心编写了“人工智能与机器人丛书”。该丛书目前包括《机器人探索》、《仿生机器人》和《智能机器人》，后续出版计划将陆续开展。该丛书面向在校中小学生，根据其年龄特点、认知规律和教育规律，选择青少年易于接受的内容，组织通俗易懂的语言，向读者传播机器人知识，旨在推动机器人科普教育，让机器人教育走进中小学校、进入基础教育的课堂。

该丛书注重科学系统性、内容正确性。机器人学综合性较强，涉及数学、机械制造、自动控制、传感器技术、人工智能、信息技术、计算机科学、电子工程等多门学科和技术。中小学机器人教育的重点是科普而不是研究，但必须坚持科学性，为中小学生提供的知识必须是正确的。为此，我们需要用科学的、通俗的、大众化的语言描述机器人学成熟的技术，并传授给学生，以培养学生的实践能力和创新能力。当然，需要了解机器人技术的非专业人员也可以从中获益。

该丛书内容循序渐进，实用性强。对小学、初中、高中各阶段应该讲授哪些机器人技术知识、如何讲授都做了科学合理的规划，以契合当前中小学教育模式和授课方式的变革。《机器人探索》先介绍机器人的发展历史、机器人的分类和构成等知识，再通过与人类的比较，介绍机器人的大脑、感官、手、脚、语言、能量以及机器人未来的发展方向，该书适于小学高年级阶段的学生阅读学习。《仿生机器人》主要针对初中阶段学生的认知特点，重点介绍仿生机器人，围绕仿生大脑、仿生感官、仿生运动、仿生机器人的能量等知识编写，同时还介绍了水下、地面和空中的仿生机器人，根据初中生所具备的动手能力，编写了仿生机器人的制作内容，提升读者对仿生机器人的学习兴趣。《智能机器人》是为高中学生编写的机器人书籍，包括机器人的语言和编程教学、机器人的大脑、骨骼和心脏等内容，对读者的培养要求有了较大提高，通过该书的学习，可以掌握一定的机器人控制编程能力。

该丛书中的实验内容丰富，对应实验器材易于从市场购得，所包含的机器人实践动手实验适于中小学生操作。

参与该丛书编写的人员包括行业企业带头人、一线教师和科研人员，他们有着丰富的机器人教学和实践经验。该丛书的编写经过了反复研讨、修订和论证，在这里也希望同行专家和读者对该丛书不吝赐教，给予批评指正。我们坚信，在众多有识之士的努力下，该丛书一定会彰显功效，为机器人教育走进课堂打下坚实的基础。

2018 年 10 月

前言

随着科学技术的发展，特别是人工智能与机器人的结合，机器人不再局限于工业应用和研究所内，它已经进入教育领域。国内外教育专家指出利用机器人来开展实践学习，不仅有利于学生理解科学、工程学和技术等领域的抽象概念，更有利于培养学生的创新能力、综合设计能力和动手实践能力。机器人基础教育越来越受到人们的关注。

我国自 2001 年举办首届中国青少年机器人竞赛以来，在竞赛的带动与促进下，全国各地展开了校本课程、课外科技小组、选修课等丰富多彩的机器人教育活动。近年来，由于对机器人教育认识上的不足，机器人竞赛活动目标不明确等，我国机器人教育的发展受到一定程度的制约。

在课程改革的背景下，从全国基础教育发展现状出发，构建科学、合理、切实可行的中小学机器人课程体系，规范机器人教育，对我国今后机器人教育的蓬勃发展起着非常重要的作用，并且势在必行。

机器人课程是以培养学生的科学素养和技术素养为宗旨，以综合规划、设计制作、调试应用为主要学习特征的实践性课程，在拓宽学生的知识面、促进学生全面而又富有个性的发展上起着不可替代的作用。

1. 科学性

机器人是一门交叉性很强的综合性学科，涉及许多基础学科，包括数学、运动学、动力学、仿生学、计算机、控制理论、人工智能等，并以多种学科理论为基础。

2. 实践性

机器人又是一门实践性很强的学科，涉及多方面的技术，如机器人结构设计与制作、操作与执行、驱动与控制、检测与感知、智能与程序设计等，均需要通过实践来实现。

3. 综合性

机器人课程具有高度的综合性，强调学生广泛地接触和收集各方面的资料，包括自然、人文、艺术等，综合多学科知识，通过动脑、动手设计作品或产品，拓宽知识面，提高综合设计能力。

4. 创造性

机器人课程基于学科理论，通过规划、设计、制作和评价，通过技术思想和方法的应用及实际问题的解决，为学生发挥创造力提供了广阔舞台，是培养学生创新精神和实践能力的有效途径。

机器人课程注重学生对机器人知识体系的搭建，通过循序渐进的学习，学生将具备比较系统的机器人知识功底；注重理论与实践的结合，通过寓教于乐的教学方式，学生可以在轻松愉快的动手过程中掌握机器人设计的理论知识；注重学生综合能力的培养，通过丰富的研讨与实践环节，学生可以在潜移默化中提高观察能力、动手能力、探索精神和团队协作精神。

作　者

2018 年 10 月

目录

第 1 章 机器人概述

1.1 机器人的历史

机器人，英语为 Robot，是自动执行工作的机器装置。它体现了人类长期以来的一种愿望，即创造一种像人一样的智能机器，以便能够代替人去进行各种各样的工作。机器人虽然是一个新造词，但关于机器人这一思想的渊源，却可以追溯到遥远的古代。

1.1.1 早期机器人的出现

直到四十多年前，“机器人”才作为专业术语加以引用，然而机器人的概念在人类的想象中却已存在三千多年了。据《列子·汤问》记载，早在我国西周时期，就有能工巧匠偃师制作了一个能歌善舞的木偶艺人，献给周穆王，如图 1-1 所示。

春秋时期，被称为木匠祖师爷的鲁班，利用竹子和木料制造出一个木鸢(图 1-2)，它能在空中飞行“三日不下”，这件事在古书《墨经》中有所记载，这可称得上世界第一个空中机器人。

图 1-1　西周时期的木偶艺人

图 1-2　鲁班制造的木鸢

东汉时期，我国科学家张衡不仅发明了震惊世界的“候风地动仪”，还发明了测量路程用的“记里鼓车”（图 1-3），车上装有木人、鼓和钟，每走 1 里，击鼓 1 次，每走 10 里击钟一次，奇妙无比。

三国时期的蜀汉，丞相诸葛亮既是一位军事家，又是一位发明家。他成功地创造出“木牛流马”，可以运送军用物资，成为最早的陆地军用机器人。如图 1-4 所示为诸葛亮发明的木牛流马。

图 1-3　张衡发明的记里鼓车

图 1-4　木牛流马

在国外，也有一些国家较早进行机器人的研制。

公元前 2 世纪，古希腊人发明了一个机器人，它以蒸汽压力作为动力，能够动作，会自己开门，可以借助蒸汽唱歌。

17 世纪，日本人田中久重，发明了能自己取箭、射箭的自动机器——弓曳童子，如图 1-5 所示。到了 18 世纪，日本人若井源大卫门和源信，对该玩偶进行了改进，制造出了端茶玩偶，该玩偶双手端着茶盘，当将茶杯放到茶盘上后，它就会走向客人将茶送上，客人取茶杯时，它会自动停止走动，待客人喝完茶将茶杯放回茶盘之后，它就会转回原来的地方，煞是可爱。

法国的杰克・戴・瓦克逊于 1738 年发明了一只机器鸭，它会游泳、喝水、吃东西和排泄，还会嘎嘎叫。

瑞士钟表名匠德罗斯父子三人于 1768—1774 年，设计制造出三个像真人一样大小的机器人——写字偶人、绘图偶人和弹风琴偶人。它们是由凸轮控制和弹簧驱动的自动机器，至今还作为国宝保存在瑞士纳切特尔市艺术和历史博物馆内。图 1-6 为瑞士钟表匠打造机器人玩偶的过程图。

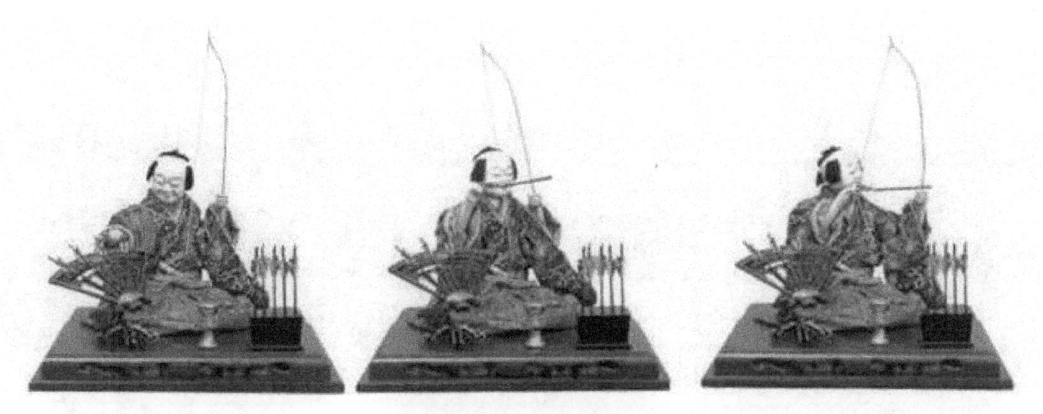

图 1-5　弓曳童子

图 1-6　瑞士钟表匠打造机器人玩偶

1.1.2　两次机器革命

1. 第一次机器革命

随着科技的发展，18 世纪出现了以蒸汽机发明为标志的第一次工业革命，也是技术发展史上的一次巨大革命，它开创了以机器代替手工工具的时代，让人类拥有了力大无比的帮手，这一时期几乎所有的动力系统都在延展人类的肌肉力量，如图 1-7 所示。在那个时代，创造实际上是由人类控制的，劳动力也因此显得更有价值、更重要。人类劳动力和机器是互补的关系。

第一次机器革命也引起了古代机器人技术的进步。1893 年 More 制造了“蒸汽人”(图 1-8)，它的腰由杆件支撑，靠蒸汽驱动双腿沿圆周运动。

随着各种自动机器、动力机和动力系统的问世，机器人开始由幻想时期转入自动机械时期，许多机械式的机器人(主要是各种精巧的机器人玩具和工艺品)应运而生。这些机器人工艺珍品标志着人类在机器人从梦想到现实这一漫长道路上的实质性进步。

人力车　　蒸汽车

图 1-7　机器代替手工工具

图 1-8　蒸汽人

2. 第二次机器革命

如果说肇始于 18 世纪的以蒸汽机技术为标志的工业革命，开启了突破人类和动物肌肉极限的“第一次机器革命”时代，实现了生产力的极大飞跃。那么，发端于 20 世纪中叶的以数字技术为代表的新一轮科技和产业革命，意味着“第二次机器革命”时代的来临。在这个全新的时代里，人类将不再满足于肌肉力量的突破与超越，而是要进一步致力于大脑智慧的拓展与延伸，以创意和创新的力量，取代以往发展和增长的基本动能，进而实现“指数级增长、数字化进步和组合式创新”，以计算机代替人类大脑进行工作，如图 1-9 所示。

从“第一次机器革命”到“第二次机器革命”，既是两个前后相继的历史阶段的接续，更是人类社会发展史上的一次划时代的超越。进入“第二次机器革命”时代，知识信息的聚合处理，新创意的融汇运用，数字技术与大规模生产的深度结合，正在给传统生产方式带来颠覆性的变化。在一些现代制造业和服务业公司，我们看到，通过整合应用硬件、软件、数据、网络、感应器等技术，可实时采集监控生产与服务过程中产生的海量数据，进行智能分析和决策优化，实现个性化设计、柔性化制造、网络化生产与服务等。

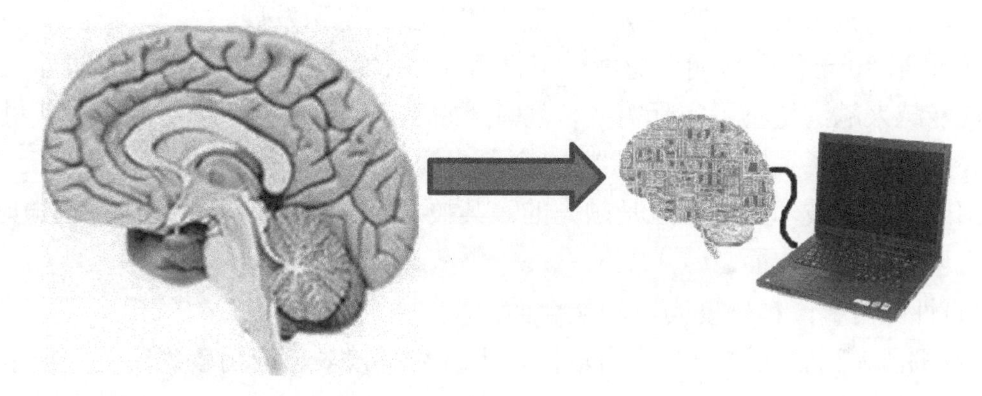

图 1-9 计算机代替人类大脑

1.1.3 现代机器人的产生

现代机器人的研究始于 20 世纪中叶。当时电子计算机已经出现，电子技术也有了长足的发展，产业领域出现了受计算机控制的可编程的数控机床，与机器人相关的控制技术和零部件加工有了扎实的基础。另外，人类需要开发自动机械，代替人从事一些恶劣环境下的工作，比如在原子能的研究过程中，由于存在大量放射性，要求用某种操作机械代替人来处理放射性物质。正是在这一背景下，美国原子能委员会的阿尔贡研究所于 1947 年开发了一种遥控机械手代替人，1948 年又开发了主从机械手。1954 年美国人乔治·德沃尔设计出了第一台可编程(示教再现型)的工业机器人，并于 1962 年生产出来，取名为 Unimate(意为“万能自动”，如图 1-10 所示)，在此基础上，创建了 Unimation 公司。此机器人在美国通用汽车公司投入使用，这标志着第一代机器人的诞生。从此，机器人开始成为社会系统中的一员，影响着社会的发展、科技的进步。

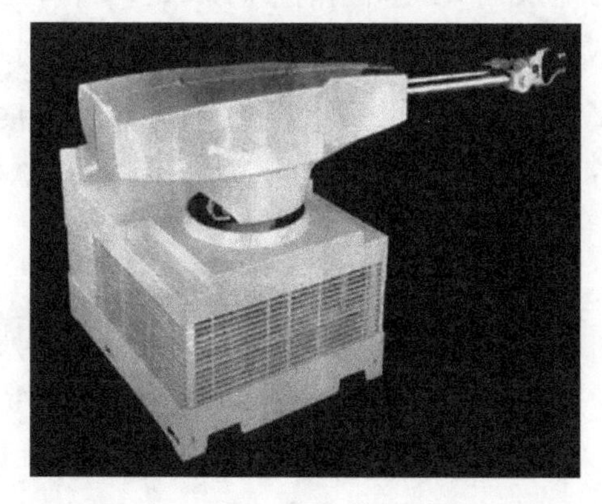

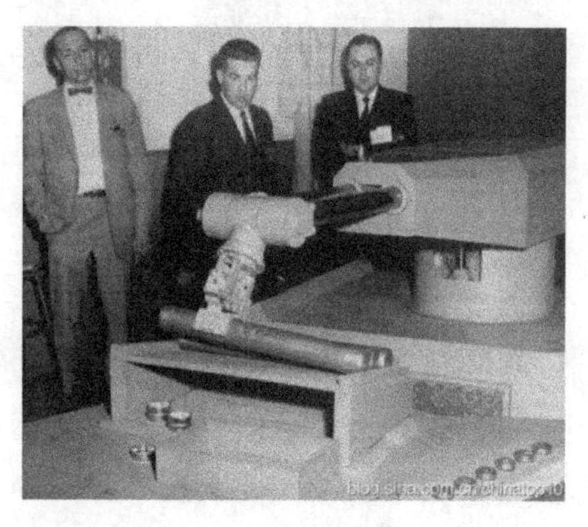

图 1-10 Unimate 机器人

进入20世纪80年代之后，美国政府和企业界才对机器人真正重视起来，政策上也有所体现，一方面鼓励工业界发展和应用机器人，另一方面制订计划、提高投资，增加机器人的研究经费，使美国的机器人迅速发展。

20世纪80年代中后期，随着应用机器人技术的日臻成熟，第一代机器人的技术性能越来越满足不了实际需要，美国开始生产带有视觉、力觉的第二代机器人，并很快占领了美国60%的机器人市场。

国的机器人技术在国际上是领先的。其技术全面而且先进，适应性也很好。具体表现在以下几方面。

(1) 性能可靠，精确度高，功能全面；

(2) 机器人语言研究发展应用较快，语言类型较多、应用较为广泛，技术水平高居世界之首；

(3) 智能技术发展较快，其触觉、视觉等人工智能技术已在航天、汽车工业、精密仪器中广泛应用；

(4) 高难度、高智能的深海机器人、军用机器人、太空机器人等发展迅速，主要用于侦察、布雷、扫雷、站岗以及深海探测、太空探测方面。

拓展

"机器人"名字的起源

据说，"机器人"这一单词来自捷克语中的"Robota"，即劳动的意思。"机器人"这一单词，最早出现在1920年捷克斯洛伐克作家卡雷尔·恰佩克(Karel Capek)(图1-11)发表的科幻小说*Rossum's Universal Robots*(罗萨姆的万能机器人)中，是小说中没有思想和情感的人造人中的主人公。"机器人—ROBOT"的概念一出现就得到人们的普遍关注，并由此派生出大量的科幻文学和电影作品，从而形成对机器人的认识：像人、富有知识，甚至还有个性。

图1-11　卡雷尔·恰佩克

与此同时，20世纪70年代的日本正面临着严重的劳动力短缺，这个问题已成为制约其经济发展的一个主要问题。毫无疑问，在美国诞生并已投入生产的工业机器人给日本带来了福音。1967年日本川崎重工业公司首先从美国引进机器人及技术，建立生产厂房，并于1968年试制出第一台日本产Unimate机器人

（图 1-12）。经过短暂的摇篮阶段，日本的工业机器人很快进入实用阶段，并由汽车业逐步扩大到其他制造业以及非制造业。1980 年被称为日本的“机器人普及元年”，日本开始在各个领域推广使用机器人，这大大缓解了市场劳动力严重短缺的社会矛盾。再加上日本政府采取的多方面鼓励政策，这些机器人受到了广大企业的欢迎。1980～1990 年日本的工业机器人处于鼎盛时期，后来国际市场曾一度转向欧洲和北美，但日本的工业机器人经过短暂的低迷期又恢复辉煌。

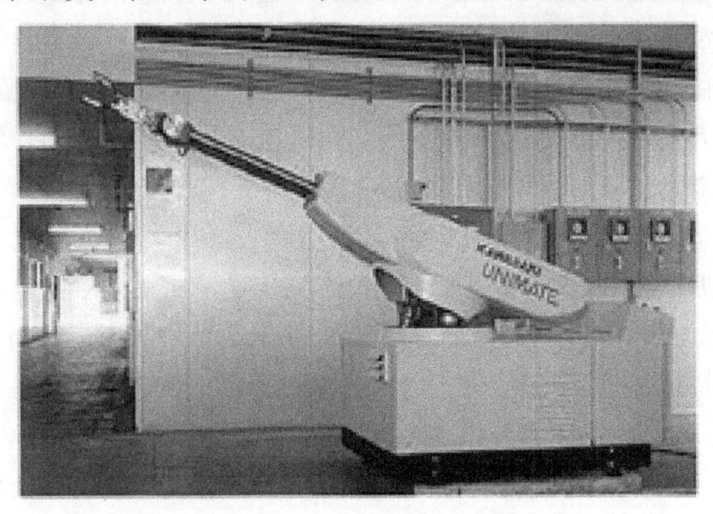

图 1-12　川崎 Unimate2000

1.1.4　机器人在我国的发展

我国机器人学研究起步较晚，但进步较快，主要分为四个阶段：20 世纪 70 年代为萌芽期，80 年代为开发期，90 年代为实用期，21 世纪将是我国机器人应用的普及期。20 世纪 90 年代后期我国机器人在电子、家电、汽车、轻工业等行业的安装数量逐年递增。特别是我国加入世界贸易组织（World Trade Organization，WTO）后国际竞争更加激烈，人民对商品高质量和多样化的要求普遍提高，生产过程的柔性自动化要求日益迫切，汽车行业的迅猛发展带动了机器人产业的空前繁荣。

虽然机器人在我国的真正使用才 20 多年，但现在已经实现了从试验、引进到自主开发的转变，机器人的使用大大促进了我国制造业的发展。随着我国的对外开放，国内的机器人产业一直受到国外同行业的竞争与冲击，因此，准确知晓国内机器人市场和智能装备研究的实际情况，对机器人未来发展十分重要。我国的机器人从 20 世纪 80 年代“七五”科技攻关开始起步，在国家的强力支持下，通过“十五”“十一五”科技攻关，已基本掌握了机器人操作机的设计制造技术、控制系统硬件技术、控制系统软件设计技术、运动学和轨迹规划技术，很多机器人关键元器件也能在国内生产，已经开发出了喷漆、弧焊、点焊、装配、搬运等机器人。

虽然在“十二五”“十三五”期间，我国的机器人技术得到长足发展，工业机器人的应用越来越广泛。但与我国庞大的机器人应用市场相比，目前我国的机器人产品生产企业还比较少，这些机器人生产企业年产值相比国外同类企业仍有较大的差距，没有形成规模化生产，规模经济并不突出。由于机器人在研制、设计和试验过程中，经常需要对其运动学、动力学性能进行分析以及进行轨迹规划设计，而机器人又是多自由度、多连杆空间机构，其运动学和动力学问题十分复杂，计算难度和计算量都很大。若将机械手作为仿真对象，运用计算机图形技术、计算机辅助设计（Computer Aided Design，CAD）技术和机器人学理论在计算机中形成几何图形并动画显示，然后对机器人的机构设计、运动学正反解分析、操作臂控制以及实际工作环境中的障碍避让和碰撞干涉等诸多问题进行模拟仿真，这样就可以很好地解决研发机器人过程中出现的问题，也能极大地促进我国机器人技术的发展。

从整体上来说，我国机器人产业还很薄弱，机器人研究仍然任重而道远。究其原因，很大程度是我国自主品牌不够，发展壮大自主品牌及其自动化成套装备产业成为当务之急。机器人是最典型的机电一体化、数字化装备，技术附加值很高，应用范围很广，它作为先进装备制造业的支撑技术和信息化社会的新兴产业，将对未来生产和社会发展起着越来越重要的作用。有专家预测，机器人产业是继汽车、计算机之后出现的一种新的大型高技术产业。随着我国企业自动化水平和人民生活水平的不断提高，机器人市场也会越来越大，这就给机器人研究、开发、生产者带来巨大商机，目前陆续投入机器人研发的科研院所越来越多，比如中国科学院合肥智能机械研究所就在致力于机器人及智能装备技术的开发。

拓展

中国机器人专家——张启先

张启先（1925—2002年），江苏靖江人，中国工程院院士，机械学家，空间机构学及机器人技术专家，航空教育家，中国空间机构研究的开拓者之一，在空间机构学和机器人技术领域取得开创性与突破性成果。张启先院士的专著《空间机构的分析与综合》是我国空间机构的奠基性研究成果，被同行引为机构学经典。

张启先院士对我国机械科学和教育事业作出了卓著的贡献，曾先后担任全国博士后管理委员会专家组成员、教育部机械原理教材编审委员和教学指导委员、国务院学位委员会学科评议组成员等10多个职务。他早年即致力于空间机构学理论的研究。20世纪70年代末，张启先院士为尽快在我国普及应用机器人技术作出了巨大贡献，以无畏的勇气积极倡导并率先突破传统机构学范畴，开展机器人技术跨学科研究。他领导创建了北京航空航天大学机器人研究所、“机械学及机器人机构”国家级重点实验室，成为我国机器人领域的主要基地之一。他负责主持了多项国家攻关、国家自然科学基金和863计划项目，取得一批突破性成果，其中七自由度机器人、三指灵巧手、机器人臂手集成系统、医疗外科机器人的研究达到国际先进水平。

1.1.5 重庆打造机器人之都

目前，中国已成为全球最大的工业机器人市场。重庆抓住机遇，率先提出了建设“机器人之都”的构想，欲打造国内机器人产品品种最齐全、产业链最完整、具有核心竞争力并集研发、设计、制造等于一体的机器人产业基地。

1. 机器人汽车制造显身手

对于机器人，重庆人并不陌生，除了日常生活中的扫地机器人、儿童陪护机器人、家庭语音机器人，人们还可以看到诸多工业机器人。比如，在重庆建设工业公司位于巴南区花溪工业园的新厂内就可以看到，一条焊接生产线的9个工作站上，有11个焊接机器人。

重庆各大汽车制造企业在焊接、涂装和冲压生产线上，均已成熟运用机器人多年。长安汽车公司使用的机器人甚至可以用“多国部队”来形容，数量已达数十台。早在1996年，该公司就已经在十万辆SC6331系列微型面包车焊接生产线上引进了德国公司的KRC32型6轴气动点焊机器人；此后又在“长安之星”8万辆焊接生产线上引进了意大利公司H4型伺服点焊机器人和H1型螺柱焊机器人、日本OTC弧焊机器人、KRC型检测机器人，如图1-13所示。尤其是KRC32型点焊机器人入驻后，单班生产数量大幅增加，是手工焊接线产量的5倍。庆铃汽车、力帆汽车也采用了焊接机器人。力帆汽车2017年耗资上千万元，引进了智能化机器人生产线，生产效率由原来3.5分钟每台提高到2.3分钟每台，生产效率提升了34%。

2. 机器人深入生活各领域

事实上，机器人不独在此，重庆市在不少企业都能看到机器人有条不紊工作的身影。在重庆巴南500kV变电站，一个长着大眼睛的小家伙正在水泥地上缓缓前行，头部不停地东张西望，这位重庆新研究成功的“变电站巡检机器人”可不是在玩，它正在替代人工进行日常的设备巡检。

目前，我国变电站设备的巡检还是人工逐一巡视的方式，劳动强度大，工作效率低，高压、高辐射还会对人身体产生危害，尤其在天气恶劣的情况下，更增加了人员巡检的难度和危险性，而巡检机器人(图1-14)就不存在这些问题。

图1-13 长安现代化生产线上的机器人

图1-14 变电站巡检机器人

别小看这个身高不足50cm的“小家伙”，它具有精确定位及导航技术、设备非接触监测及报警技术、远程监控技术。一秒钟的运动距离可以达到1.2m，连续运行两小时，当快没电时会自动返回充电站充电后再继续工作，而且白天晚上都可以工作。

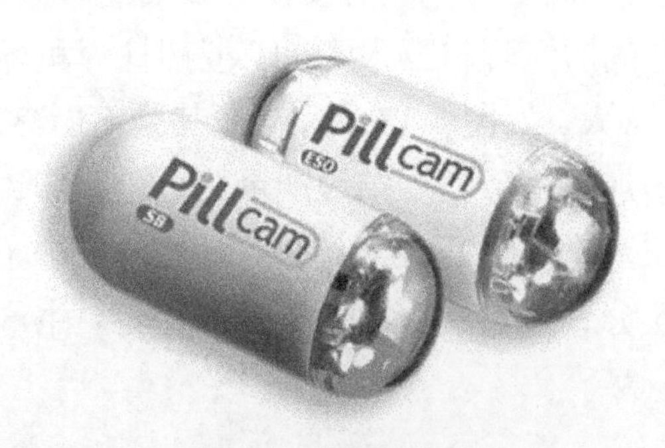

图1-15 胶囊机器人

机器人还是医生的好帮手。早在2010年，重庆制造的胶囊机器人就荣获了全球大奖。这个用纳米技术制造的胶囊机器人腰围仅11mm，身高只有25.4mm，和大家平时服用的胶囊类似，如图1-15所示。胶囊自带传感器、摄像头和微型芯片、无线传输装置，在人体内最多可拍摄5万张图片，从各个角度记录消化道及胃肠的细微病变，供医生诊断参考。患者吞下胶囊后，医生穿上特制背心，背心里有个巴掌大的无线图像接收仪，自动记录胶囊传出的图像。检查完毕，胶囊会自动排出体外。

机器人在重庆还进入了寻常老百姓的生活。位于石桥铺地铁站附近的周氏刀削面馆，其特色产品刀削面就是由机器人制作的。这家近100m^{2}的面馆里常常人满为患，走进店门就能看到站立在厨房左侧的“奥特曼”机器人正在快速削面。面馆老板周洪玉说，“奥特曼”机器人总共花了9000元，但使用机器人削面后人工成本大大降低。“现在请个削面的师傅月工资都在4000元以上，还要包吃住，一个月就接近6000元，一年约7万元的人工费，而这个机器人一年内坏了厂家包换新的，这就能节约一大笔钱。”周洪玉还说，削面师傅的流动性很大，经常跳槽，还是机器人忠诚。

3.“重庆造”机器人将逐步取代进口

“我们的机器人全部来自国外。相对于国内，它们的性能更加稳定，能够满足长安的生产要求。”长安汽车渝北工厂负责人说，这些“洋人”的身价都在100万～300万元。建设摩托工厂里的机器人基本上也是“洋人”，从1997年最早使用的美国ABB焊接机器人，到2008年引进的日本发那科机器人，全部是世界知名品牌。

目前，70%的中国市场被海外的机器人制造企业占据。以后，国内制造企业可以用上本国研发制造的工业机械手机器人，让生产变得更快更好。“重庆的汽摩产业、装备制造业和信息技术(Information Technology，IT)电子产业发展很快，这都是未来工业机器人的重要市场。因此，通过开展大规模的工业机器人研发和应用，重庆可以引领工业机器人产业的发展。”湖南大学电气与信息工程学院王耀南教授对重庆快速瞄准工业机器人产业给予高度评价。

他指出，重庆的汽摩产业、装备制造业和IT电子产业发展很快，这都是未来工业机器人的重要市场。对于“重庆造”机器人的发展，他建议要找准一条生产线，边应用边改进，以焊接机器人为突破点，通过技术攻关，然后再辐射到其他工业机器人，为重庆打造“机器人之都”打下坚实基础。

1.2 机器人的定义

机器人总是带给我们一种神秘的色彩，那么究竟什么是机器人？我们要学习使用的机器人又是什么样子呢？它们能够做什么？从后面的学习中你会找到答案。

1.2.1 我们身边的机器人

今天，机器人不仅为我们的日常生活提供了方便，它也代替人类从事很多繁重和危险的工作，并进入人类从未去过的地方，为人类的进步作出了很多的贡献。

观摩

机器人在我们的生活中无处不在，并给我们的生活带来了极大的方便和乐趣。我们来认识一下图 1-16 所示生活中的机器人。

扫地机器人

擦窗机器人

全自动洗衣机

图 1-16 生活中的机器人

有些机器人是非常简单的，它们总是重复着一项工作，有些机器人则像人类一样，通过对听、看、感觉等接收到外界的处理而改变自己的动作。

到目前为止，机器人已经发展到第三代。第一代机器人是工业机器人；第二代机器人是基于传感器信息的机器人；第三代机器人是较为高级的智能机器人。

智能机器人是“具备一些与人相似的智能工具”，智能机器人不一定是人的形状，判断是否是智能机器人只要看其是否具有以下三个基本特点。

(1)感觉，机器人的传感装置。

(2)大脑，控制机器人的程序指令。

(3)动作，机器人要执行的工作。

智能机器人正在越来越多地走近我们的生活，并为人类从事很多繁重和危险的工作。比如，早在 2004 年，“勇气”号太空机器人就首次登陆火星(图 1-17)，进行科技探索，为人类的进步作出了很大的贡献。无论机器人的外形如何千奇百怪，最终目的都是要完成我们希望它完成的动作。

图 1-17　“勇气”号太空机器人

实践

(1) 结合实际生活，调查生活中还有哪些机器人，它们给生活带来了什么变化？

(2) 网上搜索：查找一下“机器人 百度百科”，看一下你感兴趣的机器人知识。

(3) 尝试探索一下“网络机器人”，了解“网络机器人”的知识。

1.2.2　什么是机器人

交流

机器人与一些电动玩具的区别有哪些？尝试用自己的话给“机器人”做一个概括性的描述，然后与同学交流看法。

1．机器人的概念

机器人问世已有几十年，但没有一个统一的定义。一个原因是机器人还在发展，另一个原因是机器人涉及了人的概念，成为一个难以回答的哲学问题。也许正是机器人定义的模糊，才给了人们充分的想象和创造空间。

机器人是一种具有高度灵活性的智能机器，与一般机器不同的是，它具备一些和人或生物相似的能力，如感知、判断、协作等。

一般认为机器人应具有的特点如下。

(1) 机器人的动作机构具有类似于人或其他生物的某些器官的功能。

(2)机器人是一种自动机械装置，可以在无人参与下(独立性)自动完成多种操作或动作，即具有自主性。可以再编程，程序流程可变，即具有适应性。

(3)机器人具有不同程度的智能性，如记忆、感知、推理、决策、学习。

我们大多数人都看到过电影或书本里描绘的外形酷似人类的机器人，这只是机器人的一种表现形式。事实上，机器人并不一定非得是这样的，它的形状可以是各式各样的。实际意义上的机器人，应该是“能自动工作的机器”。有的功能很简单，有的功能很复杂。

2. 机器人的组成

思考

机器人的基本组成包含控制系统、电源、传感器、执行机构、机身以及机器人程序等，如表 1-1 和图 1-18 所示。

表 1-1 机器人的重要组成部分

人	机器人
大脑	控制器
感觉器官(眼、耳等)	传感器
行为器官(腿、手、嘴等)	执行机构(电机、轮子、喇叭)
心脏	电源
骨骼	机身

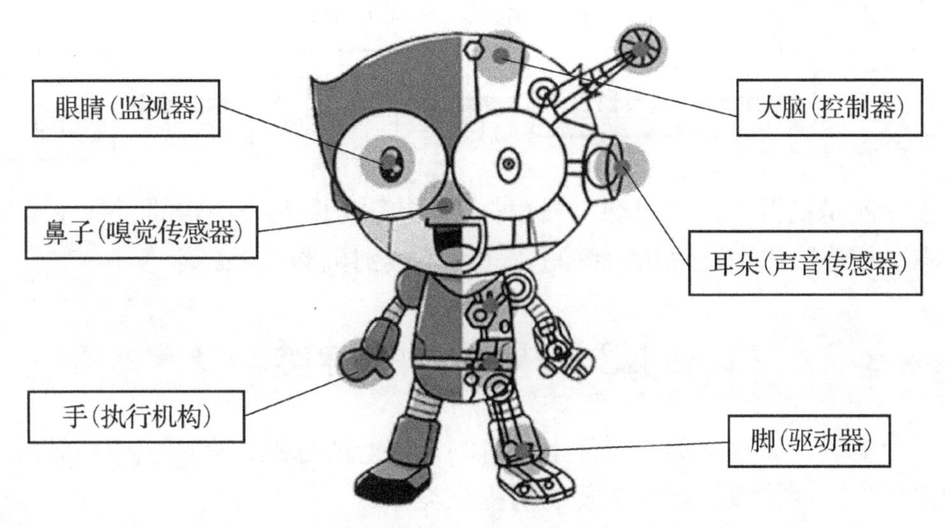

图 1-18　机器人的组成

交流

在生活中，观察你身边的机器人有哪些组件，这些组件如何像人类的身体器官一样发挥作用？

3. 机器人的工作原理

机器人处理信息的过程与人相似，我们从人的自身器官出发就容易理解它的工作原理，如图 1-19 和图 1-20 所示。

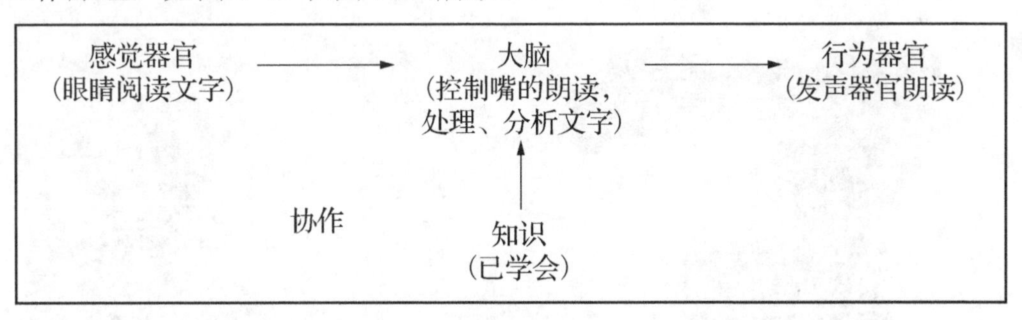

图 1-19　人的工作原理

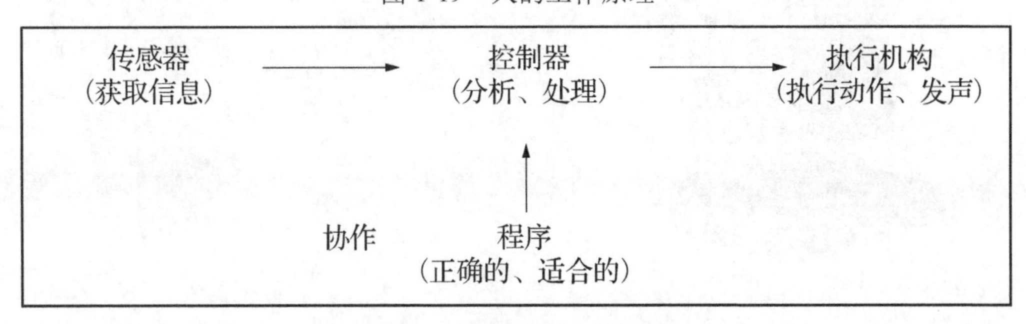

图 1-20　机器人的工作原理

机器人的工作是由人们特别设计的。流程如下：

程序就是机器人的“思想”，这种“思想”是由人来决定的。程序是从哪里来的呢？程序可先在计算机上编写，然后下载到机器人上。

1.3 机器人的种类

关于机器人如何分类，国际上没有制定统一的标准，有的按应用领域分类，有的按机构特性分类，有的按发展历程分类等。

1. 按应用领域分类

从应用领域来分，我国的机器人专家将机器人分为两大类，即工业机器人和特种机器人。工业机器人就是在工厂里用于工业生产的多关节机械手或多自由度机器人。特种机器人就是除工业机器人之外的、服务于非制造业的各种机器人，包括娱乐机器人、教育机器人、水下机器人、农业机器人、服务机器人、军用机器人等。在特种机器人中，有些分支发展很快，已经发展成体系了，如娱乐机器人、教育机器人、水下机器人、军用机器人等，如图 1-21 所示。

工业机器人

服务机器人

水下机器人

军用机器人

图 1-21 机器人的种类

2. 按机构特性分类

根据机器人各连杆的结构，可将机器人分为串联机器人和并联机器人，如图 1-22 所示。串联机器人具有结构简单、成本低、控制简单、运动空间大等优点，已成功应用于很多领域，如各种机床、装配车间等。并联机器人具有刚度大、承载能力强、精度高、末端件惯性小等优点，在高速、大承载能力的场合，与串联机器人相比具有明显优势。

(a) 串联机器人

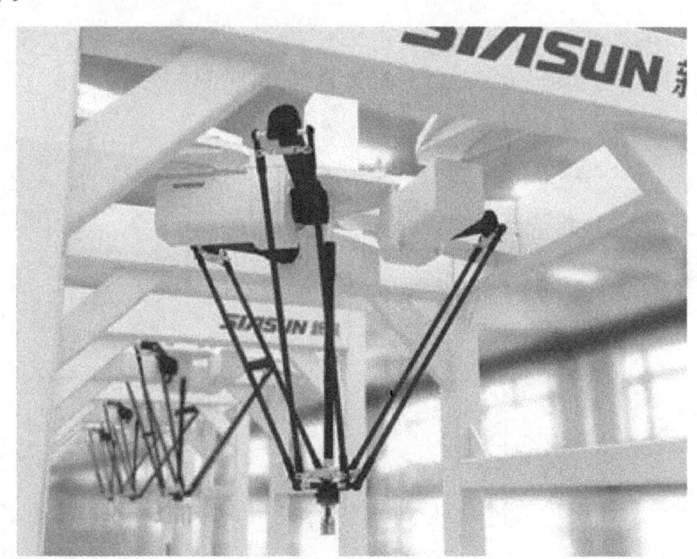

(b) 并联机器人

图 1-22 串联机器人和并联机器人

3. 按发展历程分类

按照机器人的发展历程可以将机器人分为以下三类。

(1) 第一代机器人：科技界把早期的机器人称作第一代机器人，它们按编入的程序干活。

(2) 第二代机器人：由计算机控制，可根据需要按不同的程序完成不同的工作。

(3) 智能机器人：随着科技的不断进步，机器人逐渐向智能化发展。智能机器人也就应运而生。智能机器人具有像人一样的“五官”及“大脑”，可以认识周围的环境和自身的状态，并能进行分析判断，然后采取相应的行动。

拓展

自由度

确定一个物体在空间的位置需要用一定数目的坐标。例如，火车车厢沿铁轨的运动，只需从某一起点站沿铁轨量出路程，就可完全确定车厢所在的位置，即其位置用一个量就可确定，我们说火车车厢的运动有一个自由度；汽车能在地面上到处运动，自由程度比火车大些，需要用两个量(如直角坐标 x,y) 才能确定其位置，我们说汽车的运动有两个自由度；飞机能在空中完全自由地运动，需要用三个量(如直角坐标 x,y,z) 才能确定其位置，我们说飞机在空中的运动有三个自由度。

物体上任何一点都与坐标轴的正交集合有关。物体能够对坐标系进行独立运动的数目称为自由度。物体所能进行的运动(图 1-23) 如下。

沿着坐标轴 ox、oy 和 oz 的三个平移运动 T_1、T_2 和 T_3；

绕着坐标轴 ox、oy 和 oz 的三个旋转运动 R_1、R_2 和 R_3。

这意味着物体能够运用三个平移和三个旋转，相对于坐标系进行定向移动和转动。

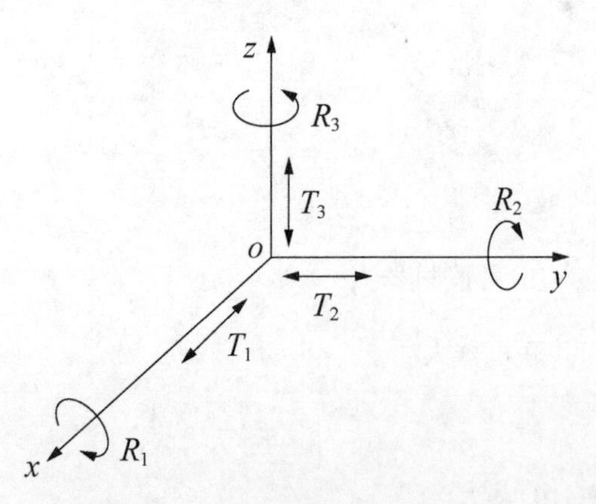

图 1-23　刚体的六个自由度

一个简单物体有六个自由度。当两个物体间确立起某种关系时，每一物体就对另一物体失去一些自由度。这种关系也可以用两物体间由于建立连接关系而不能进行的移动或转动来表示。

自由度是机器人的一个重要技术指标，它是由机器人的结构决定的，并直接影响到机器人的机动性。机器人的自由度就是指机器人所具有的独立坐标轴的运动数目，有时还包括手爪(末端执行器)的开合自由度(图 1-24)。

水下机器人

军用机器人

图 1-21　机器人的种类

2．按机构特性分类

根据机器人各连杆的结构，可将机器人分为串联机器人和并联机器人，如图 1-22 所示。串联机器人具有结构简单、成本低、控制简单、运动空间大等优点，已成功应用于很多领域，如各种机床、装配车间等。并联机器人具有刚度大、承载能力强、精度高、末端件惯性小等优点，在高速、大承载能力的场合，与串联机器人相比具有明显优势。

(a) 串联机器人

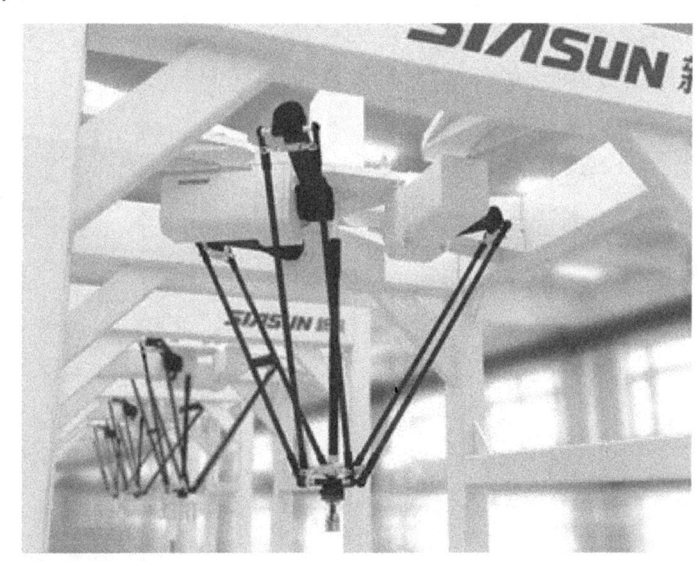

(b) 并联机器人

图 1-22　串联机器人和并联机器人

3．按发展历程分类

按照机器人的发展历程可以将机器人分为以下三类。

(1) 第一代机器人：科技界把早期的机器人称作第一代机器人，它们按编入的程序干活。

(2) 第二代机器人：由计算机控制，可根据需要按不同的程序完成不同的工作。

(3) 智能机器人：随着科技的不断进步，机器人逐渐向智能化发展。智能机器人也就应运而生。智能机器人具有像人一样的“五官”及“大脑”，可以认识周围的环境和自身的状态，并能进行分析判断，然后采取相应的行动。

拓展

自由度

确定一个物体在空间的位置需要用一定数目的坐标。例如，火车车厢沿铁轨的运动，只需从某一起点站沿铁轨量出路程，就可完全确定车厢所在的位置，即其位置用一个量就可确定，我们说火车车厢的运动有一个自由度；汽车能在地面上到处运动，自由程度比火车大些，需要用两个量(如直角坐标 x,y)才能确定其位置，我们说汽车的运动有两个自由度；飞机能在空中完全自由地运动，需要用三个量(如直角坐标 x,y,z)才能确定其位置，我们说飞机在空中的运动有三个自由度。

物体上任何一点都与坐标轴的正交集合有关。物体能够对坐标系进行独立运动的数目称为自由度。物体所能进行的运动(图 1-23)如下。

沿着坐标轴 ox、oy 和 oz 的三个平移运动 T_1、T_2 和 T_3；

绕着坐标轴 ox、oy 和 oz 的三个旋转运动 R_1、R_2 和 R_3。

这意味着物体能够运用三个平移和三个旋转，相对于坐标系进行定向移动和转动。

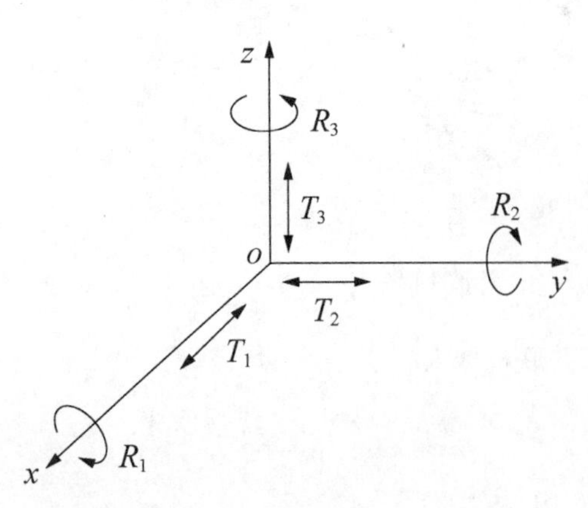

图 1-23　刚体的六个自由度

一个简单物体有六个自由度。当两个物体间确立起某种关系时，每一物体就对另一物体失去一些自由度。这种关系也可以用两物体间由于建立连接关系而不能进行的移动或转动来表示。

自由度是机器人的一个重要技术指标，它是由机器人的结构决定的，并直接影响到机器人的机动性。机器人的自由度就是指机器人所具有的独立坐标轴的运动数目，有时还包括手爪(末端执行器)的开合自由度(图 1-24)。

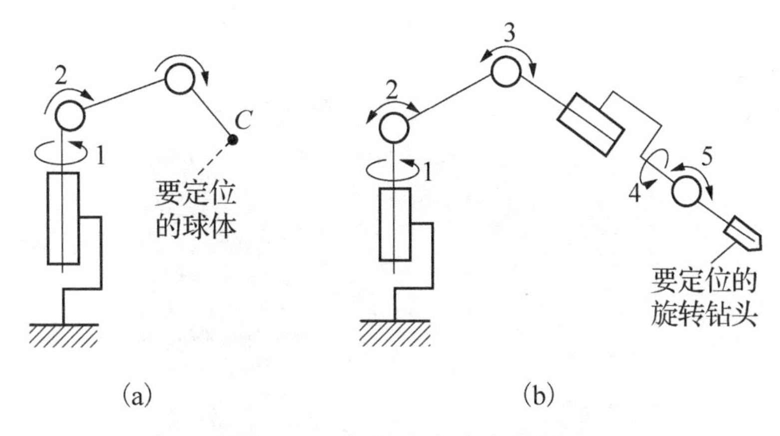

(a)　　(b)

图 1-24　机器人自由度举例

设有一个机器人，若为三自由度机器人图 1-24（a），则它只能沿 x、y 和 z 轴运动。在这种情况下，不能指定机械手的姿态。此时，机器人只能夹持物件作平行于坐标轴的运动，姿态保持不变。若有五个自由度图 1-24（b），可以绕三个坐标轴旋转，但只能沿 x 和 y 轴移动。这时虽然可以任意地指定姿态，但只可能沿 x 和 y 轴而不可能沿 z 轴给部件定位。

1.4　发展机器人的意义

交流

机器人事故

1978 年 9 月 6 日，日本广岛一家工厂的切割机器人在切钢板时，突然发生异常，将一名值班工人当作钢板操作，这是世界上第一宗机器人杀人事件。

思考下列问题：

(1) 发展机器人的意义是什么呢？

(2) 机器人会和人类友好相处吗？

1.4.1　机器人三原则

科学技术的进步很可能引发一些人类不希望出现的问题。为了保护人类，美国的科幻作家阿西莫夫(图 1-25)在 1940 年的小说 *I，Robot*（《我，机器人》）中就提出了“机器人三原则”，阿西莫夫也因此获得“机器人学之父”的桂冠。

⑴机器人不应伤害人类，而且不能忽视机器人伤害人类；

⑵机器人应遵守人类的命令，与第一条违背的命令除外；

⑶机器人应能保护自己，与第一条相抵触者除外。

图 1-25　阿西莫夫

这是给机器人赋予的伦理性纲领。机器人学术界一直将这三原则作为机器人开发的准则。此后，阿西莫夫创作了一系列以“机器人三原则”为基础的科幻小说，其中一些后来被好莱坞搬上了大银幕，以此构建了一个人类与机器人之间不乏矛盾，但总体上和谐共存的未来世界。事实上，在阿西莫夫的笔下，正是因为有了智能机器人技术，人类才得以挣脱地球的束缚，开发太空资源，成为群星的主人。

尽管阿西莫夫提出“机器人三原则”，机器人还仅仅是科学幻想，但其影响很快就超越了文艺领域。事实上，三原则的提出为人工智能，尤其是智能机器人技术的发展提供了一个简单实用的伦理框架，使人们能够确信无论机器人技术发展到何种程度，都不至于威胁到人类本身，至少这种威胁是可预见和可控制的。因而，阿西莫夫的“机器人三原则”被称为“现代机器人学的基石”，几乎每一种与机器人有关的入门教材或科普读物都会提到它。

上述的意外伤人事件是偶然也是必然的，因为任何一个新生事物的出现总有其不完善的一面。随着机器人技术的不断发展与进步，这种意外伤人事件越来越少，近几年没有再听说过类似事件的发生。正是由于机器人安全、可靠地完成了人类交给它的各项任务，才使人们使用机器人的热情越来越高。

拓展

机器人带来的社会问题

1. 机器人引起社会结构变化

人们希望机器人能够代替人类从事各种劳动，为人类服务，但又担心机器人的发展将引起新的社会问题，甚至威胁到人类的生存。人们在期待中含有几分不安。

机器人登上社会舞台和经济舞台，使社会结构正在发生静悄悄的变化。估计，人-机器的社会结构，终将为人-机器人-机器的社会结构所取代。从医院里看病的医生，护理患者的护士，旅馆、餐馆和商店的服务员，到家庭的勤杂工，还有秘书、驾驶员等，均将由机器人来担任。因此，人们将不得不学会与机器人相处，并适应这种共处。由于与机器人打交道毕竟不同于与人打交道，所以人们必须改变自己的传统观念和思维方式。

某些智能机器人已具有适应环境的能力，甚至具有部分学习功能。但多数机器人还称不上智能。机器人还不具备抽象思维能力，也不大可能会具有人类那种感情。机器人对所有的服务对象都是平等的。例如，餐馆服务员机器人，它不会因为顾客是熟人而特别热情地招待，也不会因为你是陌生人而冷眼相待。

2. 机器人造成人类心理威胁

人类的另一个担忧是：会不会有这样一天，机器人征服了人类后，把人关进笼子里，并在笼子门口写着，“请看，这就是我们的祖先”。让机器人来参观，就像今天人类去动物园参观猴子一样。

机器人的智能将要超过人类，从而反客为主，要人类听从它的调遣。这种担心，随着科幻小说和电影、电视、网络的传播，已经十分普遍了。造成这种担心的原因有两方面：一是人类对未来机器人还不够了解，因而产生不信任感；二是现代社会矛盾在人们心理上的反映，比如，西方社会在使用机器人后，给工人带来的失业恐惧。但是，很多专家认为，实际上是不可能出现机器人超过人类这种情况的。

首先，长期以来，人们认为机器人的发展与人类的进化，在本质上是完全不同的，至少在可见的未来是不同的。机器人要由人去设计制造，它们既不是生物，也不是生物机构，不是由生命物质构成的，而仅仅是一种电子机械装置。即使是有智能的机器人，它们的智能也不同于人类智能，不是生命现象，而是非生命的机械模仿。

对这个问题的讨论还涉及人类是否能够把未来命运掌握在自己手中的问题。回答是肯定的。因为，再先进的技术也是由人类创造的，并由人掌握与控制的。人是包括机器人在内的一切技术的主人，而不是技术的奴隶。即使有一天，机器人不听人类指挥了(当然，人类有足够的聪明和理智来避免制造这种机器人)，人类还可以研制更先进的技术来管理和改造这些叛逆分子。

其实，要求机器人绝对服从人类的“机器人三原则”，也规定了人类要研究和使用什么样的机器人。这里的关键是，人类对高技术和新技术的正确使用。例如，原子能技术可以为人类造福，也能够毁灭人类。机器人技术也是如此，它既可为人类服务，也有可能被用于战争目的，从而危害人类安全。这是一个普遍的问题，一个非机器人技术所特有的问题。

未来的高智能机器人的某些功能很可能会超过人，但从总体上看，机器人智能不可能超过人类智能。至少，现在看来是如此。对于这个问题的讨论，将在下面继续进行。

3. 劳务就业问题

机器人能够代替人类进行各种体力劳动和脑力劳动，被称为钢领工人。例如，用工业机器人代替工人从事焊接、喷漆、搬运、装配和加工作业，让服务机器人从事医护、保姆、娱乐、文秘、清扫和消防等工作，用探索机器人替代宇航员和潜水员进行太空及深海勘探与救援。因此，将有一部分工人和技术人员可能把自己的工作让位给机器人，造成他们的下岗和再就业，甚至造成失业。

对这个问题应有正确的认识。机器人所从事的这些劳动，无论体力劳动还是脑力劳动，一般都处于比较恶劣和危险的环境，如高温、粉尘、易爆、高空、太空和水下等，这些环境往往对人体健康有害或比较危险，不适合人类去做。以往由人类从事这些劳动是以牺牲人的健康为代价的。随着科学技术的进步、生活质量的提高和环保意识的增强，人类迫切期望能从这些劳动中解放出来。用机器人代替人类进行这类劳动是人类文明发展的必然结果。

要解决这个问题，一方面要扩大新的行业(如第三产业)和服务项目，向生产和服务的广度与深度进军；另一方面，要加强对工人和技术人员的继续职业教育与培训，使他们适应新的社会结构，能够在新的行业继续为社会作出贡献。

1.4.2　机器人的意义

1. 使用机器人的优点

(1) 机器人和自动化技术在多数情况下可以提高生产率、产品质量，保障产品的统一性、安全性。

(2) 机器人可以在危险的环境下工作，而无须考虑其自身保障或安全的需要。

(3) 机器人无须舒适的环境，如无须考虑照明、空调、通风以及噪声隔离等。

(4) 机器人能不知疲倦、不知厌烦地持续工作，它们不会有心理问题，做事不拖沓，不需要医疗保险或假期。

(5) 机器人除了发生故障或磨损，将始终如一地保持精确度。

(6) 机器人的精确度极高。直线位移精度可达微米级别，新型的半导体晶片处理机器人具有千分之微米级的精度。

(7) 机器人和其附属设备及传感器具有某些人类所不具备的能力。

(8) 机器人可以同时响应多个激励或处理多项任务，而人类只能响应一个现行激励。

2. 使用机器人的负面影响

机器人替代了工人，由此带来经济和社会问题。

机器人缺乏应急能力，除非该紧急情况能够预知并已在系统中设置了应对方案，否则不能很好地处理紧急情况。同时，还需要有安全措施来确保机器人不会伤害操作人员以及与它一起工作的机器(设备)。这些情况包括：

(1) 不恰当或错误的反应；

(2) 缺乏决策的能力；

(3) 断电；

(4) 机器人或其他设备的损伤；

(5) 人员伤害。

机器人尽管在一定情况下非常出众，但其能力在以下方面仍具有局限性(与人相比)，表现在：

(1) 自由度；

(2) 灵巧度；

(3) 传感器能力；

(4) 视觉系统；

(5) 实时响应。

机器人费用开销大，主要原因是：

(1) 原始的设备费；

(2) 安装费；

(3) 需要周边设备；

(4) 需要培训；

(5) 需要编程。

1.4.3 机器人与人

交流

最成功的机器人电影《终结者》中，机器人已经彻底摧毁了人类文明，取代人类成为世界的主宰。在电影《机器侠》(图 1-26) 中，机器人光明正大地追求人类异性。但是在未来世界里机器人跟人类到底是什么关系，谁最终会主宰谁呢？

图 1-26 电影《终结者》和《机器侠》

机器人的出现并高速发展是社会和经济发展的必然，是为了提高社会的生产水平和人类的生活质量，让机器人干那些人类干不了、干不好的工作。在现实生活中有些工作会对人体造成伤害，如喷漆、重物搬运等；有些工作要求质量很高，人难以长时间胜任，如汽车焊接、精密装配等；有些工作人无法身临其境，如火山探险、深海探密、空间探索等；有些工作不适合人干，如一些恶劣的环境、一些枯燥单调的重复性劳作等；这些都是机器人大显身手的地方。服务机器人还可以为人治病保健、保洁保安；水下机器人可以打捞沉船、铺设电缆；工程机器人可以上山入地、开洞筑路；农业机器人可以耕耘播种、施肥除虫；军用机器人可以冲锋陷阵、排雷排弹等。

1. 没有机器人，人将变为机器

随着社会的发展，社会分工越来越细，尤其在现代化的大生产中，人们感到自己在不断异化，各种职业病开始产生。于是人们强烈希望用某种机器代替自己工作。于是人们研制出了机器人，代替人完成那些枯燥、单调、危险的工作。机器人的问世，使一部分工人失去了原来的工作，于是有人对机器人产生了敌意。“机器人上岗，人将下岗。”不仅在我国，即使在一些发达国家，如美国，也有人持这种观念。其实这种担心是多余的，任何先进的机器设备，都会提高劳动生产率和产品质量，创造出更多的社会财富，也就必然提供更多的就业机会，这已被人类生产发展史所证明。没有机器人，人将变为机器；有了机器人，人仍然是主人。图 1-27 为机器人完成抬料包装工作。

图 1-27　机器人完成抬料包装工作

2. 机器人是人类的助手和朋友

随着工业化的实现和信息化的到来，我们开始进入知识经济的新时代。创新是这个时代的原动力。文化的创新、观念的创新、科技的创新、体制的创新改变着我们的今天，并将改造我们的明天。新旧文化、新旧思想的撞击、竞争，不同学科、不同技术的交叉、渗透，必将迸发出新的精神火花，产生新的发现、发明和物质力量。机器人技术就是在这样的规律与环境中诞生和发展的。科技创新带给社会与人类的利益远远超过它的危险。机器人的发展史已经证明了这一点。机器人的应用领域不断扩大，从工业走向农业、服务业；从产业走进医院、家庭；从陆地潜入水下、飞往空间。机器人展示出它们的能力与魅力，同时也表示了它们与人的友好与合作。

“工欲善其事，必先利其器。”人类在认识自然、改造自然、推动社会进步的过程中，不断地创造出各种各样为人类服务的工具，其中许多具有划时代的意义。作为 20 世纪自动化领域的重大成就，机器人已经和人类社会的生产、生活密不可分。世间万物，人力是第一资源，这是任何其他物质不能替代的。尽管人类社会本身还存在着不文明、不平等的现象，甚至还存在着战争，但是，社会的进步是历史的必然，所以，我们完全有理由相信，像其他许多科学技术的发明发现一样，机器人也应该成为人类的好助手、好朋友，如图 1-28 所示。中国的未来在科学。展望 21 世纪，科学技术的灯塔指引着更加美好的明天。

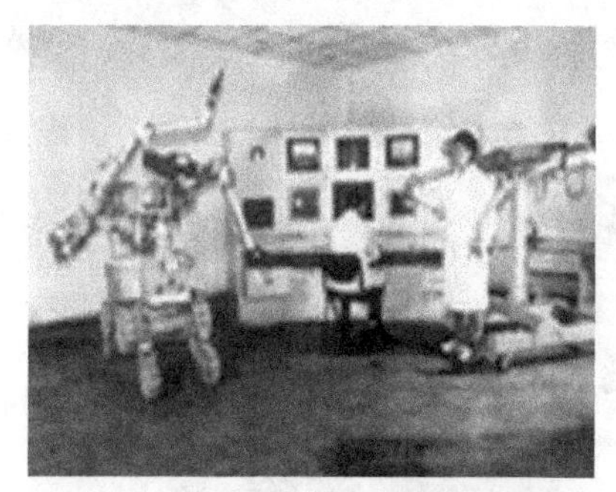

主从式机器人与人协同动作

人与机器人一起做实验

导盲机器人为盲人引路

机器人与人共舞

图 1-28　机器人与人友好相处

第 2 章 机器人语言与编程

2.1 机器人语言——Arduino

机器人语言编程即用专用的机器人语言来描述机器人的动作轨迹。它不但能准确地描述机器人的作业动作，而且能描述机器人的现在作业环境，如对传感器状态信息的描述，还能引入逻辑判断、决策、规划功能及人工智能。同一种机器人语言可用于不同类型的机器人，也解决了多台机器人协调工作的问题。本章主要介绍的是广泛应用于机器人的一种编程语言：Arduino 语言。

2.1.1 什么是 Arduino

Arduino 是一种基于开放原始代码的简单输入/输出(I/O)平台，并且具有类似Java、C 语言的开发环境。用户可以快速使用 Arduino 语言与 Flash 或 Processing 等软件，做出互动作品。Arduino 可以使用开发完成的电子元件如 Switch 或 Sensors 或其他控制器、LED、步进电机或其他输出装置。Arduino 也可以独立运作成为一个可以跟软件沟通的平台，如 Flash/Processing/Max MSP 或其他互动软件。

1. Arduino 的组成

Arduino 包含两个主要的部分：硬件部分是可以用来做电路连接的 Arduino 电路板，如图 2-1 所示；软件部分是 Arduino 集成开发工具，如图 2-2 所示，为计算机中的程序开发环境。你只要在集成开发工具中编写程序代码，将程序上传到 Arduino 电路板后，程序便会告诉

图 2-1　Arduino 电路板

Arduino 电路板要做些什么了。

Arduino 开发界面基于开放原始码原则，用户可以免费下载，使用它开发出更多令人惊奇的互动作品。

Arduino 能通过各种各样的传感器来感知环境，通过控制灯光、电机和其他的装置来反馈、影响环境。电路板上的微控制器可以通过 Arduino 的编程语言来编写程序，编译成二进制文件，烧录进微控制器。基于 Arduino 的项目，可以只包含 Arduino，也可以包含 Arduino 和其他一些在 PC 上运行的软件，它们之间通过通信(如 Flash/Processing/MaxMSP)来实现。

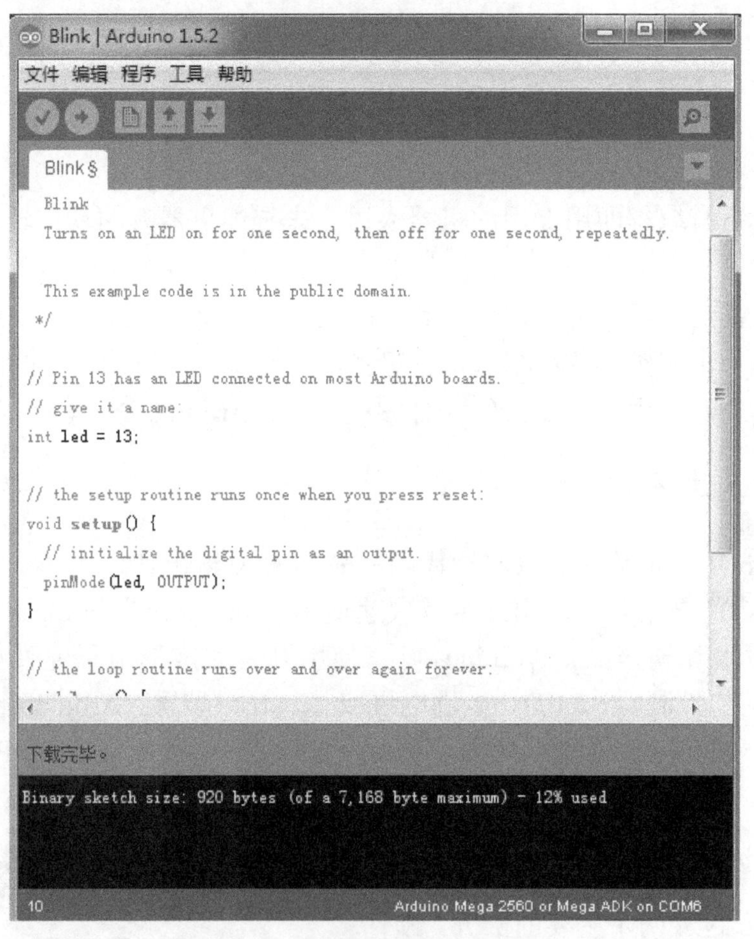

图 2-2　Arduino IDE 开发环境

2. Arduino 的特点

(1)开放原始码的电路图设计，程序开发界面免费下载，也可依需求自行修改。

(2)Arduino 支持在线烧录，不用摘下芯片，可以将新的 Bootloader(操作系统内核运行之前运行的一段小程序）烧入 AVR 芯片。有了 Bootloader 之后，可以通过串口或者 USB 转 RS232 串口线更新固件。

（3）可依据官方提供的 Eagle 电路图格式简化 Arduino 模组，完成独立运作的微处理控制。

（4）可简单地与传感器等各式各样的电子元件连接（如红外线、超声波、热敏电阻、光敏电阻、伺服电机等）。

（5）支持多样的互动程式，如 Flash、Max MSP、VVVV、PD、C、Processing 等。

（6）使用低价格的微处理控制器（ATMEGA168V-10PI）。

（7）通过 USB 接口相连，不需外接电源，有的是提供 9VDC 输入接口。

（8）应用方面，可以利用 DFRduino 开发板，突破以往只能使用鼠标、键盘、CCD（电荷耦合器件）等输入装置来互动内容，可以简单地实现单人或多人游戏互动。

3. Arduino 的性能描述

（1）数字输入/输出端（Digital I/O）共 0～13。

（2）模拟输入/输出端（Analog I/O）共 0～5。

（3）支持 USB 接口协议及供电（不需外接电源）。

（4）支持开发服务商提供的下载功能。

（5）支持单片机发送/接收（TX/RX）端子。

（6）支持 USB 发送/接收（TX/RX）端子。

（7）支持单片机 AREF（基准电压外部输入引脚）端子。

（8）支持六组 PWM（脉冲宽度调制）端子（Pin11、Pin10、Pin9、Pin6、Pin5、Pin3）。

（9）输入电压：接 USB 时无须外部供电或由外部 5～9V 直流电压输入。

（10）输出电压：5V 直流电压输出、3.3V 直流电压输出。

（11）采用 ATMEGA168V-10PI 单片机微处理控制器。

2.1.2　Arduino 语言基础

Arduino 语言是建立在 C/C++语言基础上的，其实也就是基础的 C 语言，Arduino 语言只是把 AVR 单片机（微控制器）相关的一些寄存器参数设置等都函数化了，不需要用户去了解它的底层，让不太了解 AVR 单片机（微控制器）的朋友也能轻松上手。

那么，在这里就简单地注释一下 Arduino 语言。

1. 关键字

if
if...else
for
switch case
while
do... while
break
continue
return
goto

2. 语法符号

;
{}
//
/* */

3. 运算符

=
+
-
*
/
%
==
!=
<
>
<=
>=
&&
||
!

++

--

+=

-=

*=

/=

4. 数据类型

boolean 布尔类型
char 字符类型
byte 字节类型
int 整数类型
unsigned int 无符号整型
long 长整型
unsigned long 无符号长整型
float 单浮点数类型
double 双浮点数类型
string 字符串类型
array 数组类型
void 空值

5. 数据类型转换

char()
byte()
int()
long()
float()

6. 常量

(1)HIGH / LOW 表示数字 I/O 口的电平，HIGH 表示高电平(1)，LOW 表示低电平(0)。

(2)INPUT / OUTPUT 表示数字 I/O 口的方向，INPUT 表示输入(高阻态)，OUTPUT 表示输出(AVR 单片机能提供 5V 电压、40mA 电流)。

(3)true / false 表示逻辑值，true 表示真(1)，false 表示假(0)。

7. 结构

(1) void setup () 可以初始化变量，引脚模式，调用库函数等。

(2) void loop () 可以连续执行函数内的语句。

8. 功能

1) 数字 I/O

(1) pinMode (pin, mode) 是数字 I/O 口输入/输出模式函数，括号内的 pin 表示为 0～13，mode 表示为 INPUT 或 OUTPUT。

(2) digitalWrite (pin, value) 是数字 I/O 口输出电平函数，括号内的 pin 表示为 0～13，value 表示为 HIGH 或 LOW。如定义 HIGH 可以驱动 LED。

(3) int digitalRead (pin, value) 是数字 I/O 口读入电平函数，括号内的 pin 表示为 0～13，value 表示为 HIGH 或 LOW。如可以读数字传感器。

2) 模拟 I/O

(1) int analogRead (pin) 是模拟 I/O 口读函数，括号内的 pin 表示为 0～5 (Arduino Diecimila 为 0～5，Arduino nano 为 0～7)。如可以读模拟传感器 (10 位 AD，0～5V 表示为 0～1023)。

(2) analogWrite (pin, value) – PWM 是数字 I/O 口 PWM 输出函数，Arduino 数字 I/O 口标注了 PWM 的 I/O 口可使用该函数，括号内的 pin 表示 3、5、6、9、10、11，value 表示为 0～255。如可用于电机 PWM 调速或音乐播放。

3) 扩展 I/O

(1) shiftOut (dataPin, clockPin, bitOrder, value) 是 SPI 外部 I/O 扩展函数，通常使用带 SPI 接口的 74HC595 做 8 个 I/O 扩展，括号内的 dataPin 为数据口，clockPin 为时钟口，bitOrder 为数据传输方向 (MSBFIRST 高位在前，LSBFIRST 低位在前)，value 表示所要传送的数据 (0～255)，另外还需要一个 I/O 口做 74HC595 的使能控制。

(2) unsigned long pulseIn (pin, value) 是脉冲长度记录函数，可返回时间参数 (us)，括号内的 pin 表示为 0～13，value 为 HIGH 或 LOW。比如，value 为 HIGH，那么当 pin 输入为高电平时，开始计时；当 pin 输入为低电平时，停止计时然后返回该时间。

9. 时间函数

(1) unsigned long millis () 是返回时间函数 (单位 ms)，该函数是指当程序运行时就开始计时并返回记录的参数，该参数溢出大概需要 50 天时间。

(2) delay () 是延时函数 (单位 ms)。

(3) delayMicroseconds () 是延时函数(单位μs)。

10. 数学函数

(1) min (x, y) 求最小值。

(2) max (x, y) 求最大值。

(3) abs (x) 计算绝对值。

(4) constrain (x, a, b) 是约束函数，下限是 a，上限是 b，x 必须在 ab 之间才能返回。

(5) map (value, fromLow, fromHigh, toLow, toHigh) 是约束函数，value 必须在 fromLow 与 toLow 之间和 fromHigh 与 toHigh 之间。

(6) pow (base, exponent) 是开方函数，表示 base 的 exponent 次方。

(7) sq (x) 计算平方。

(8) sqrt (x) 开根号。

11. 三角函数

(1) sin (rad) 正弦函数。

(2) cos (rad) 余弦函数。

(3) tan (rad) 正切函数。

12. 随机数函数

(1) randomSeed (seed) 是随机数端口定义函数，seed 表示读模拟口的 analogRead (pin) 函数。

(2) long random (max) 是随机数函数，返回的数据大于等于 0，小于 max。

(3) long random (min, max) 是随机数函数，返回数据大于等于 min，小于 max。

13. 外部中断函数

(1) attachInterrupt (interrupt, mode) 外部中断只能用到数字 I/O 口 2 和 3，interrupt 表示中断口初始 0 或 1，mode 表示一个功能函数(LOW 低电平中断，CHANGE 有变化就中断，RISING 上升沿中断，FALLING 下降沿中断)。

(2) detachInterrupt (interrupt) 表示中断开关，interrupt=1 为开，interrupt=0 为关。

14. 中断使能函数

(1) interrupts () 使能中断。

(2) noInterrupts () 禁止中断。

15. 串口收发函数

(1) Serial.begin(speed)串口定义波特率函数，speed 表示波特率，如 9600、19200 等。

(2) int Serial.available()判断缓冲器状态。

(3) int Serial.read()读串口并返回收到参数。

(4) Serial.flush()清空缓冲器。

(5) Serial.print(data)串口输出数据。

(6) Serial.println(data)串口输出数据并带回车符。

2.2 Arduino 的安装与编译环境

Arduino 控制器内带 Bootloader 程序，是系统上电后运行的第一段代码，类似计算机 BIOS 中的程序，启动就进行自检，配置端口等，当然单片机就是靠烧写熔丝位来设定上电从 boot 区启动的，使用这个程序就可以直接把从串口发来的程序存放到 Flash 区中。在使用 Arduino 编译环境下载程序时，就先让单片机复位，启动 Bootloader 程序引导串口发过来的程序顺利写入 Flash 区中，Flash 可以重复书写，因此想更新软件就很方便。下面简单地介绍驱动的安装和编译环境的使用。

2.2.1 安装 Arduino 驱动

使用 USB 线连接好 Arduino 后，进入计算机单击“系统属性”选项，如图 2-3 所示。

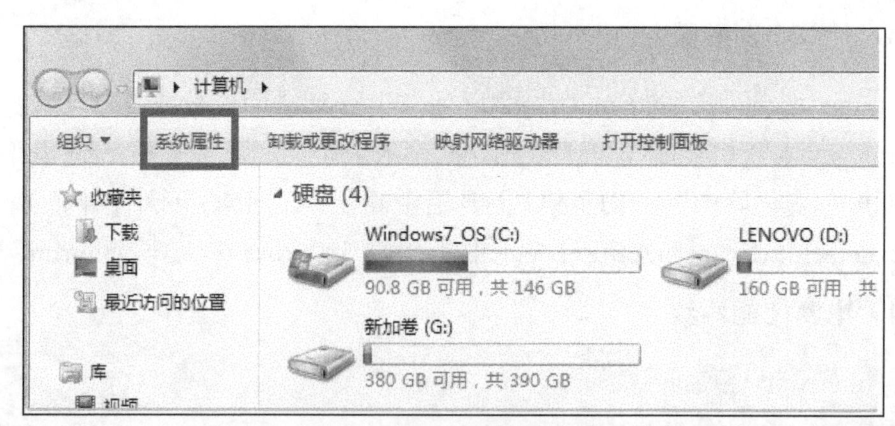

图 2-3　驱动安装第 1 步

单击“设备管理器”选项，如图 2-4 所示。

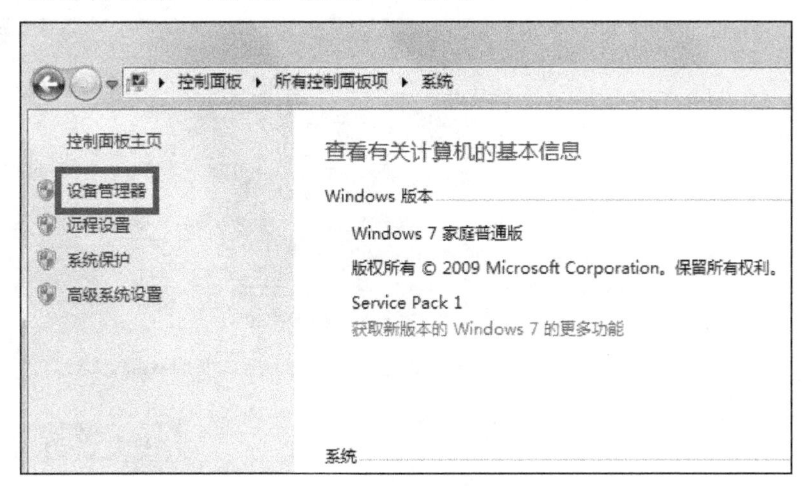

图 2-4　驱动安装第 2 步

单击“其他设备”选项看到有黄色标示的条目，如图 2-5 所示。

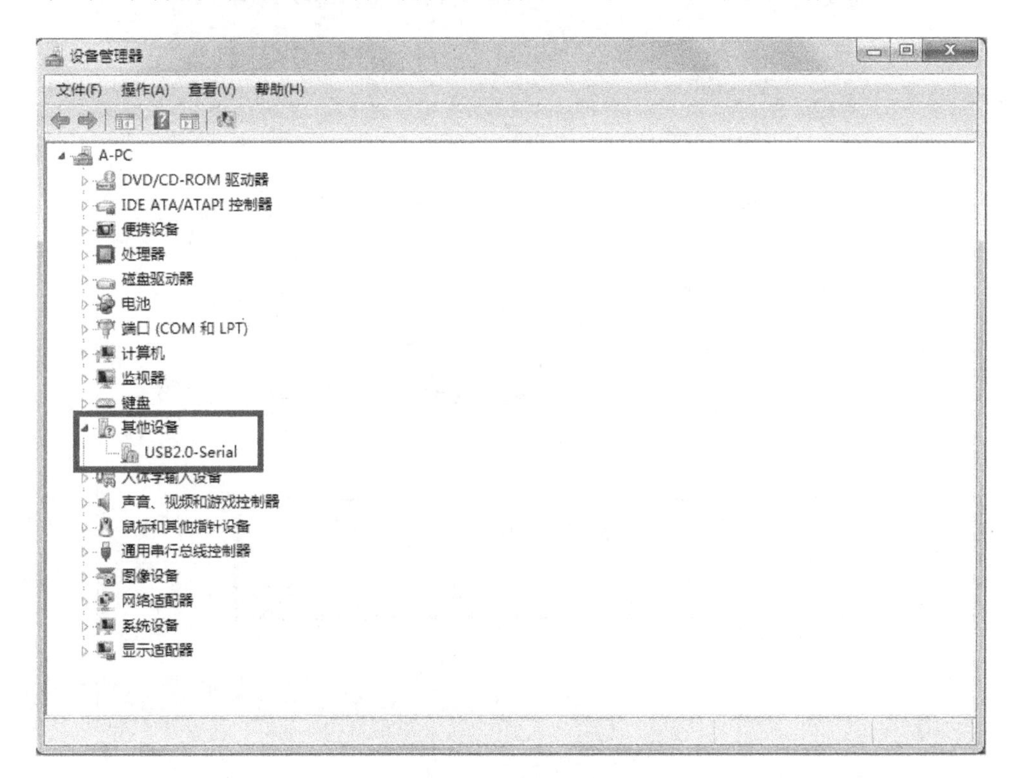

图 2-5　驱动安装第 3 步

右击黄色叹号的设备选择“更新驱动程序软件”选项，如图 2-6 所示。

在打开的属性设置对话框中单击“更新驱动程序”按钮，如图 2-7 所示。

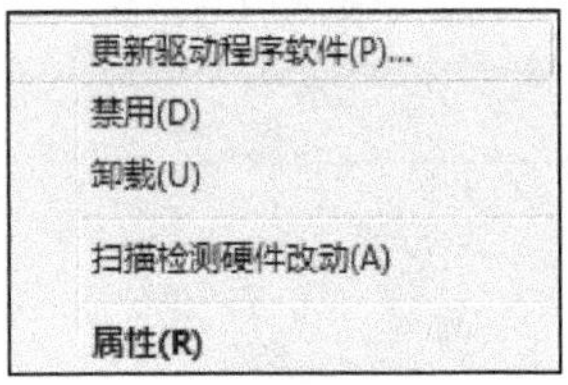

更新驱动程序软件(P)...
禁用(D)
卸载(U)
扫描检测硬件改动(A)
属性(R)

图 2-6　驱动安装第 4 步

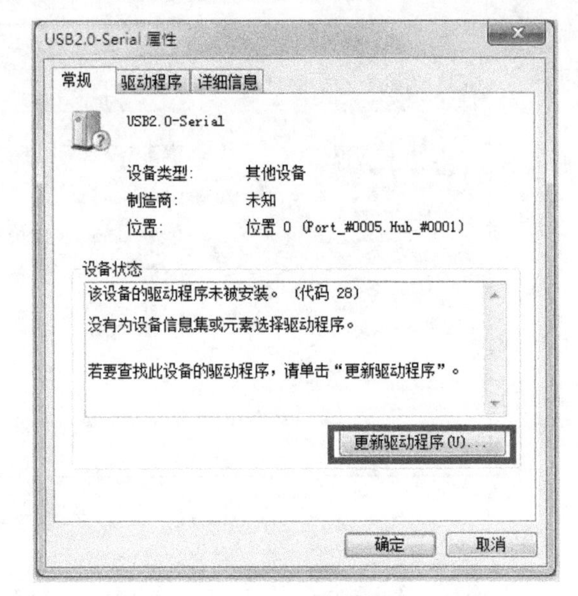

图 2-7　驱动安装第 5 步

在打开的对话框中单击“浏览计算机以查找驱动程序软件”选项，如图 2-8 所示。

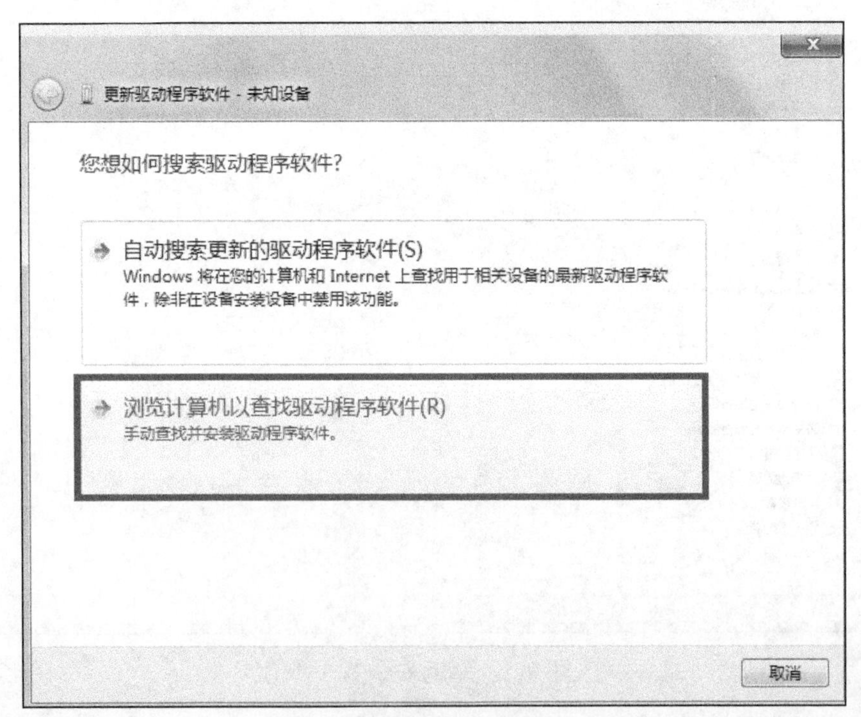

图 2-8　驱动安装第 6 步

单击“浏览”按钮，如图 2-9 所示。

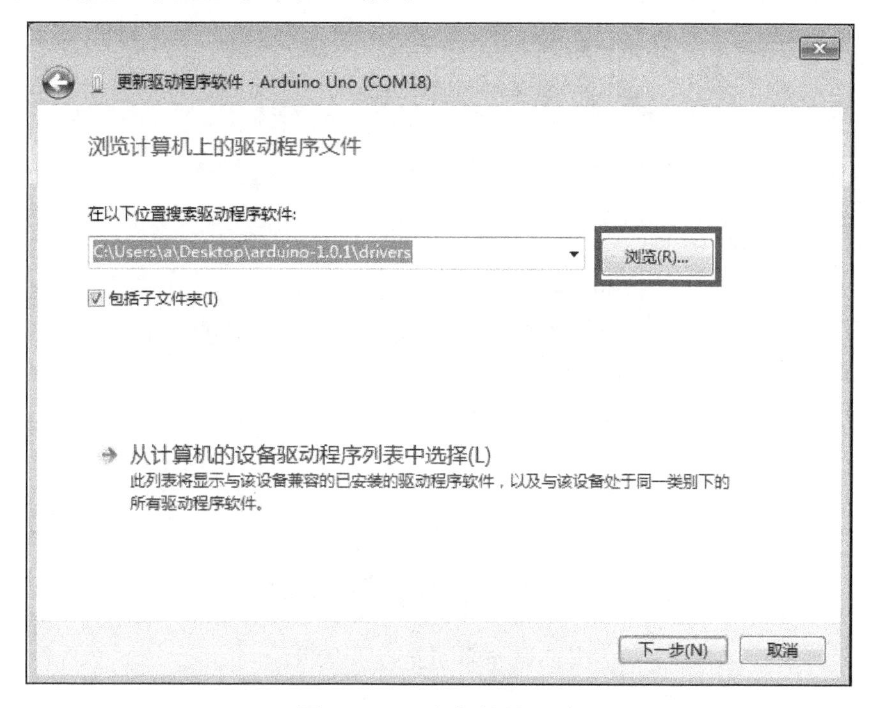

图 2-9　驱动安装第 7 步

在弹出的“浏览文件夹”对话框中单击“桌面”文件夹中的 arduino-1.0.1，如图 2-10 所示。

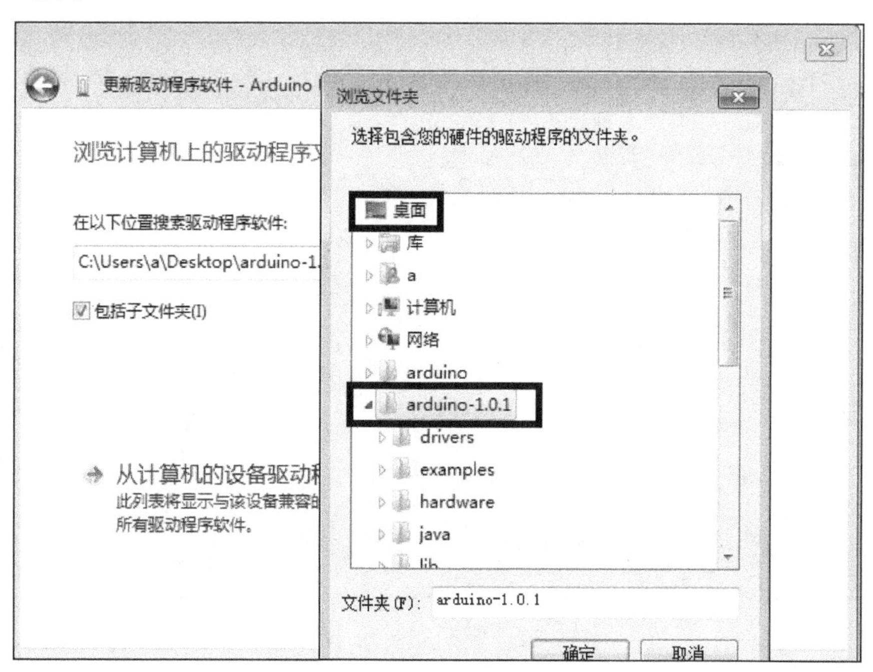

图 2-10　驱动安装第 8 步

单击 arduino-1.0.1 下的 drivers，然后单击“确定”按钮，如图 2-11 所示。

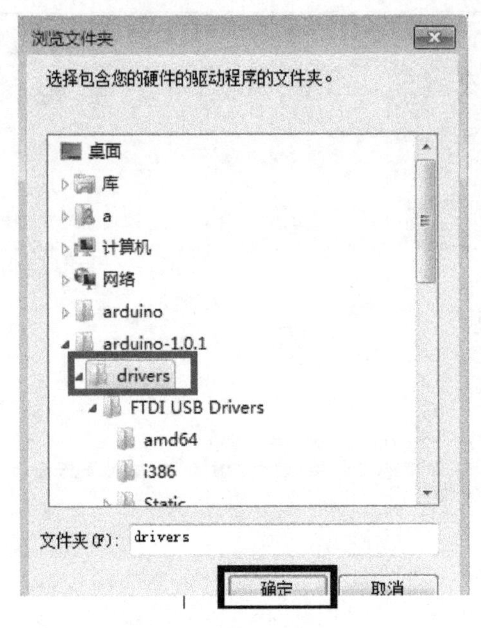

图 2-11　驱动安装第 9 步

如图 2-12 所示，等待安装驱动并完成。打开 arduino-1.0.1 文件夹。

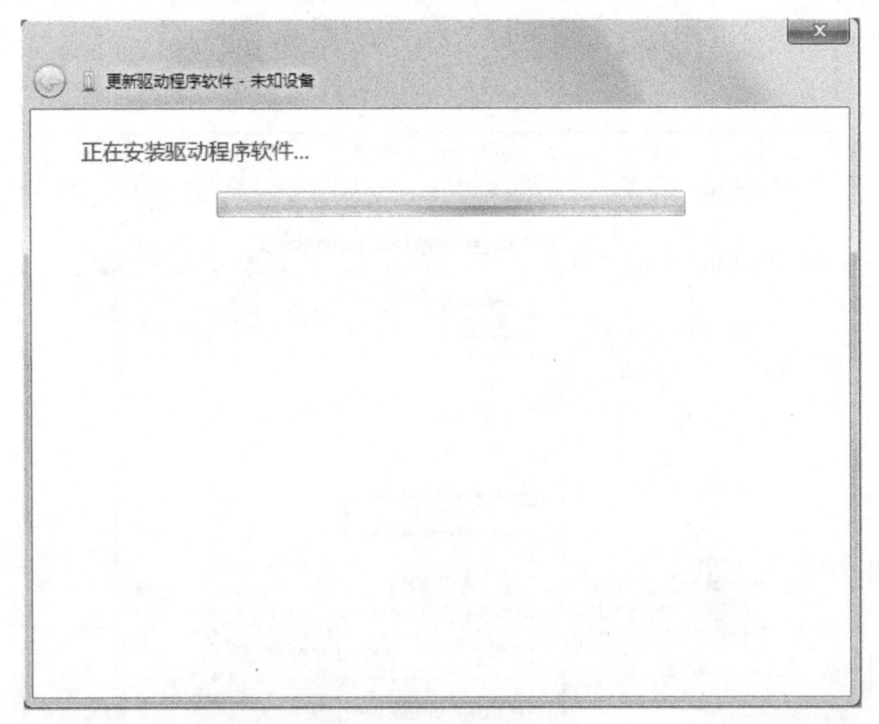

图 2-12　驱动安装第 10 步

如图 2-13 所示，打开红色方框内的 arduino 应用程序。

名称	修改日期	类型	大小
drivers	2015/3/11 10:06	文件夹	
examples	2015/3/11 10:06	文件夹	
hardware	2015/3/11 10:06	文件夹	
java	2015/3/11 10:07	文件夹	
lib	2015/3/11 10:07	文件夹	
libraries	2015/3/11 10:07	文件夹	
reference	2015/3/11 10:07	文件夹	
tools	2015/3/11 10:07	文件夹	
arduino - 快捷方式	2014/12/2 9:31	快捷方式	1 KB
arduino	2012/5/21 18:05	应用程序	840 KB
cygiconv-2.dll	2012/5/21 18:04	应用程序扩展	947 KB
cygwin1.dll	2012/5/21 18:04	应用程序扩展	1,829 KB
hs_err_pid372	2015/3/4 9:43	文本文档	12 KB
hs_err_pid6080	2015/3/4 9:12	文本文档	12 KB
hs_err_pid6628	2015/3/4 9:43	文本文档	12 KB
hs_err_pid7148	2015/3/4 9:38	文本文档	12 KB
hs_err_pid7152	2015/3/4 9:43	文本文档	12 KB
libusb0.dll	2012/5/21 18:04	应用程序扩展	43 KB
revisions	2012/5/21 18:04	TXT 文件	33 KB
rxtxSerial.dll	2012/5/21 18:04	应用程序扩展	76 KB

图 2-13　驱动安装第 11 步

如图 2-14 所示，单击 Tools 菜单。

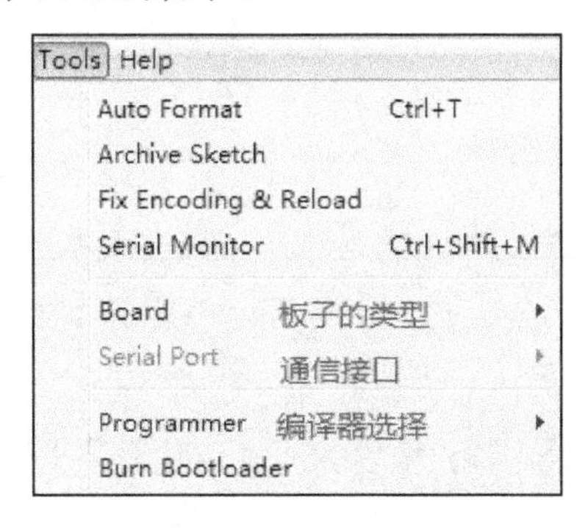

图 2-14　Arduino IDE 工具栏

在 Board 菜单中选择 Arduino Uno 命令，如图 2-15 所示。

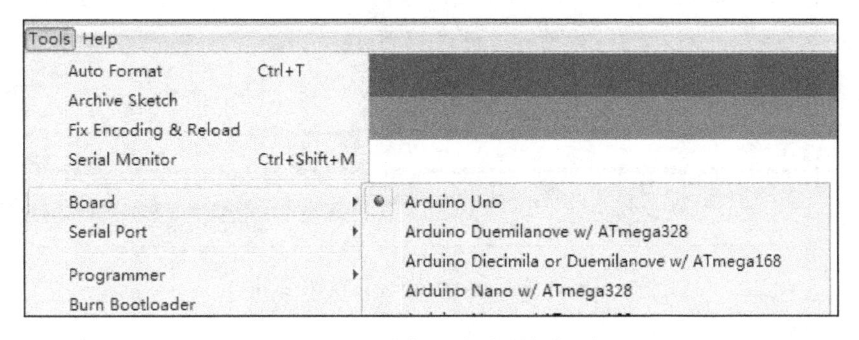

图 2-15　选择主控板的类型

如图 2-16 所示，根据实际情况选择 Serial Port 端口，本例是 COM11。

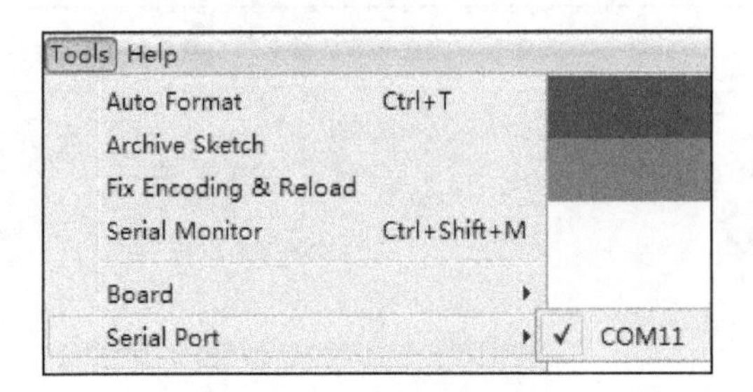

图 2-16　连接端口

2.2.2　下载一个程序

此处以履带车为例进行讲解。

单击“履带车例程”文件夹，如图 2-17 所示。

arduino-1.0.1	2015/4/20 13:14	文件夹	
履带车例程	2015/4/20 11:41	文件夹	
履带机器人安装视频	2015/4/20 12:40	文件夹	
履带车程序下载	2015/4/20 13:19	Microsoft Word ...	593 KB
履带车电源使用注意事项	2015/4/20 11:37	Microsoft Word ...	523 KB
履带车连线接法	2015/4/20 11:35	Microsoft Word ...	4,329 KB

图 2-17　示例程序下载第 1 步

找到履带车的程序，双击打开该文件，如图 2-18 所示。

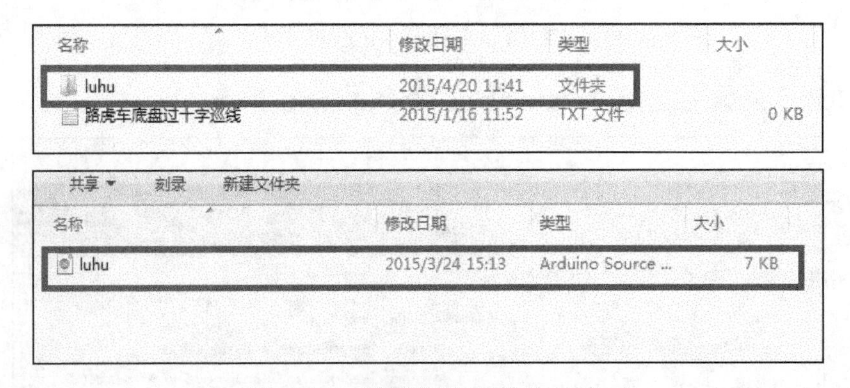

图 2-18　示例程序下载第 2 步

如图 2-19 所示，单击对勾按钮，用所给的 USB 线连接 Arduino 的接口。
如图 2-20 所示，单击箭头按钮。

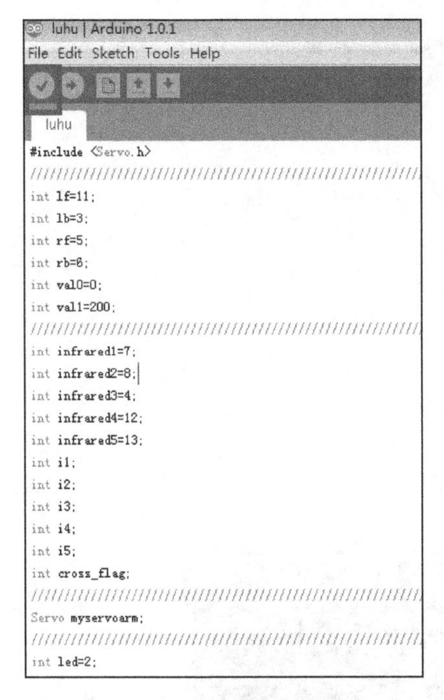

图 2-19　示例程序下载第 3 步

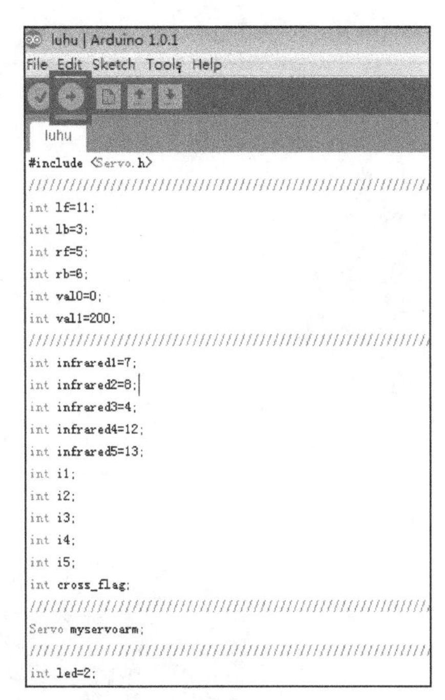

图 2-20　示例程序下载第 4 步

如图 2-21 所示，等待绿色进度条完成。

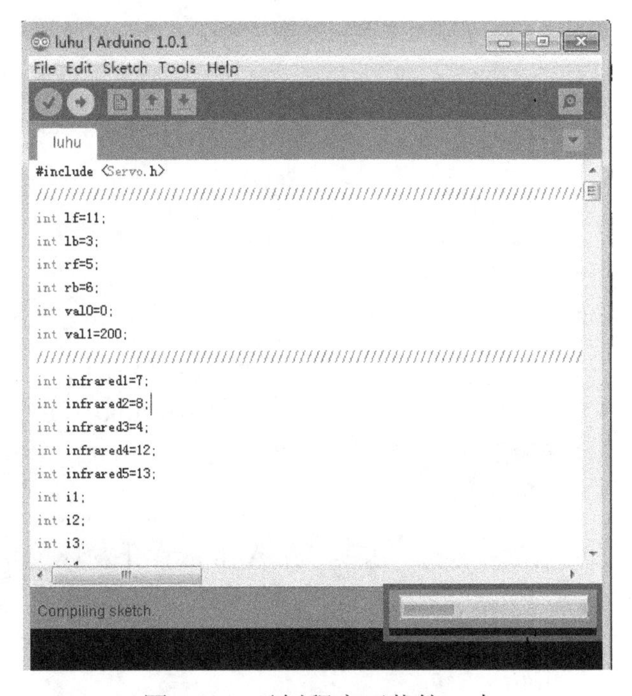

图 2-21　示例程序下载第 5 步

方框内显示此标志则下载成功，如图 2-22 所示。

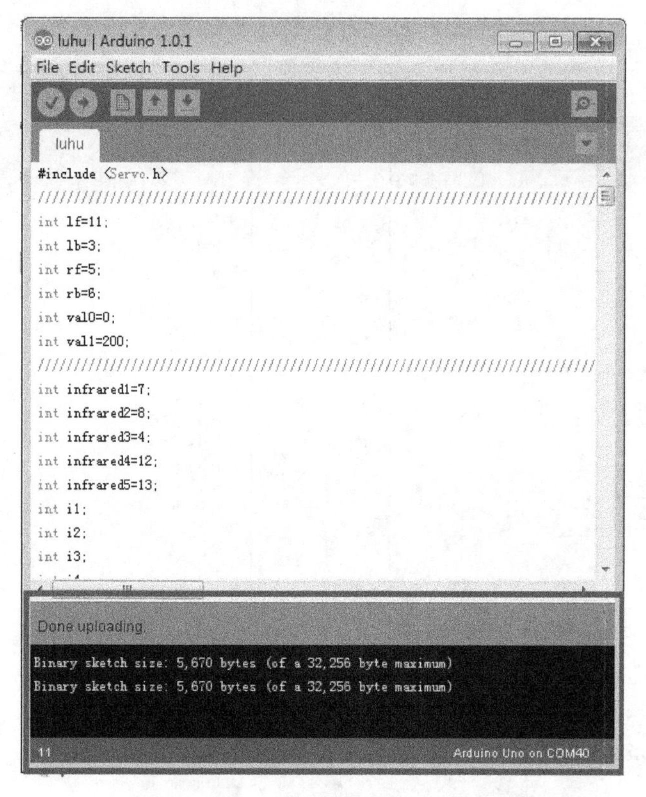

图 2-22　示例程序下载成功

2.3 Arduino 编程入门实验

实验目的：

(1) 了解 Arduino 的基本使用。

(2) 熟悉 Arduino 的基本语法结构。

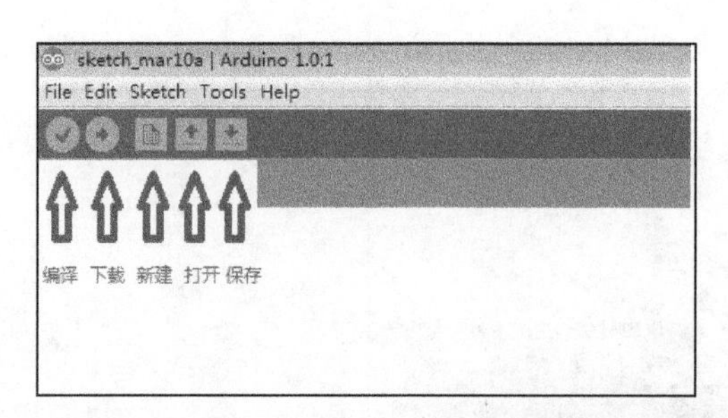

图 2-23　Arduino IDE 常用按钮

实验内容：

利用 Arduino IDE 的串口工具，在计算机中显示我们想要查看的内容。

实验步骤：

Arduino 开发环境菜单栏下方是最常用的 5 个功能按钮，如图 2-23 所示。这 5 个功能按钮依次是编译、下载、新建、打开、保存。

示例代码：

```
void setup()
{
    Serial.begin(9600);
    Serial.println("Hello World!");
}

void loop()
{

}
```

图 2-24 中的示例代码说明：

Serial.begin(9600)这个函数是指为串口数据传输设置每秒数据传输速率，每秒多少位数(波特率)。为了能与计算机进行通信，可选择使用以下波特率：300,1200,2400,4800, 9600,14400,19200,28800,38400,57600 或 115200。

(1)把代码下载到 Arduino 控制板。

(2)下载成功后，先从 Tools 菜单中选择相应的 Arduino 控制板和对应的 Com 口。打开串口工具，在新打开的串口工具窗口的右下角选择相应的波特率，如图 2-24 所示。

图 2-24　选择波特率

第3章 机器人的大脑

 探索机器人的大脑

机器人之所以能够模仿人类的行为，是因为它也有一个类似于人的“大脑”。机器人大脑的作用是什么？它能像人脑一样真正思考吗？下面我们一起来探索。

3.1.1 “更深的蓝”战胜了什么

随着计算机技术的不断发展，以电脑为“大脑”的智能机器人在计算、记忆等方面比人类有更大优势，1997年进行的“人机大战”中，超级计算机“更深的蓝”战胜国际象棋大师卡斯帕罗夫就是一个鲜明的例证，如图3-1所示。

图3-1 卡斯帕罗夫与“更深的蓝”对弈

“更深的蓝”是美国IBM公司生产的一台超级国际象棋计算机，重1270kg，有32个大脑(微处理器)，每秒钟可以计算2亿步。“更深的蓝”输入了一百多年

来优秀棋手的两百多万局对局。

卡斯帕罗夫(图 3-2)是人类有史以来最伟大的棋手，在国际象棋棋坛上他独步天下，无人能出其右。前世界冠军卡尔波夫号称是唯一能与其抗衡的棋手，但在两人交战史上，每次都是卡斯帕罗夫取胜。可是，在临近 20 世纪末的 1997 年，孤独求败的卡斯帕罗夫不得不承认自己输了，而战胜他的是一台没有生命力、没有感情的计算机。也许这是一件偶然的事件，可是，这件事使人类看到了一个自己不愿看到的结果：人类的工具终于有一天会战胜自己。

图 3-2 “人机大战”中的卡斯帕罗夫

“更深的蓝”的前身“深蓝”和卡斯帕罗夫曾于 1996 年交过手，结果卡斯帕罗夫以 4∶2 战胜了“深蓝”。经过一年多的改进，“深蓝”有了更深的功力，因此又被称为“更深的蓝”。“更深的蓝”与一年前的“深蓝”相比具有了非常强的进攻性，在和平的局面下也善于捕捉杀机。

卡斯帕罗夫与“更深的蓝”的较量，引来了全世界无数棋迷和非棋迷的关注。人们对此次人机大战倾注了巨大的热情，各种新闻媒体都竞相报道和评论此次人机大战，显然不只是出于对国际象棋的热爱，事实上，许多关心比赛的记者和读者都是棋盲，吸引他们的是这场比赛所蕴含的机器与人类智慧的较量的特殊意义。

交流

超级计算机战胜国际象棋大师，是否意味着计算机具有超出人类智商的超强思维能力呢？

卡斯帕罗夫输掉这场人机大战在社会上引起了轩然大波，引出了两种不同的观点：一部分人对此深感悲观，甚至惊恐不安，就像一些人对克隆技术感到害怕一样。另外一些人则只是对这一结果感到不愉快，但他们认为这未必不是好事。

首先，比赛的结果不足以说明计算机就战胜了人脑，因为计算机的背后包括了美籍华裔谭崇仁、许峰雄等一大批计算机专家。这些专家经过多年的努力，培养出来一个世界超级计算机棋手。计算机的进步表明人类对人脑的思维方式有了更深入的了解。从科学意义上讲，人机大战只是一项科学实验。其次，虽然计算机在棋盘上战胜了人类，但这并不会封杀国际象棋艺术，相反许多棋坛人士从人机大战中看到了国际象棋的新机遇。他们认为，如果在今后的国际象棋比赛中，棋手可以使用计算机，通过高科技手段检验我们认为天才而又过分大胆的棋着。

不错，已经发明了比我们跑得快的、举得重的、看得远的机器，如汽车、起重机、望远镜等，它们只能成为人类的一种工具，并没有影响到人的本质。人类发明的机器或许可以分为两类："体能机器"和"智能机器"。体能机器如汽车、飞机等，已经得到了公众的赞许，但智能机器却得到完全不同的反应。向来都自以为智商最高的人类，却在智力游戏中输掉了，于是有人惊呼，今天我们输掉了最伟大的棋手，明天我们还将输掉什么？

3.1.2 机器人的控制器

控制系统是机器人的大脑，是机器人的指挥中枢，主要由微控制器、存储器、输入输出端口等组成。在教育机器人中，控制系统在主板上，如图3-3所示。机器人要实现各种动作都是靠它来指挥的。

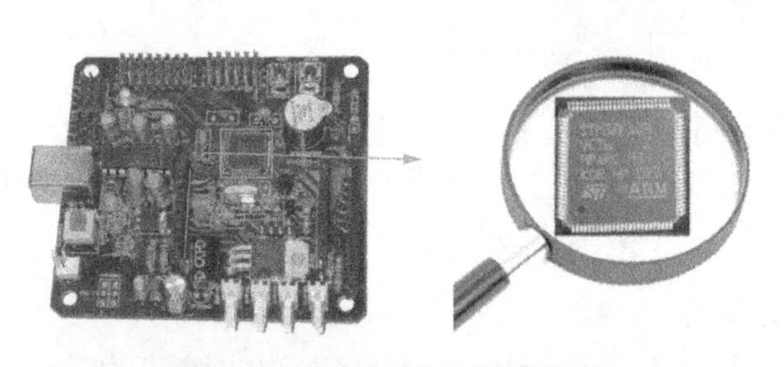

图3-3　教育机器人的控制器

机器人的大脑也就是机器人组件中的主控器，是机器人的控制中心，它能记忆知识，进行运算和逻辑判断，进行简单的联想预测，能控制、指挥机器人的行为。它有超快的计算速度和超强的记忆能力，它是由机械和电子器件构成的，它自己不能思考，不能和人脑一样随机应变。

主控器上有各种开关按钮、选择程序按钮、程序运行按钮；还有连接各种传感器的输入接口和连接运动器官的输出接口等，如图3-4所示。

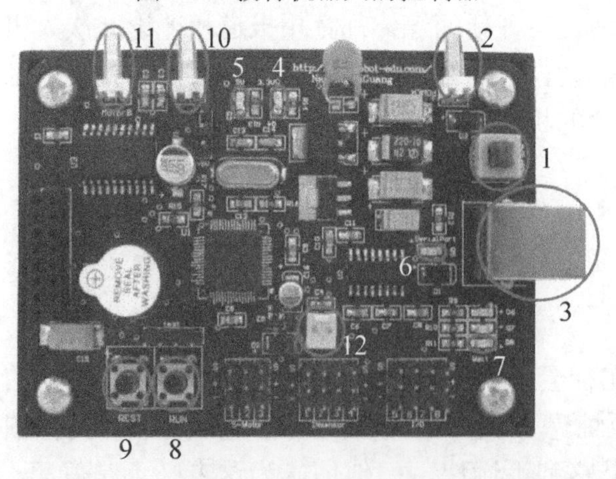

图3-4　机器人的主控器

(1) 电源开关按钮：打开/关闭(ON/OFF)电源。

(2) 电源连接端口：连接电源，为机器人提供动能的部分。

注：① 电源正负极不可接反，否则会烧坏主板。② 若打开电源开关，指示灯不亮或不正常，请迅速关闭电源。

(3) 下载程序连接端口：将程序下载到机器人的主板 CPU 时使用。

(4) 3.3V 电源指示灯：打开电源后，该指示灯常亮。

(5) 5V 电源指示灯：打开电源后，该指示灯常亮。

(6) 下载程序指示灯：当打开电源开关或按复位键时，该指示灯快速闪烁，直到“等待执行指示灯”开始闪烁时，该指示灯熄灭；当下载程序时，该指示灯以 2s 为时间间隔闪烁，程序下载完毕，该指示灯熄灭，“等待执行指示灯”开始闪烁；运行程序时，该指示灯熄灭。

(7) 等待执行指示灯：打开电源开关后，当该指示灯闪烁时，按下“开始”按钮，该指示灯熄灭，机器人开始运行程序；当下载程序时，该指示灯熄灭；下载完毕，该指示灯闪烁；下载程序时，必须在该指示灯闪烁之前下载。

(8) 运行按钮(RUN)：电源开关在 ON 的状态下，执行 CPU 输入的指令时使用。

(9) 复位按钮(RESET)：重新设定机器人时使用的按键。

(10) 直流电机一的输出端口：插上直流电机的电源连接器，使电机运行的部分。

(11) 直流电机二的输出端口：插上直流电机的电源连接器，使电机运行的部分。

3.1.3　机器人大脑与人脑的差异

虽然机器人经过几十年的发展已经达到一定的水平，但关键性的技术难题仍然令科学家举步维艰。机器人真的能像人一样拥有喜怒哀乐吗？现在还做不到。人类心理包括三部分：一是认知、智能；二是情感、情绪；三是意志、意识。机器人在模仿人类智能方面取得了一定的成就，但没法模仿人类情感。能够展示情绪的日本机器人 KOBIAN，如图 3-5 所示。

第一个原因是出于伦理方面的考虑，如果科学家研究出一个负向情绪(生气、沮丧等)的机器人，可能会对人类社会带来威胁。

第二个最重要的原因是人类对自身的情感反应研究还不是很好。正是因为情绪是无法用数学模型和科学公式解读的人类特有的一种反应。人工情感是目前机器人领域最尖端的研究方向。

图 3-5　日本机器人 KOBIAN

现在，对人类来说太脏、太危险、太困难、太反复无聊的工作，往往都由机器人代劳。工业流水线就用了很多工业机器人。机器人也多用在清理有毒废弃物、太空探索、石油钻探、深海探索、矿石开采、搜救等。

拓展

最逼真的人工大脑——Spaun

要用计算机设计人工大脑，最好的办法就是严格按照人脑的结构构建系统。加拿大滑铁卢大学的研究者正是这样做的，他们构建的 Spaun 系统堪称是目前世界上最大、最逼真的人脑模拟系统，这只“大脑”不仅有获取视觉信号的电子眼和可以作出相应反应的机械臂，它还能通过基础的智商测验，执行绘画、计数、回答问题甚至推理等任务。如果你对自己的计算机有信心，也可以自行尝试一下模拟。

这只叫作 Spaun(Semantic Pointer Architecture Unified Network，语义指针架构统一网络)的“大脑”拥有 250 万个虚拟神经元，可以执行 8 项不同的任务。这些任务涵盖的范围从复制绘画、计数，到回答问题和作出流畅的推理。图 3-6 所示为根据大脑的架构模拟构建的人工大脑。

Spaun 拥有一只分辨率为 28×28(784 像素)的电子眼，还有一条可以在纸上绘画的机械臂。Spaun 和外部世界的互动都是通过它的电子眼来完成。科学家首先向它出示一串数字和字母，Spaun 读取这些字符后，将它们存储在存储器里。随后，科学家向 Spaun 出示另一个字母或符号来告诉它该如何处理内存中的信息。最后，Spaun 会使用它的机械臂来完成相应的动作。

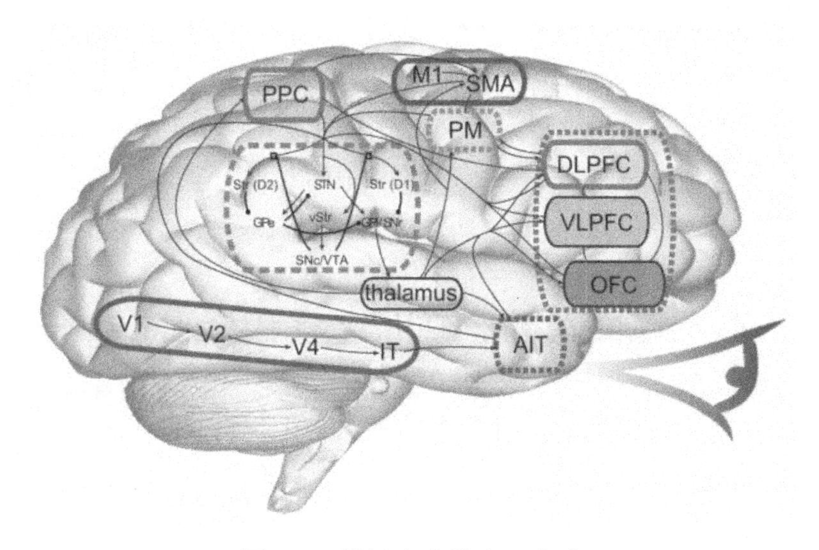

图 3-6　模拟大脑的人工大脑

Spaun 的“大脑”由 250 万个神经元组成。这些神经元被分割成大脑中的不同系统，如图 3-7 所示，其中包括前额皮质(VLPFC、DLPFC、OFC 部分)、基底核(basal ganglia)和丘脑(thalamus)。这些系统严格按照真正大脑中的结构构建而成。科学家想让这些系统像真正的大脑一样运作：丘脑负责处理视觉信号，随后将数据存储在神经元中；紧接着，基底核会发出一项指令来调用皮质中的某一区域来完成某一项特定的任务。

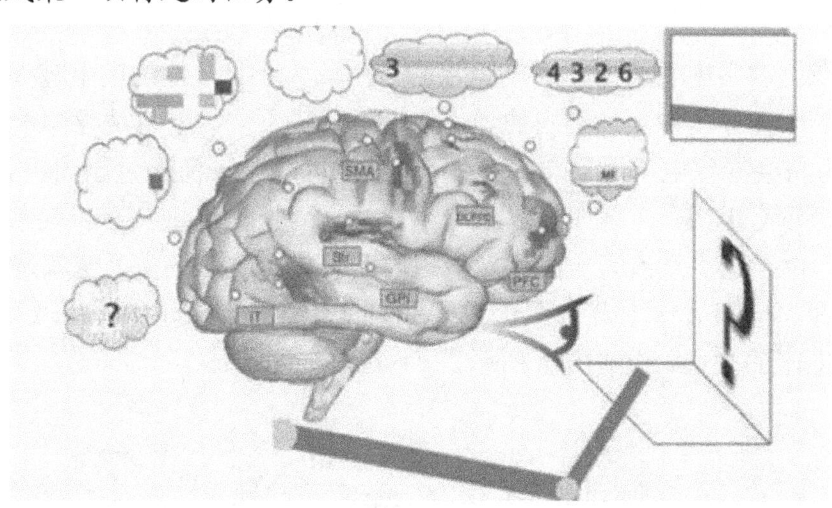

图 3-7　Spaun 在纸上绘画

所有的运算都是严格按照生理学原理进行的，其中既有脉冲电压，也有神经递质。就连人类大脑的局限性都被准确地模拟出来了。

这些设计最终达到的成果是一只不算太复杂(250 万个神经元并不是什么大

数字，IBM “Compass” 人脑模拟计划已经模拟出了 5300 亿个神经元)但十分灵活的“大脑”。通过执行几个非常基本的任务，我们可以了解更复杂的行为是怎么形成的。它向我们展示了大脑是如何演化的：先是从最简单的任务开始，然后在此基础上将简单任务组合在一起形成更复杂的功能。

3.2 机器人的脑细胞——电子元器件

人脑是由细胞组合而成的，机器人的“大脑”也一样。它也是由许多电阻、电容和半导体等电子元器件组成的，没有这些电子元器件，机器人就不能正常运行。

3.2.1 电阻

电阻的英文名称为 resistance，通常缩写为 R，它是导体的一种基本性质，与导体的尺寸、材料、温度有关。欧姆定律指出电压、电流和电阻三者之间的关系为 $I=U/R$，即 $R=U/I$。通常“电阻”有两种含义：一种是物理学上的“电阻”物理量：另一种是指电阻电子元器件。

1.“电阻”物理量

电阻在物理学中表示导体对电流阻碍作用的大小。导体的电阻越大，表示导体对电流的阻碍作用越大。不同的导体，电阻一般不同，电阻是导体本身的一种特性。电阻将会导致电子流通量的变化，电阻越小，电子流通量越大，反之亦然。而超导体则没有电阻。

通常，电通过电线流入电阻中，电阻内还有像模块似的电，这就是阻碍电流的流动原理。电阻大体上分为固定电阻和可变电阻，可变电阻在一定范围内，可以改变电阻的大小，如图 3-8 所示。

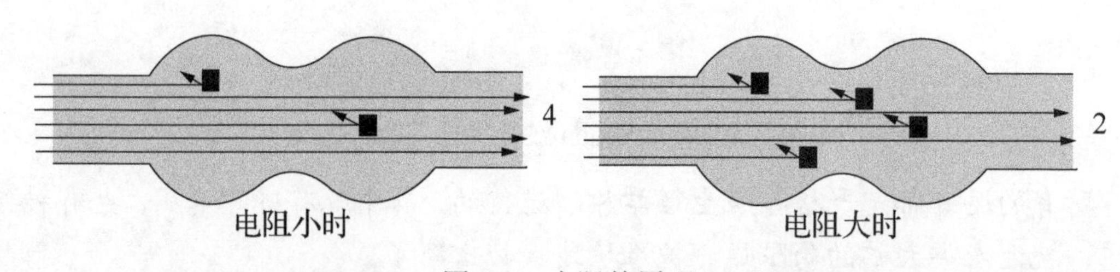

图 3-8　电阻的原理

电阻的单位为欧姆，用希腊字母 Ω 表示。同时，电阻也可以通过图 3-9 所示的符号进行表示。

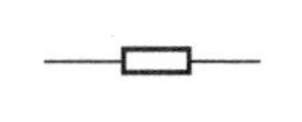

图 3-9　电阻的符号

2. 电阻元件

电阻元件的电阻值大小一般与温度、材料、长度，还有横截面积有关，衡量电阻受温度影响大小的物理量是温度系数，其定义为温度每升高 1℃时电阻值发生变化的百分数。

电阻的主要物理特征是变电能为热能，也可说它是一个耗能元件，电流经过它就产生内能。电阻在电路中通常起分压、分流的作用。对信号来说，交流与直流信号都可以通过电阻。电路中对电流通过有阻碍作用并且造成能量消耗的部分称为电阻，它是电子设备中最常用的电子元器件。

电阻的种类很多，通常分为碳膜电阻、金属电阻、线绕电阻等，如图 3-10 所示。它又可分为固定电阻与可变电阻、光敏电阻、压敏电阻、热敏电阻等。但不管电阻是什么种类，它都有一个基本的表示字母“R”。

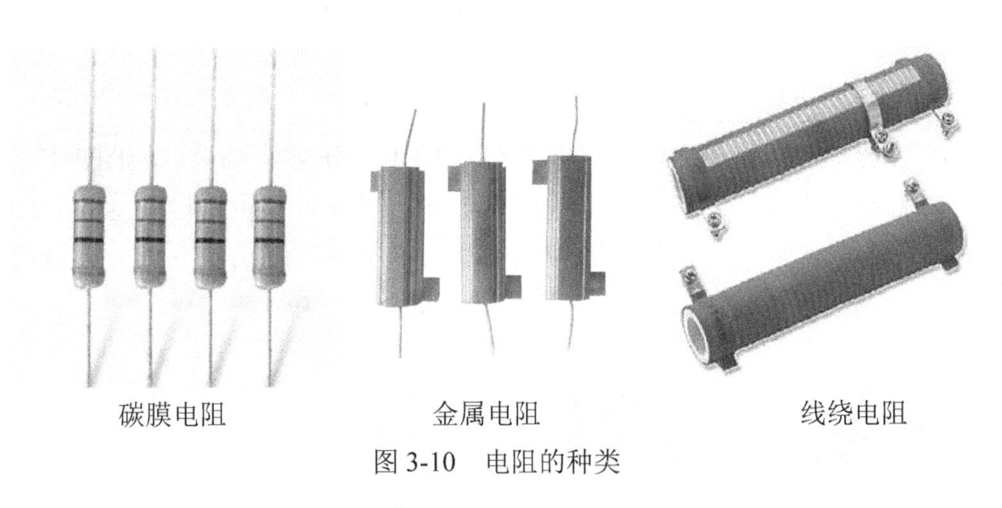

图 3-10　电阻的种类

3.2.2 电容

电容是具有暂时存储电的功能的配件。大家了解充电器吗？电容具有与充电器相似的功能，但是，电容不能像充电器一样长久使用，只能暂时存储微小的电量。

对于直流电，电容起“储蓄电”的作用，这时“电”不能流过电路的其他地方，而交流电则能流过，并且电容的电阻值根据频率而变化。巧妙地利用电容的这种特性，就能选定需要的频率或切断直流分量。表示电容容量的单位是法，用英文字母 F 表示。

电容是由两块金属电极之间夹一层绝缘电介质构成的。当在两金属电极间加上电压时，电极上就会存储电荷，所以电容器是储能元件。任何两个彼此绝缘又相距很近的导体，组成一个电容器。图 3-11 所示为常用的电容器。

1. 电容的种类

在机器人中经常使用的电容有以下几种。

(1) 叠片式陶瓷电容器：主要用作旁路电容，将电源上搭载的交流噪声旁路接地，可以消除来自传感器和电机的电噪声，如图 3-12 所示。

图 3-11 电容器

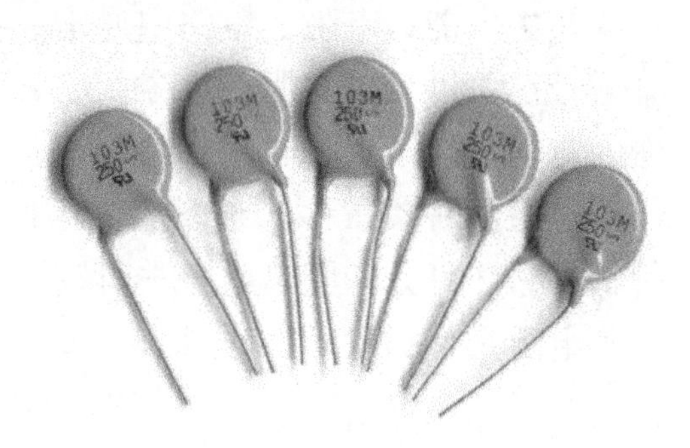

图 3-12 叠片式陶瓷电容器

(2) 云母电容器：在高频电路中用在 CPU 时钟脉冲等部分，如图 3-13 所示。

(3) 铝电解电容：组装在电源电路中起稳定电压的作用。电解电容器的容量及其两端的耐压程度(两极间能够加上的最大电压)同时表示。另外，这种电容器有极性，一般是引线长的一端为正极，如图 3-14 所示。

图 3-13 云母电容器

图 3-14 铝电解电容

2. 电容的主要性能参数

(1) 电容标称容量。描述电容容量大小的参数，单位为法(F)，此外还有微法

(μF)、皮法(pF)，另外还有一种比较少用的单位，那就是纳法(nF)。由于电容 F 的容量非常大，所以我们看到的一般都是μF、pF、nF 的单位，而不是 F 的单位。它们的换算公式是：1F＝1000μF=1000 000pF=1000 000 000nF。

(2) 耐压，也称为额定工作电压，是指电容在规定的温度范围内，能够长期可靠工作承受加在它两极的最高电压。又分为直流工作电压和交流工作电压。

(3) 漏电电阻。电容中的电介质不是绝对绝缘的，当通上直流电的时候，或多或少地会有电流通过，称为漏电。当漏电情况较大时，电容发热甚至会导致电容损坏。

3.2.3　半导体

半导体是指导电性能介于导体和绝缘体之间的材料。我们知道，电路之所以具有某种功能，主要是因为其内部有电流的各种变化，而之所以形成电流，主要是因为有电子在金属线路和电子元件之间流动(运动/迁移)。所以，电子在材料中运动的难易程度，决定了其导电性能。常见的金属材料在常温下电子就很容易获得能量产生运动，因此其导电性能好；绝缘体由于其材料本身特性，电子很难获得导电所需能量，其内部很少有电子可以迁移，几乎不导电。而半导体材料的导电特性则介于这两者之间，并且可以通过掺入杂质来改变其导电性能，从而人为控制它导电或者不导电以及导电的难易程度。

1. 二极管

我们偶尔能遇到标有“单向行驶”的公路，这是车辆只能按单一方向行驶的标记。同样的，在电路中电流也有可流动的方向和不可流动的方向，而在电路中指示单向流动的配件就是二极管。二极管具有使电向单一方向流动，而不能向其反方向流动的作用，如图 3-15 所示。具有既能流通电流又不能流通电流的性质的物体称为半导体，而这种容易流通电流的性质取决于半导体中自由电子和空穴的多少。根据这两种载流子数量的不同，可以分成 P 型半导体和 N 型半导体两类。

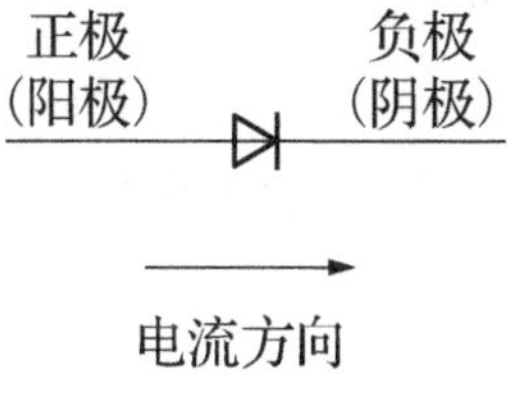

正极
(阳极)
负极
(阴极)
电流方向

图 3-15　二极管符号

加正向电压时电流流通，而加反向电压时电流不能流通，这称为整流作用，是二极管的最大特点。

二极管的种类包括稳压二极管、肖特基二极管、发光二极管、隧道二极管、可变容量二极管等，如图 3-16 所示。

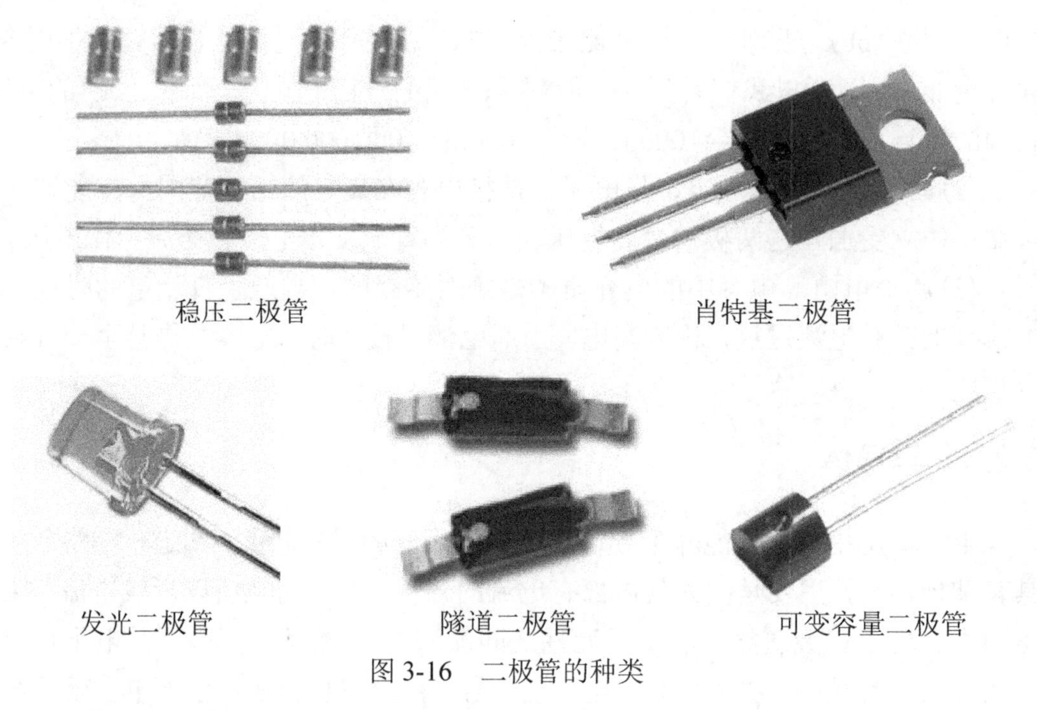

稳压二极管　　肖特基二极管

发光二极管　　隧道二极管　　可变容量二极管

图 3-16　二极管的种类

2. 发光二极管

对于发光二极管(Light Emitting Diode，LED)，当二极管中流过正向电流时，自由电子的能级降低，余下部分的能量以光的形式发出，这就是发光的原理。通过改变发出光的波长，可以制造出各种颜色的发光二极管。

LED 是现代社会的奇迹，具有寿命长、耐冲击、价格便宜、温度低、可触摸等特点。它们色彩缤纷，尺寸各异。因为 LED 需要的电压和电流都很低，所以非常适合为电池供电。

通过微量的电流就会发光的 LED，常用于确认传感器的反应状态，来指导驱动部分的工作。

发光二极管有其确定的电流方向，两条接线脚中，长的为正极，短的为负极，电流从正极流入就使 LED 亮灯；电流无法从负极通过，灯也就不亮了。

3. 光电二极管

图 3-17　光电二极管

光电二极管(图 3-17)的基本结构和发光二极管相同，不同之处是当它遇到光时就有与光通量成正比的电流反方向流动，将这个反向流动的电流称为光电流。这种性质可以使用在传感器上。

光电二极管和发光二极管正相反，它是由电子获得光能量，变成高能级状态。在这种状态下，电子容易运动，这就形成了光电流。

4. **晶体管**

晶体管(图3-18)具有增幅电气信号或控制电流的功能。如在收音机中，可通过晶体管来增强或扩大(增幅)无线电传播过来的微弱信号，并通过扩音器发出声音。这种功能便是晶体管的增幅作用，也就是在不转换输入信号波形的前提下，增大电压或电流。

晶体管可分为NPN型和PNP型，如图3-19所示为两种晶体管的符号。

图3-18 晶体管

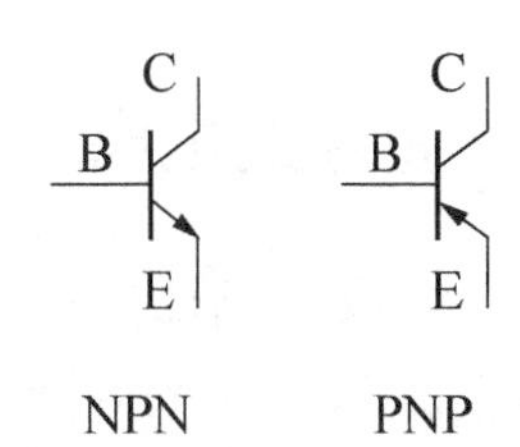

图3-19 晶体管的符号

5. **光电晶体管**

光电晶体管的集电极电流不是根据基极电流而改变的，而是根据光的强度改变的。因此，光电晶体管可用在检测光强度的光传感器中。在机器人竞赛中，可以说所有机器人都要使用光传感器。光电晶体管有两根引脚，如图3-20所示。

图3-20 光电晶体管

探究

1. 回顾物理中的知识，讲述一下电阻、电容的作用。
2. 观察一下机器人的主板，指出有几个发光二极管。

3.3 机器人的脑神经——集成电路

脑神经位于人的大脑皮层，有140多亿个神经元，组成了许多神经系统，是整个神经系统最高级的部位。同样，在机器人的“大脑”中，由许多电阻、电容和半导体等电子元器件组成了机器人的“脑神经”——集成电路。图3-21为生物的神经元图。

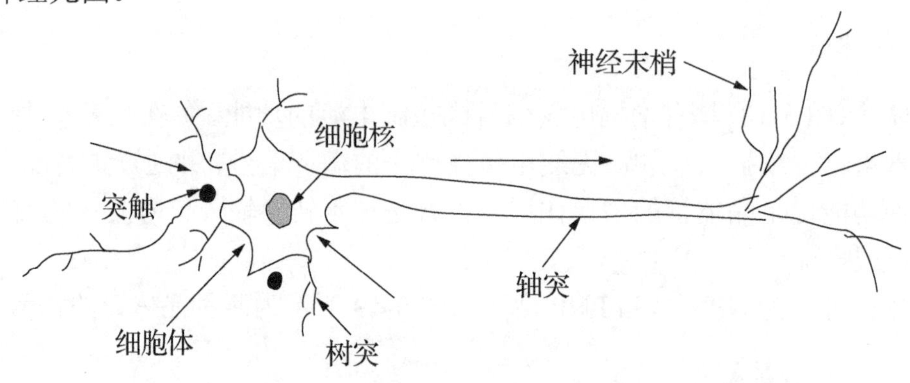

图 3-21 生物的神经元

3.3.1 什么是集成电路

电阻、电容以及晶体三极管、二极管等在电子电路中常用的元器件，在实际使用时需要以各种各样的方式组装成一定的电路才能工作。对于一个稍微复杂的电路，不论设计多么成熟，都需要经过调试才能使用，而调试工作一般都比较复杂且费时，降低了人们的工作效率。那么，如何来解决这个问题呢？人们经过实践探索，发明了集成电路，如图 3-22 所示。

图 3-22 集成电路

集成电路(Integrated Circuit，IC)是指将电路中的有源元件(二极管、晶体管等)、无源元件(电阻和电容等)以及它们之间的互连导线等一起制作在半导体衬底上，形成一块独立的整体电路，IC 的各个引出端(又称引脚)就是该电路的输入、输出、电源和接地等的接线端。

有源元件：需要能(电)源的器件称为有源器件。有源器件一般用来进行信号放大、变换等，IC、模块等都是有源器件。

无源元件：无需能(电)源的器件就是无源器件。无源器件用来进行信号传输，或者通过方向性进行“信号放大”。电容、电阻、电感都是无源器件。

从 1962 年世界上第一个集成电路诞生以来，集成电路的技术越来越先进，从一块芯片上集成了几十个元器件到集成几十万、几百万个元器件(其中绝大多数是晶体管)，它在实际中的应用也越来越广泛。集成技术的每一次发展，都带来电子技术的一次进步，尤其在计算机方面，从占地上百平方米的老式计算机改进到可以摆在桌上的个人计算机，集成电路立下了汗马功劳，如图 3-23 所示。

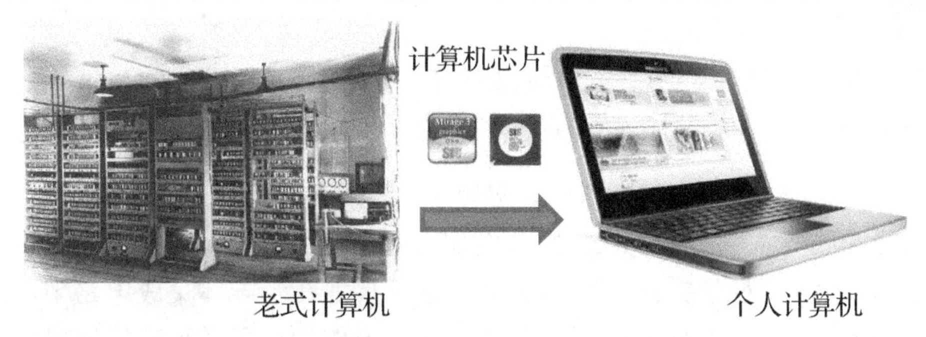

图 3-23 集成电路使计算机的体积缩小

科学研究和生产需要推动着电子技术的发展，而电子器件和电路的改进又促进了科学技术与工业生产水平的进一步提高。1967 年在一块晶片上集成 1000 个晶体管的研制项目取得成功。1977 年美国在 $30mm^2$ 的晶片上集成了 13 万个晶体管，即 64K 位 DRAM。现在集成电路的规模，正在以平均 1～2 年翻一番的速度增长。表 3-1 所示为集成电路的发展规模。

表 3-1 集成电路的发展规模

时间	1966 年	1971 年	1980 年	1990 年	1998 年	1999 年
规模	小规模	中规模	大规模	超大规模	超超大规模	超亿规模
理论集成度	10～100	100～1000	1000～10 万	10 万～100 万	100 万～1 亿	>1 亿
商业集成度	10	100～1000	1000～2 万	2 万～5 万	>50 万	>1000 万
应用	触发器	计算器 加法器	单片机 ROM	16 位和 32 位 微处理器	图像 处理器	SRAM128 位 CPU

集成电路的集成度：通常是指它在一个芯片上集成了多少个元器件，集成元器件越多，集成度就越高。根据集成度的高低，将它分为小规模集成电路(内部有几十个元器件)、中规模集成电路(内部有几百个元器件)、大规模集成电路(内部有上千乃至上万个元器件)和超大规模集成电路(内部有几十万个元器件)等。

集成电路集成度的提高主要依靠三个因素。

(1)设计技术的提高，简化电路，合理布局布线。

(2)器件的尺寸缩小(工艺允许的最细线条)(生产环境：超净车间)。

(3)芯片面积缩小，从1～5mm^2到现在的1cm^2。

由于现在这三方面都有所突破，所以集成规模发展很快。这样的发展速度也给我们提出了一些新的问题。

思考

集成电路的技术发展是否有极限？在一块芯片上能制造的晶体管是否有极限？如果“有”，它的极限是多少？是否还可用新的方法来求得继续发展？

目前使用的16M位DRAM集成电路的线条宽度为0.5μm，64M位DRAM集成电路的线条宽度为0.3μm，继续发展可望达到0.01μm，0.01μm线条宽度的概念相当于30个原子排成一列的长度。这一尺寸在半导体集成电路中，已经成为极限，再小PN结的理论就不存在了，或者说作为电子学范畴的集成电路已达极限，就会从电子学跃变到量子工学的范畴，由量变到质变，随之而来的一门新的工程学——对量子现象加以工程应用的“量子工学”也就诞生了，由这一理论指导而做成的量子器件，将延续集成电路的发展。现在美国和日本正投入大量的人力和物力进行量子器件方面的研究，并且在“原子级加工”方面取得了一定的成果。

3.3.2 集成电路的分类

集成电路根据不同的功能分为模拟和数字两大类，而具体功能更是数不胜数，其应用遍及人类生活的方方面面。

模拟集成电路：集成运算放大器、集成功放、集成稳压电源、集成模数A/D转换和数模D/A转换及各种专用的模拟集成电路。而集成运算放大器只是模拟集成电路中应用最为广泛的一种。

数字集成电路：门电路、触发器、计数器、存储器、微处理器等电路。例如，74系列、74LS××、74HC××、4000系列、CMOS等各种型号。

集成电路根据内部的集成度分为大规模、中规模、小规模三类。其封装又有许多形式，“双列直插”和“单列直插”的最常见，如图3-24所示。消费类电子产品中用软封装的IC，精密产品中用贴片封装的IC等。

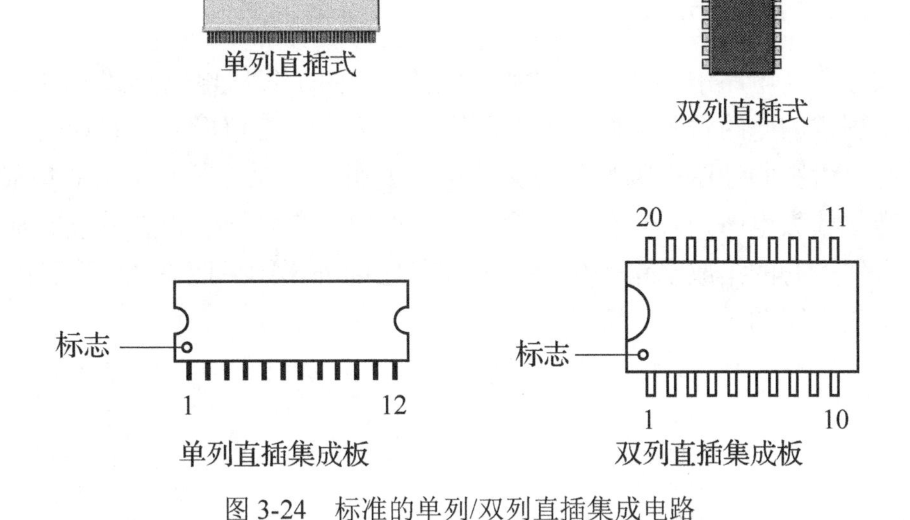

图 3-24　标准的单列/双列直插集成电路

集成电路型号众多，随着技术的发展，又有更多的功能更强、集成度更高的集成电路涌现，为电子产品的生产制作带来了方便。在设计制作时，若没有专用的集成电路可选择，则应该尽量选择通用集成电路，同时考虑集成电路的价格和制作的难度。在电子制作中，有许多常用的集成电路，如 NE555(时基电路)、LM324(四个集成的运算放大器)、TDA2822(双声道小功率放大器)、KD9300(单曲音乐集成电路)、LM317(三端可调稳压器)等。

集成电路是封在单个封装件中的一组互连电路。装在陶瓷衬底上的分立元件或电路有时还和单个集成电路连在一起，称为混合集成电路。把全部元件和电路成型在单片晶体硅材料上称为单片集成电路。单片集成电路现在已成为最普及的集成电路形式，它可以封装成各种类型的固态器件，也可以封装成特殊的集成电路。

通用集成电路分为模拟(线性)和数字两大类。模拟电路根据输入的各种电平，在输出端产生各种相应的电平；而数字电路是开关器件，以规定的电平响应导通和截止。有时候集成电路标有 LM(线性类型)或 DM(数字类型)符号。

集成电路都有二或三个电源接线端：用 VCC、VDD、VSS、+V、−V 或 GND 来表示。双列直插式是集成电路最通用的封装形式。其引脚标记有半圆形豁口、标志线、标志圆点等，一般由半圆形豁口就可以确定各引脚的位置。双列直插式的引脚排列图如图 3-25 所示。

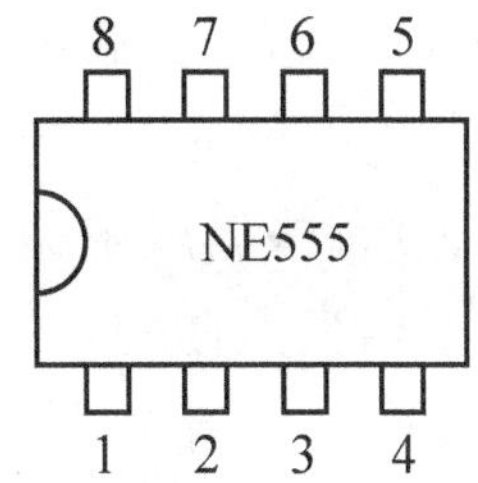

图 3-25　集成电路引脚排列图

3.3.3 集成电路的表示

1. 集成电路的表示方法

集成电路在电路中通常用字母“IC”表示。由于集成电路形式千变万化，所以它没有固定的电路符号，通常人们画出一个方框、三角形或圆圈代表它，从上面引出几个引脚并注明引脚号代表集成电路的引脚。对于某些常用的集成电路，如一些音频放大电路，人们有一定的习惯，也就存在着一些约定俗成的画法。为了看图方便，有的集成电路的电路符号就是它的外形图。图 3-26 所示为 NE555 的 8 脚集成电路图。

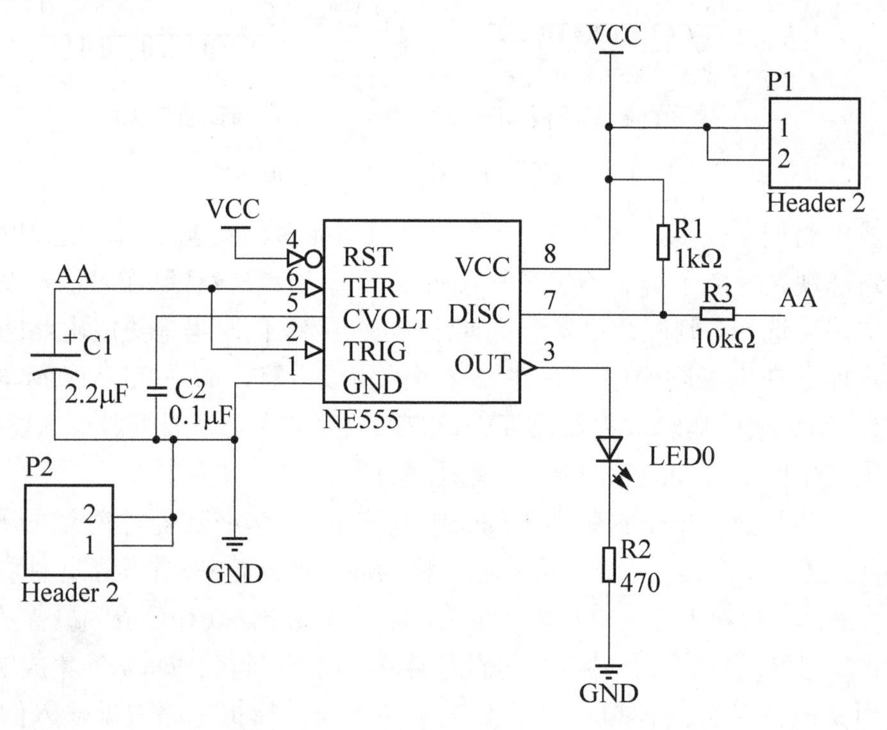

图 3-26　NE555 的 8 脚集成电路图

2. 集成电路图的功能

(1) 表达了集成电路各引脚的外电路结构、电子元器件参数等，从而表示某一集成电路的完整工作情况。

(2) 有些集成电路应用电路图画出了集成电路的内电路框图，这对分析集成电路是相当方便的，但这种表示方式并不多见。

(3) 集成电路有典型应用电路图和实用电路图两种，前者在集成电路手册中可以查到，后者出现在实际电路中。在没有实际应用电路图时，可以用典型应用电路图作参考。

(4) 一般情况下，集成电路图表达了一个完整的单元电路或一个电路系统，但有些情况下一个完整的电路系统要用到两个以上或更多的集成电路。

3. 集成电路的特点

(1) 无内电路框图。大部分应用电路不给出集成电路的内电路框图，这给初学者进行电路分析时带来很大困难。

(2) 方便性。集成电路模块化，使其安装、使用方便。

(3) 规律性。在分析集成电路应用电路时，大致了解集成电路内部电路和详细了解各引脚作用后，识图就比较方便了。因为同类型集成电路具有规律性，在掌握了它们的共性后，就可以方便地分析许多同功能不同型号的集成电路应用电路。

3.4 实　　验

3.4.1 LED 控制闪烁实验

实验目的：

(1) 了解发光二极管的使用和工作原理。

(2) 进一步熟悉 Arduino 的编程和使用。

实验器材：

LED 灯 1 个、220Ω的电阻 1 个、控制板 1 个、面包板 1 个、多彩面包板实验跳线若干。

实验原理：

先设置数字 8 引脚为高电平点亮 LED 灯，然后延时 1s，接着设置数字 8 引脚为低电平熄灭 LED 灯，再延时 1s。这样使 LED 灯亮 1s 灭 1s，形成闪烁状态。如果想让 LED 快速闪烁，可以将延时时间设置得更小一点，但不能过小，过小人眼就识别不出来了，看上去就像 LED 灯一直亮着。如果想让 LED 慢一点闪烁，可以将延时时间设置得更大一点，但不能过大，过大人眼就看不出闪烁效果了。

实验步骤：

(1) 按照 Arduino 使用说明将控制板和面包板连接好，插好下载线。按照图 3-27 所示将发光二极管连接到数字的第 8 引脚。这样就完成了实验的连线部分。

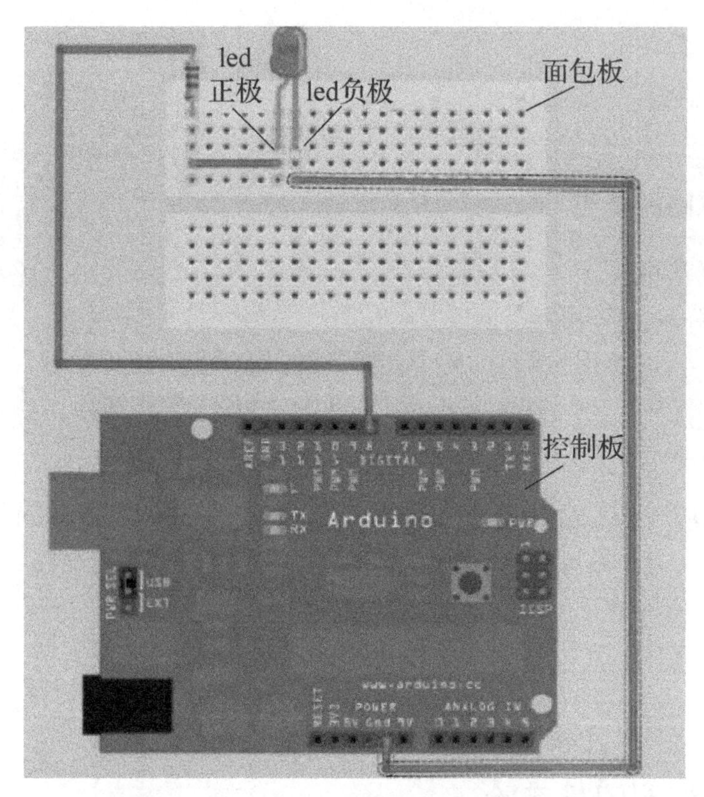

图 3-27　Arduino 控制板和面包板连线

(2)实验程序代码如下：

```
int ledPin=8;                          //设定控制 led 的数字 IO 脚
void setup()
{
    pinMode(ledPin,OUTPUT);            //设定数字 IO 口的模式，OUTPUT 为输出
}
void loop()
{
    digitalWrite(ledPin,HIGH);         //设定 PIN8 脚为 HIGH=5V 左右
    delay(1000);                       //设定延时时间，1000ms=1s
    digitalWrite(ledPin,LOW);          //设定 PIN8 脚为 LOW=0V
    delay(1000);                       //设定延时时间，1000ms=1s
}
```

Arduino 语法是以 setup()开头，loop()作为主体的一个程序框架。setup()用来初始化变量、引脚模式、调用库函数等，此函数只运行一次。本程序在 setup()中用数字 IO 口的输入输出模式定义函数 pinMode(pin,mode)，将数字的第 8 引脚

设置为输出模式。

loop()是一个循环函数，函数内的语句周而复始地循环执行，本程序在loop()中先用数字IO输出电平定义函数digitalWrite(pin, value)，将数字8口定义为高电平，点亮LED灯；接着调用延时函数delay(ms)(单位ms)延时1000ms，让发光二极管亮1s；再用数字IO口输出电平定义函数digitalWrite(pin, value)，将数字8口定义为低电平，熄灭LED灯；接着再用延时函数delay(ms)延时1000ms，让发光二极管熄灭1s。因为loop()是一个循环函数，所以这个过程会不断地循环。

(3)程序下载。按照Arduino的程序下载方法，将本程序下载到实验板上。

(4)程序功能。将程序下载到实验板上之后，我们可以观察到发光二极管以1s的时间间隔不断地闪烁。

3.4.2　交通灯设计实验

实验目的：

(1)了解发光二极管的使用和工作原理。

(2)进一步熟悉Arduino的编程和使用。

实验器材：

红、黄、绿LED灯3个、220Ω的电阻3个、控制板1个、面包板1个、多彩面包板实验跳线若干。

实验连线：

按照如图3-28所示的原理图和实物图，将3个LED灯依次接到数字10、7、4引脚上。

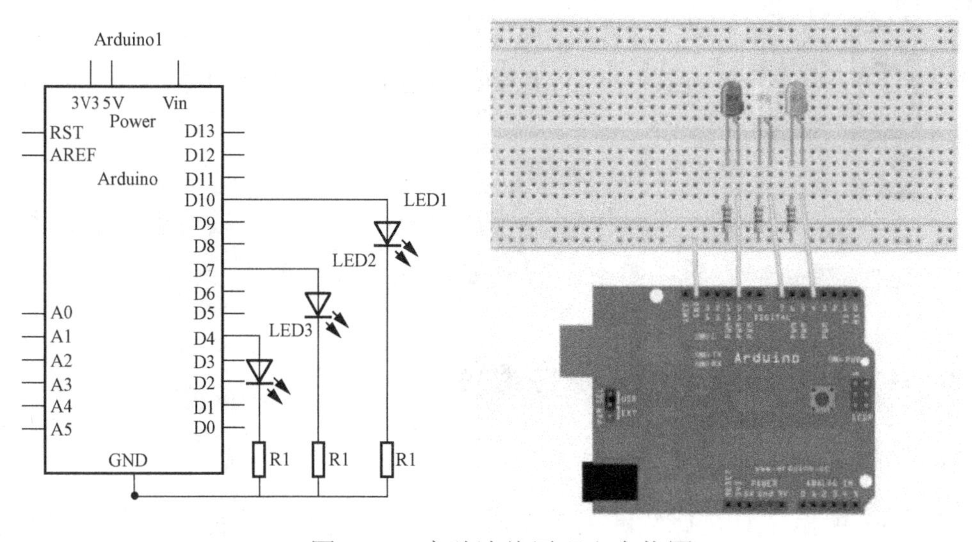

图3-28　实验连线原理和实物图

在这个交通灯模拟实验中，红、黄、绿三色小灯闪烁时间要模拟真实的交通灯，我们使用的 Arduino 的 delay() 函数来控制延迟时间。

程序代码：

```
int ledred=10;                          //定义数字接口10 红灯
int ledyellow=7;                        //定义数字接口7 黄灯
int ledgreen=4;                         //定义数字接口4 绿灯
void setup()
{
    pinMode(ledred,OUTPUT);             //设置红灯接口为输出接口
    pinMode(ledyellow,OUTPUT);          //设置黄灯接口为输出接口
    pinMode(ledgreen,OUTPUT);           //设置绿灯接口为输出接口
}
void loop()
{
    digitalWrite(ledred,HIGH);          //点亮红灯
    delay(1000);                        //延时1000ms
    digitalWrite(ledred,LOW);           //熄灭红灯
    digitalWrite(ledyellow,HIGH);       //点亮黄灯
    delay(200);                         //延时200ms
    digitalWrite(ledyellow,LOW);        //熄灭黄灯
    digitalWrite(ledgreen,HIGH);        //点亮绿灯
    delay(1000);                        //延时 1000ms
    digitalWrite(ledgreen,LOW);         //熄灭绿灯
}
```

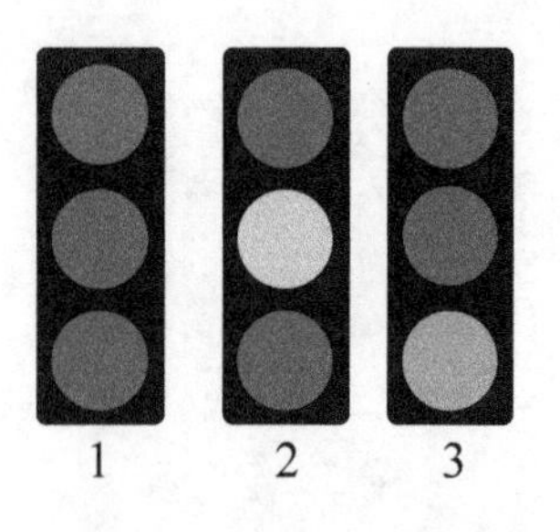

图 3-29　交通灯模拟图

下载程序：

按照 Arduino 的程序下载方法将本程序下载到实验板中。

程序功能：

将程序下载到实验板后，将可以看到设计控制的交通灯如图 3-29 所示的交通灯模拟图一样闪烁。

3.4.3　Arduino 教学机器人硬件组装

1. 组装工具

图 3-30 所示工具是比较通用的工具，一般家庭或学校都有，在一些五金商

店或网络平台也可以买到。

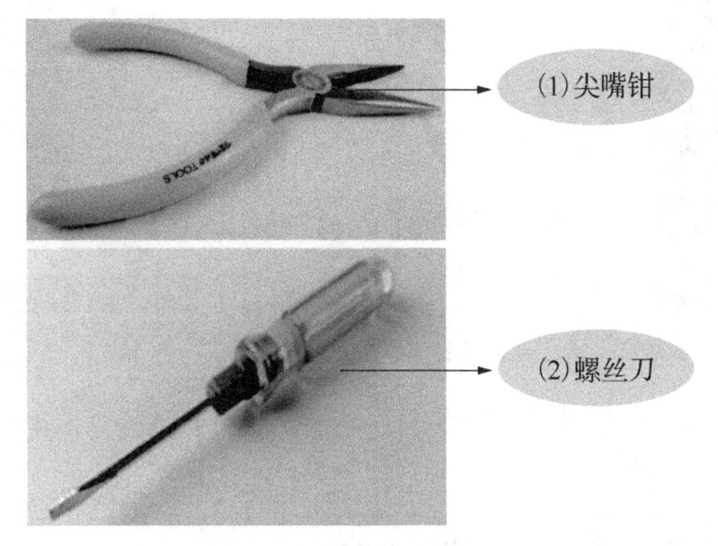

图 3-30 机器人套件中常用的配套工具

2. 机器人底盘零件

安装机器人底盘时需要的零件分为 4 类：金属杆件、螺钉与铜螺柱、万向轮、电机套件与电池盒。其中金属杆件需要的种类及数量如图 3-31 所示。

安装需要的螺钉与铜螺柱共 6 项，其种类及数量如图 3-32 所示。

安装底盘时，万向轮是不可缺少的。本机器人底盘需要一个万向轮，如图 3-33 所示。

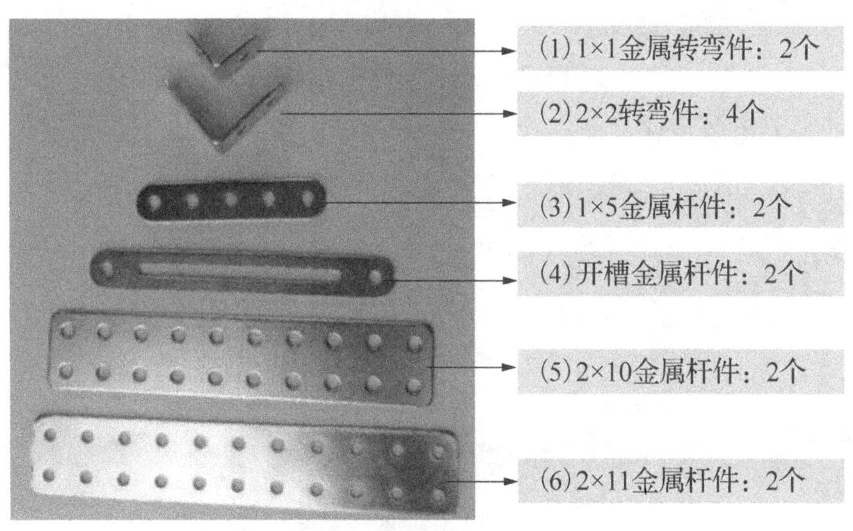

图 3-31 机器人底盘金属杆件

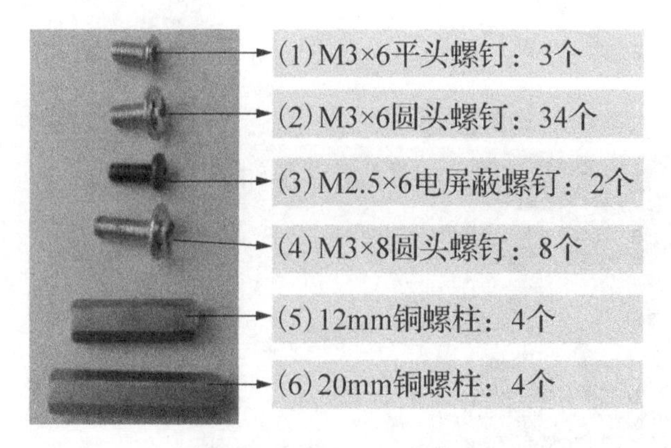

图 3-32　螺钉与铜螺柱

图 3-33　万向轮

需要的电机套件与电池盒如图 3-34 所示。电机套件包含 2 个伺服电机、2 个车轮及 2 个车轮皮带。

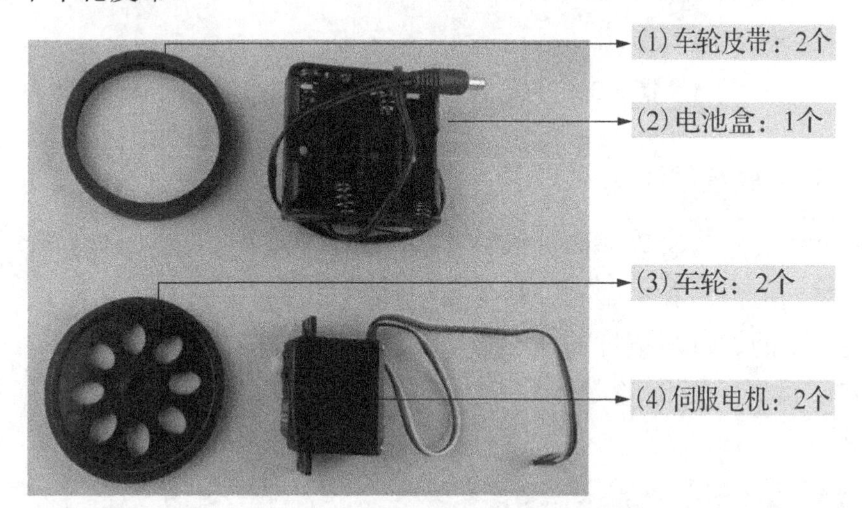

图 3-34　电机套件与电池盒

3. 机器人组装步骤

(1) 组装机器人车体，如图 3-35 所示。

图 3-35　组装后的机器人车体

(2) 组装电机支架，如图 3-36 所示。

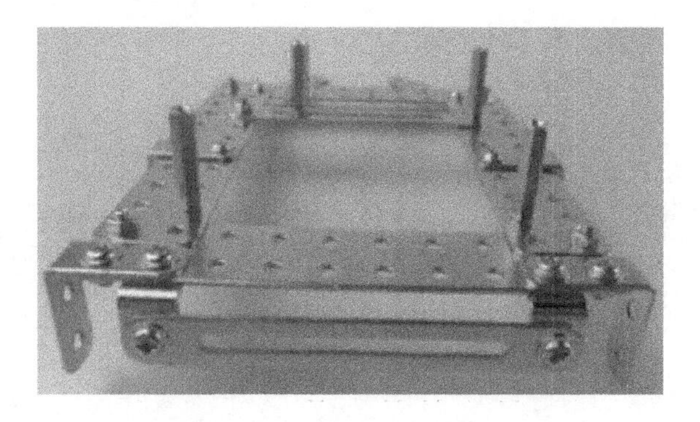

图 3-36　电机支架组装图

(3) 电机安装，如图 3-37 所示。

(4) 车轮、皮带和电池盒的安装，如图 3-38 所示。

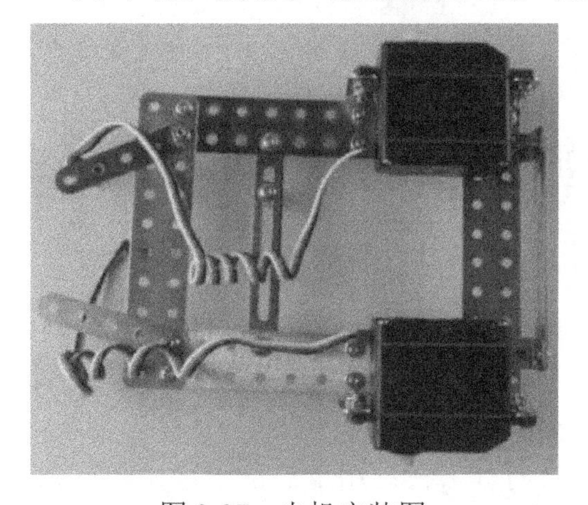

图 3-37　电机安装图

图 3-38　车轮、皮带和电池盒安装图

(5) 安装万向轮，如图 3-39 所示。

(6) 安装 Arduino 主控板和扩展板，如图 3-40 所示。

图 3-39　万向轮安装图

图 3-40　主控板和扩展板安装图

第4章 机器人的感官

4.1 作为人工感官的传感器

人类可以利用自身的器官去感知外界事物的变化，可以用眼睛观察，用耳朵倾听等。作为模拟人类的机器人可以吗？当然，机器人也可以感知外界事物的变化。那么机器人又是通过什么来感知事物的呢？这就是“伟大”的传感器。

4.1.1 认识传感器

人们为了从外界获取信息，必须借助感觉器官。而单靠人们自身的感觉器官，如果要越来越精细地研究自然现象和规律就远远不够了。为了满足这种精细化研究，就需要用到传感器。因此可以说，传感器是人类五官的扩展，又称为电五官。

新技术革命的到来，世界开始进入信息时代。在利用信息的过程中，首先要解决的就是获取准确可靠的信息，而传感器是获取自然和生产领域中信息的主要途径与手段。

在现代工业生产尤其是自动化生产的过程中，要用各种传感器来监视和控制生产过程中的各个参数，使设备工作在正常状态或最佳状态，并使产品达到最好的质量。

在基础学科研究中，传感器具有突出的地位。随着现代科学技术的发展，传感器进入了许多新领域。例如，在宏观上可以观察上千光年远的茫茫宇宙，微观上可以观察小到分子量级的粒子世界，纵向上要观察长达数十万年的天体演化，短到秒的瞬间反应。此外，还出现了对深化物质认识，开拓新能源、新材料等具有重要作用的各种极端技术研究，如超高温、超低温、超高压、超高真空、超强磁场、超弱磁场等。显然，要获取大量人类感官无法直接获取的信息，没有相适应的传感器是不可能的。许多基础科学研究的障碍，首先就在于对象信息的获取存在困难，而一些新机理和高灵敏度的检测传感器的出现，往往会促使该领域的研究有突破。一些传感器的发展，往往是一些边缘学科开发的先驱。

传感器早已渗透到如工业生产、宇宙开发、海洋探测、环境保护、资源调查、医学诊断、生物工程甚至文物保护等领域。从茫茫的太空，到浩瀚的海洋，以致各种复杂的工程系统，几乎每一个现代化项目，都离不开各种各样的传感器。

由此可见，传感器技术在发展经济、推动社会进步方面起到重要作用。世界各国都十分重视传感器技术的发展。相信不久的将来，传感器技术会出现一个飞跃，达到与其重要地位相称的新水平。

1. 传感器的组成

传感器一般由敏感元件、转换元件、变换电路和辅助电源四部分组成，如图 4-1 所示。

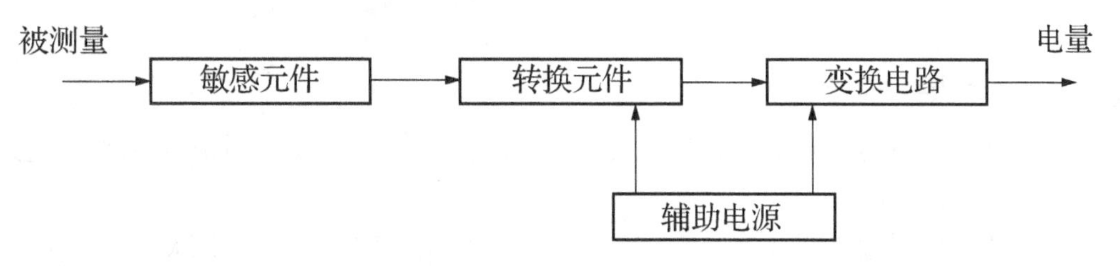

图 4-1　传感器的组成

敏感元件直接感受被测量，并输出与被测量有确定关系的物理量信号；转换元件将敏感元件输出的物理量信号转换为电信号；变换电路负责对转换元件输出的电信号进行放大调制；转换元件和变换电路一般还需要辅助电源供电。

2. 传感器的特点

传感器的特点包括微型化、数字化、智能化、多功能化、系统化、网络化，它不仅促进了传统产业的改造和更新换代，而且还可能建立新型工业，从而成为 21 世纪新的经济增长点。微型化是建立在微机电系统(Micro-Electro-Mechanical System，MEMS)技术基础上的，已成功应用在硅器件上做成硅压力传感器。

4.1.1 常见的传感器

传感器可以让机器人认识外部环境，与人的眼睛、鼻子、嘴、耳朵和皮肤等感知器官起着相同的作用。传感器把从外部得到的信息转换成特定信号传送到机器人头部的微计算机。

下面介绍用于机器人身上的各种传感器。

(1)光感传感器(图 4-2)：感知光源产生信号的传感器。光感传感器传递光度变化，如红外传感器和灰度传感器。

(2)超声波传感器(图 4-3)：一种通过接收高频率信号反射回的反射波来确认事物所处位置及具体距离的传感器。

图 4-2　光感传感器

图 4-3　超声波传感器

(3)触碰传感器(图 4-4)：在微型开关或导电橡胶上装置弧形结构物，通过接触感知障碍物的传感器。

(4)温度传感器(图 4-5)：一种感知温度的传感器，应用于冰箱或空调、数码体温计上。温度传感器传递周围温度变化。

图 4-4　触碰传感器

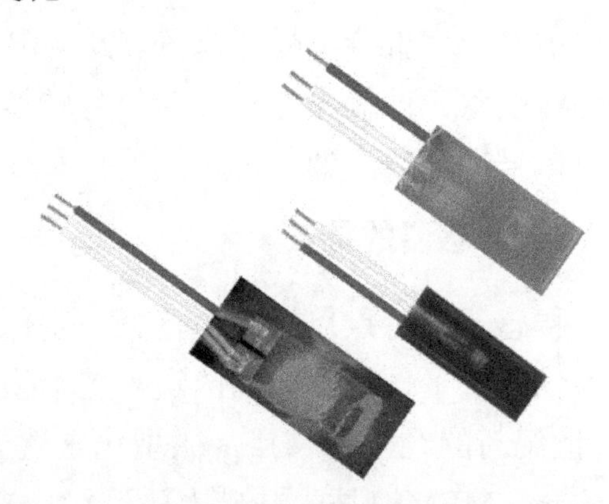

图 4-5　温度传感器

(5) 方向传感器(图 4-6)：一种检测方位的传感器。

(6) 声音传感器(图 4-7)：一种感知声音的传感器，起着麦克风的作用。声音传感器传递声音变化。

图 4-6　方向传感器

图 4-7　声音传感器

4.2 机器人的感觉器官

传感器是机器人的“感觉器官”，是一种电子元件或装置，能响应或感知被测量的物理量或化学量，并按一定规律转换成电信号，以供机器人核心识别。它就像人的眼睛、耳朵、鼻子一样，能够感应到周围环境的信息，并把这些信息传递给机器人的“大脑”。有了传感器，机器人就变得更加聪明了。

4.2.1 机器人的“眼睛”

眼睛是心灵的窗户，人们 80%的信息都是通过视觉获取的，所以眼睛是人非常重要的器官。机器人的视觉传感器也一样非常重要，它主要通过灰度传感器、红外传感器或光电传感器三种传感器来“看”东西，“辨别”颜色。

1. 灰度传感器

灰度传感器(图 4-8)主要用来检测地面的颜色深浅，不同颜色的检测面对光的反射程度不同使光敏电阻阻值发生变化，从而根据这一原理进行检测。它由一只发光二极管和一只光敏电阻安装在同一面上，在有效的检测距离内，发光二极管发出光照射在检测面上，通过检测面反射回来，落在光敏二极管上，由于照射在它上面的光线强弱的影响，在反射光线很弱(即检测面为深色)时，光敏二极管的阻值很大，一般为几千欧至几百千欧；在反射光线很强(即检测面颜色很浅)几乎全部反射时，光敏二极管的阻值很小，一般为几十欧。图 4-9 所示为主控板上灰度传感器连接端口。

图 4-8　传感器阵列：灰度传感器

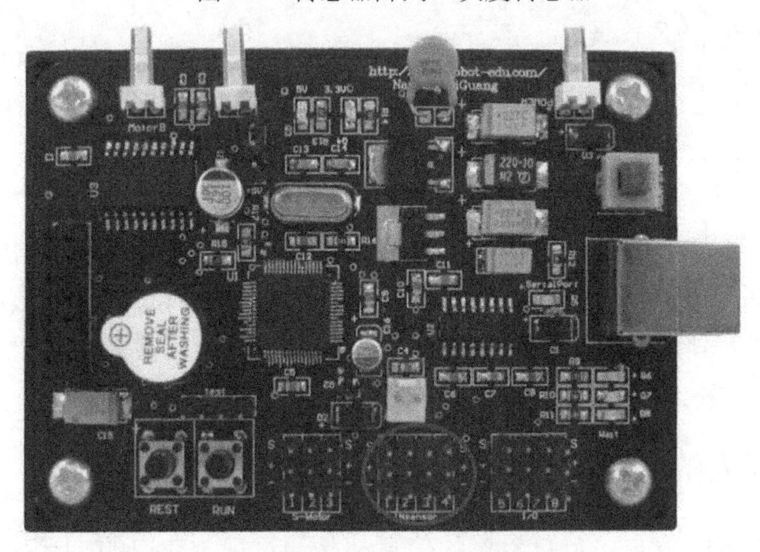

图 4-9　灰度传感器连接端口

注意事项：

(1) 外界光线的强弱对灰度传感器的影响非常大，会直接影响检测效果，因此要避免外界光的干扰。

(2) 反射面的材质不同也会引起返回值的差异。

(3) 测量的准确性与传感器到发射面的距离有直接关系。在机器人运动时机体的震荡同样会影响其测量精度。

2. 红外传感器

红外线传感器主要由发光器和受光器组成，当发光器发出人们肉眼看不见的红外线时，光线遇到物体便会反射，此时，由受光器接收反射光线后进行是否存在物体并是否在附近等的判断。从公共汽车上下车时，只要公共汽车阶梯上站着人，车门就关不上吧？这是因为红外线传感器在进行有人的感应。图 4-10 为红外传感器的表示符号。

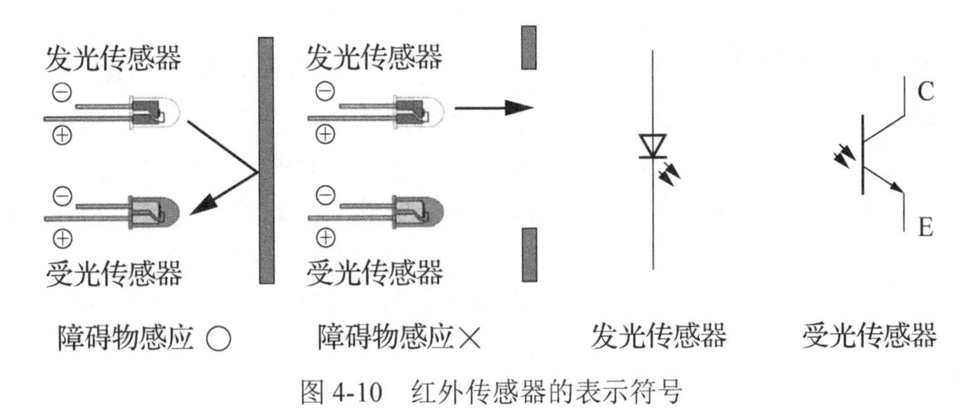

图 4-10　红外传感器的表示符号

在很多家用电器中都用到了红外传感器。例如，电视遥控器、冰箱遥控器、空调遥控器、私家汽车车门等都使用了红外传感器，如图 4-11 所示。

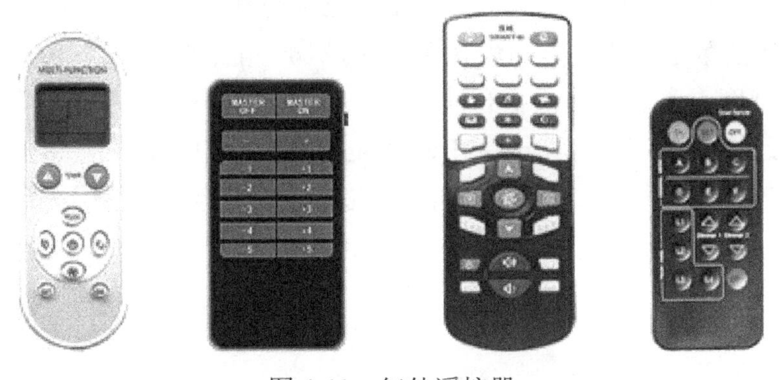

图 4-11　红外遥控器

(1) 可识别有明显对比度的线与面。红外线能够识别黑色背景的白色线条和白色背景的黑色线条，把这种传感器安装到机器人上，它就能根据所画线条的线路跟踪行走。轨迹机器人就是安装了这种传感器。

红外传感器的工作原理：利用白色易反射、黑色易吸光的不同反射特点。这一特点人们夏天穿衣服时就能感觉到，这一特点在任何其他物体上也是一样的。根据这种反射“视觉”的不同，机器人就能够跟踪特定线路，这种线路不仅限于直线，也可以跟踪弯曲的线路做出拐弯动作。红外传感器在各种机器人比赛中经常见到。

(2) 可识别障碍物。红外传感器还有躲避障碍物的功能。由发光元件发出红外线，用接收元件通过检测其反射光，判断是否有障碍物。应特别注意，红外接收元件只是在接收到了一定强度的红外光时才有反应，判断是否有障碍。当障碍

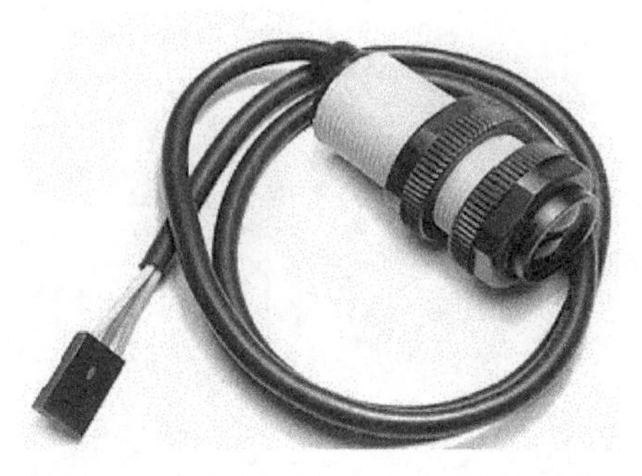

图 4-12　红外接近开关

物太细时，机器人会检测不到；当障碍物是黑色或深色时，会吸收大部分红外光，只反射回一小部分红外光，不足以产生障碍的信号。

对发光元件使用红外线 LED，作为接收光元件使用光电二极管或光电晶体管。把反射线条画在路面上的时候，它就可以跟踪线路。但有反射光的时候，就表明有障碍物，也就是说路面上方的反射光就是障碍物的反射光。图 4-12 为红外接近开关。

4.2.2　机器人的“耳朵”和“嘴巴”

1. 机器人的“耳朵”

机器人的“耳朵”是一个声音传感器，它能分辨声音的强弱度，返回一个电信号，用相应的数值来表示，而现在声音传感器不能分辨具体的声音，也就是没办法进行高难度、太复杂的语言智能识别。

声音传感器的原理：将其连接在机器人的模拟端口上，用它感觉外界声音的强度与给定的强度进行比较，超过时向主机发送“有声音”信号，反之发送“无声音”信号。图 4-13 所示为纳英特声控传感器。

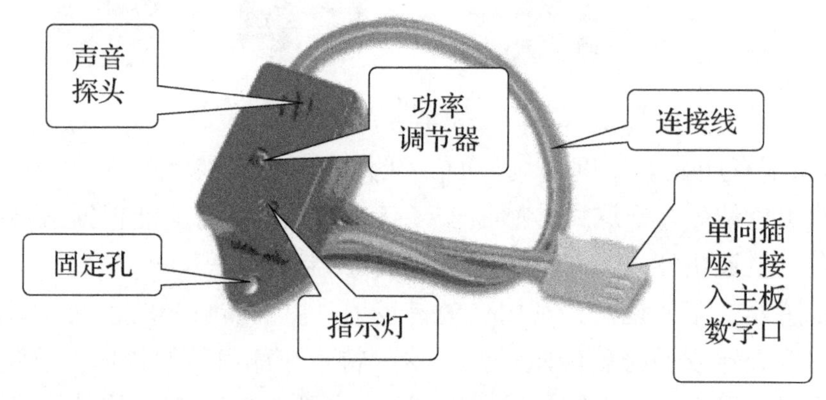

图 4-13　纳英特声控传感器

2. 机器人的“嘴巴”

机器人的“嘴巴”是一个蜂鸣器，也称为扬声器，可以发出声音，如音符、音乐等。蜂鸣器是一种一体化结构的电子讯响器，采用直流电压供电，广泛应用于计算机、打印机、复印机、报警器、电子玩具、汽车电子设备、电话机、定时器等电子产品中作发声器件。

蜂鸣器是一种小型化的电声器件，按工作原理分为压电式和电磁式两大类，如图 4-14 和图 4-15 所示。压电式蜂鸣器采用压电陶瓷片制成，当给压电陶瓷片加以音频信号时，在逆压电效应的作用下，陶瓷片将随音频信号的频率发生机械振动，从而发出声响。电磁式蜂鸣器的内部由磁铁、线圈和振动膜片等组成，当音频电流流过线圈时，线圈产生磁场，振动膜则以音频信号相同的周期被吸合和释放，产生机械振动，并在共鸣腔的作用下发出声响。

图 4-14　压电式蜂鸣器　　　　图 4-15　电磁式蜂鸣器

蜂鸣器尽管体积大小不同、规格型号各异，但根据声源的类型可分为有源和无源两大类。有源蜂鸣器内部装有集成电路，它不需要外加任何音频驱动电路，只要接通直流电源就能直接发出声响。无源蜂鸣器则相当于一个微型扬声器，只有加音频驱动信号才能发出声响。图 4-16 所示为有源蜂鸣器的控制电路。

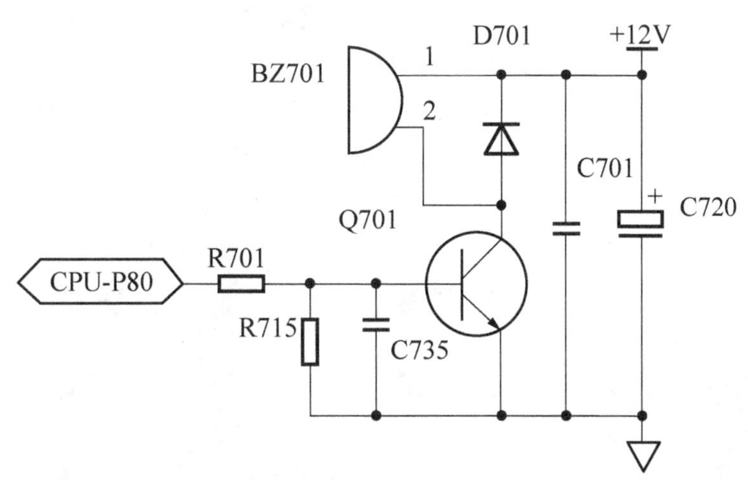

图 4-16　有源蜂鸣器控制电路

4.2.3　机器人的“鼻子”

人们用鼻子来分辨气味，机器人的“鼻子”是用气体分析仪做成的，当遇到

图 4-17　气体传感器

某类气体时其电阻会发生变化，在电路上反映出来，机器人接收到后，会实现报警等处理。现在就来了解一下机器人的“鼻子”吧！

图 4-17 所示为一个基于气敏元件的气体传感器，可以灵敏地检测到空气中的烟雾及甲烷气体。与 Arduino 专用传感器扩展板结合使用，可以制作火灾烟雾报警、甲烷泄漏报警等相关的产品。该模块具有输出调节电位器：顺时针调节大，逆时针调节小。

实践

利用 Arduino 实验器材(读者自行购买)，完成以下气体检测的实验，步骤如图 4-18 所示。

(1)将配套的线一端插在传感器上，另一端插在扩展板的模拟信号口。蓝色线为输出，红色线为电源，黑色线为接地。将数据线一端插在控制板上，另一端插在计算机的 USB 接口上。

(2)将程序下载到控制板，打开串口调试助手软件。首先看看探头暴露在空气中的数据。当探头预热完成后，数据将在 120 左右。

(3)检测几种气体：

① 口气检测，对着探头吹气，可以通过串口助手观察到数据为 260 ~ 300。

② 烟雾检测，将点燃的纸熄灭，放到探头下方，产生的烟雾会被探头检测到，可以通过串口助手观察到数据为 410 ~ 570。

③ 丁烷检测，常用的气体打火机使用的就是丁烷，把打火机放到探头下方，放出丁烷气体，探头就会检测到，通过串口助手观察到的数据为 920 ~ 1020。

(a)

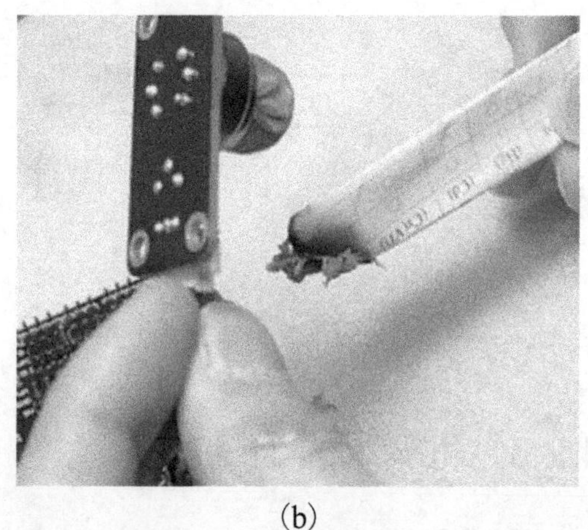

(b)

(c)

图 4-18　气体传感器的使用

4.2.4　机器人的“触觉”

人们通过身体的触觉器官来感知外界的信息，并做出反应。而机器人的触觉传感器仍然是通过相应的触敏元件来反馈接触信号，从而主机处理接收到的信号。

如图 4-19 所示，DHT11 温湿度传感器是一款含有已校准数字信号输出的温湿度复合传感器。它应用了专用的数字模块采集技术和温湿度传感技术，以确保产品具有极高的可靠性与长期稳定性。传感器包括一个电阻式感湿元件和一个 NTC 测温元件，并与一个高性能 8 位单片机相连接。该模块具有品质良好、响应超快、抗干扰能力强、性价比极高等优点。每个 DHT11 传感器都在极为精确的湿度校验室中进行校准。校准系数以程序的形式储存在 OTP 内存中，传感器内部在检测信号的处理过程中要调用这些校准系数。模块采用单线制串行接口，使系统集成变得简易快捷。超小的体积、极低的功耗，信号传输距离可达 20m 以上，这些优点使其成为各类应用场合的极佳选择。作者推荐的这款模块为 3 脚 PH2.0 封装，连接方便。温度测量范围为 0～50℃误差为±2℃，湿度测量范围为 20%～90%RH（Relative Humidity，相对湿度），误差为±5%RH。

使用方法：将配套的线一端插在传感器上，另一端插在扩展板的模拟接口 0。控制板程序读取模拟接口的数据就可以了。图 4-20 为 DHT11 温湿度传感器与 Arduino 控制板连接图。

图 4-19　DHT11 温湿度传感器

图 4-20　DHT11 温湿度传感器的使用

交流

传感器是不是很神奇呢？它可以让机器人感知到外界事物的变化，它让机器人在一些方面有着类似于人类的能力，甚至超出人类的能力。你还可以继续搜索其他应用在机器人上的各类有趣而实用的传感器，是如何让我们的机器人越来越智能的。

4.3 实　　验

4.3.1　LM35 温度传感器实验

1. 温度传感器介绍

温度传感器就是利用物质的各种物理性质随温度变化的规律把温度转换为电量的传感器。温度传感器是温度测量仪表的核心部分，品种繁多，按测量方式可以分为接触式和非接触式两大类，按传感器材料及电子元件特性分为热电阻和热电偶两类。本实验使用的是 LM35 温度传感器，如图 4-21 所示。

图 4-21　LM35 温度传感器

工作原理：LM35 温度传感器的输出电压与摄氏温标呈线性关系，0℃时输出电压为 0V，每升高 1℃，输出电压增加 10mV。转换公式为

$$V_{\mathrm{out\_LM35}}(T)=10\mathrm{mV}/^{\circ}\mathrm{C}\times T\ ^{\circ}\mathrm{C}$$

LM35 温度传感器的连线：LM35 温度传感器的引脚示意图如图 4-22 所示。温度传感器的一面是平的，另一面是半圆的。将平面对着自己，最左边的 VCC 引脚(接+5V)，中间的 VOUT(电压值输出引脚，接板子上的模拟引脚)，最右边的为 GND 引脚(接板子上的 GND)。分别接好三个引脚就可以使用了。

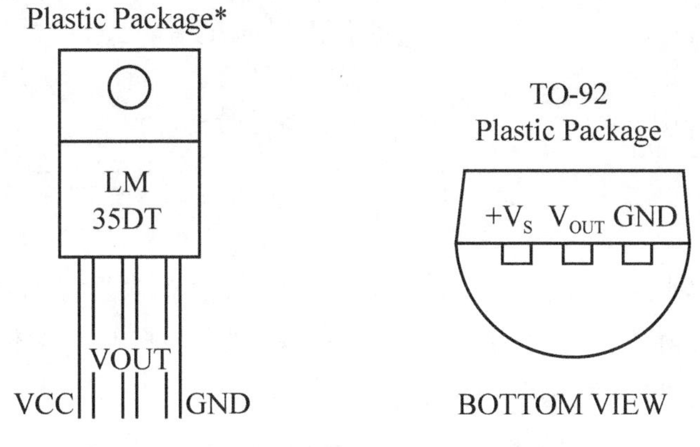

图 4-22　LM35 温度传感器的引脚示意图

2. 温度报警实验

实验器材：

LM35 温度传感器模块 1 个，多彩面包板实验跳线若干。

实验连线：

首先将实验板连接好，接着按照 LM35 温度传感器连接方法将其连接完毕，将 VOUT 连接到模拟接口 0。这样温度报警实验的电路就连接完成了。

实验原理：

LM35 温度传感器工作时，温度每升高 1℃，VOUT 口输出的电压就会增加 10mV。根据这一原理在程序中实时读出模拟接口 0 的电压值，由于模拟读接口的电压值是用 0～1023 表示的，即 0V 对应 0，5V 对应 1023。实验中，只需要一个 LM35 模块，利用模拟接口，将读取的模拟值转换为实际的温度。

程序代码：

```
int potPin=0;                    //定义模拟接口 0 连接 LM35 温度传感器
void setup()
{
    Serial.begin(9600);          //设置波特率
}
void loop()
{
    int val;                     //定义变量
```

```
    int dat;

    val=analogRead(potPin);         //读取传感器的模拟值并赋值给 val
    dat=(125*val)>>8;               //温度计算公式
    Serial.print("Tep:");           //原样输出显示 Tep 字符串代表温度
    Serial.print(dat);              //输出显示 dat 的值
    Serial.print("C");              //原样输出显示 C 字符串
    delay(500);                     //延时 500ms=0.5s
}
```

程序功能：

将程序下载到实验板，打开监视器，就可以看到当前的环境温度了，如图 4-23 所示。实际上，温度值有一点点偏差，要根据自己的环境温度修改一下程序，使其与自己的环境完全一致。

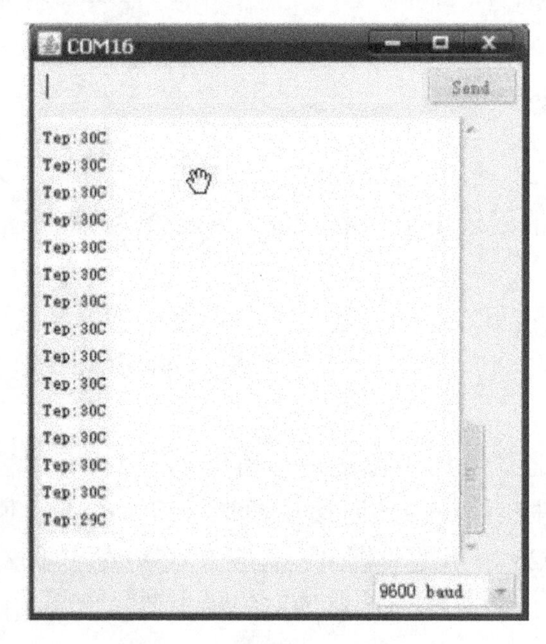

图 4-23　环境温度变化数值

4.3.2　红外遥控实验

1. 红外接头介绍

红外遥控器发出的信号是一连串的二进制脉冲码，为了使其在无线传输过程中免受其他红外信号的干扰，通常先将其调制在特定的载波频率上，然后经过红外发射二极管传送信号，红外接收装置要滤除其他杂波，只接收该特定频率的信号并将其还原成二进制脉冲码，也就是解调。

工作原理：内置接收管将红外发射管发射的光信号转换为微弱的电信号，此信号经由 IC 内部放大器放大，然后通过自动增益控制、带通滤波、解调、波形整形后还原为遥控器发射的原始解码，经由接收头的信号输出脚输入到电器上的编码识别电路。

红外接收头的引脚与连线：红外接收头有三个引脚，如图4-24 所示。用的时候将 VOUT 接到模拟口，GND 接到实验板上的 GND，VCC 接到实验板上的+5V。

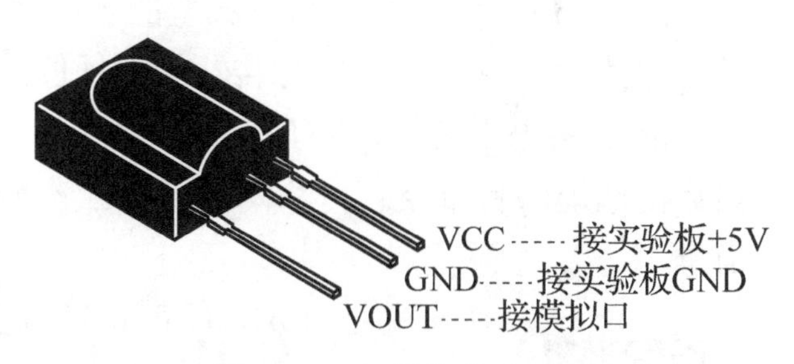

图 4-24　红外接收头引脚

2. 红外遥控试验

实验器材：

红外遥控器 1 个，红外接收头 1 个，蜂鸣器 1 个，220Ω电阻 1 个，多彩面包线若干。

实验原理：

要对某一遥控器进行解码，必须要了解该遥控器的编码方式。本实验使用的遥控器的编码方式为：NEC 协议。下面介绍 NEC 协议。

NEC 协议特点：

(1) 8 位地址位，8 位命令位。

(2) 为了可靠性，地址位和命令位被传输两次。

(3) 脉冲位置调制。

(4) 载波频率 38kHz。

(5) 每一位的时间为 1.125ms 或 2.25ms。

逻辑 0 和 1 的定义如图 4-25 所示。

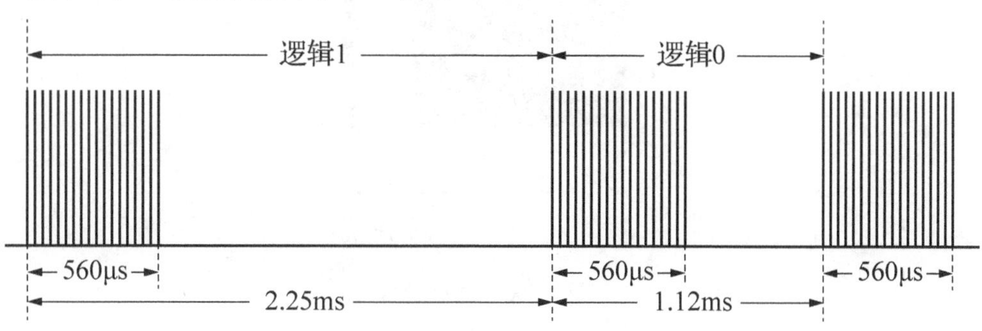

图 4-25　逻辑 0 和 1 的定义

NEC 协议内容如下。

(1) 按键按下立刻松开发出的脉冲：

图 4-26 所示为 NEC 协议典型的脉冲序列。注意：这里是首先发送 LSB(最低位)的协议。在上面的脉冲传输的地址位 0x59，命令位 0x16。一个消息是由一个 9ms 的高电平开始，随后有一个 4.5ms 的低电平(这两段电平组成引导码)，然后由地址码和命令码传输两次。第二次所有位都取反，用于确认所接收到的消息。

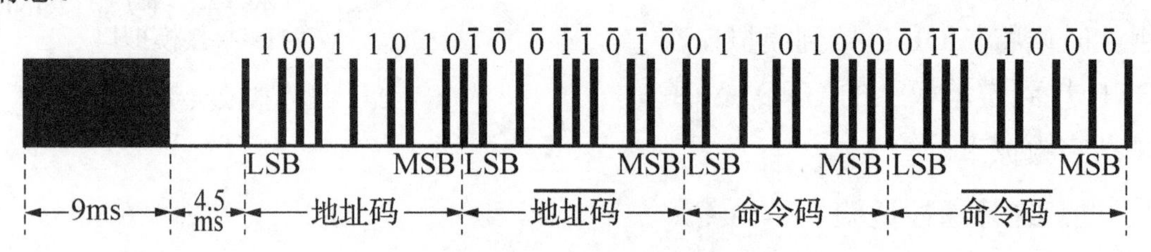

图 4-26　按键按下立刻松开发出的脉冲

(2) 按键按下一段时间才松开的发射脉冲：

图 4-27 为按键按下一段时间才松开发出的脉冲。一条命令发送一次，即使在遥控器上的按键仍然按下。当按键一直按下时，第一个 110ms 的脉冲不如图 4-27，之后每 110ms 重复码传输一次。这个重复码是由一个 9ms 的高电平脉冲、一个 2.25ms 低电平脉冲和 560μs 高电平脉冲组成的。

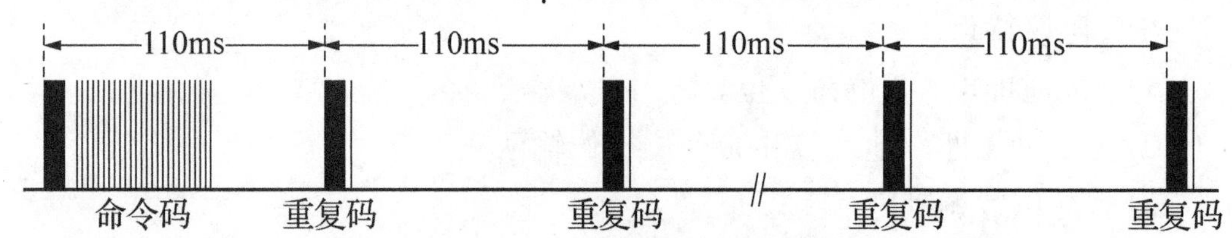

图 4-27　按键按下一段时间才松开发出的脉冲

重复脉冲如图 4-28 所示。

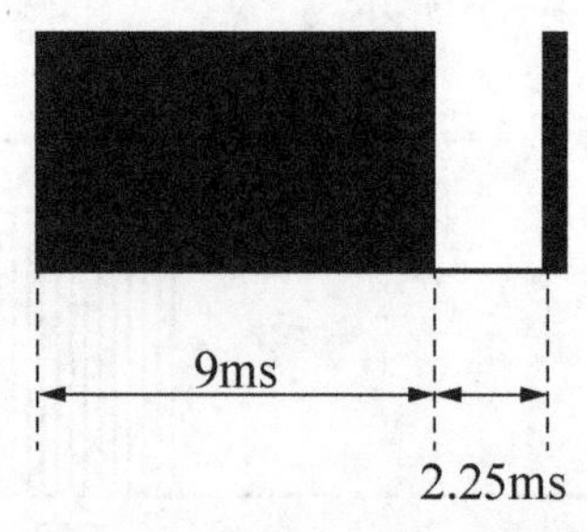

图 4-28　重复脉冲

注意：脉冲波形进入一体化接收头之后，因为一体化接收头里要进行解码、信号放大和整形，其输出端在没有红外信号时为高电平，有信号时为低电平。所以其输出信号电平正好与发射端相反。接收端脉冲可以通过示波器观察到，结合看到的波形理解程序。

本实验编程思想：

根据 NEC 编码的特点和接收端的波形，本实验将接收端的波形分为四部分：引寻码（9ms 和 4.5ms 的脉冲）、地址码 16 位（包括 8 位地址位和 8 位地址取反）、命令码 16 位（包括 8 位命令位和 8 位命令取反）、重复码（由 9ms、2.25ms、560μs 脉冲组成）。利用定时器对接收到的波形的高电平段和低电平段进行测量，根据测量的时间来区分：逻辑 0、逻辑 1、引寻脉冲、重复脉冲。引导码和地址码只要判断是正确的脉冲即可，不用存储，但是命令码必须存储，因为每个按键的命令码都不同。

实验连线：

首先将板子连接好，接着将红外接收头按照图 4-24 所示方法接好，将 VOUT 接到数字端口 8，参照图 4-29。

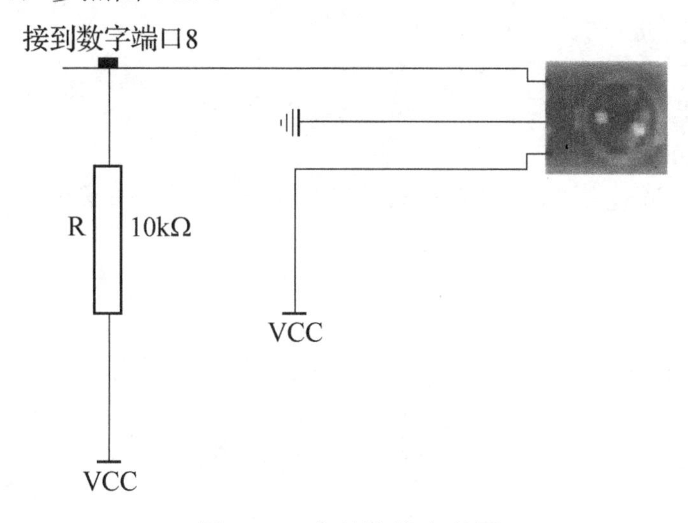

图 4-29　实验连线参考图

程序代码：

```
#define IR_IN 8                        //红外接收

int Pulse_Width=8;                     //存储脉宽
int ir_code=0x00;                      //用户编码值
char adrL_code=0x00;                   //命令码
char adrH_code=0x00;                   //命令码反码

void timer1_init(void)                 //定时器初始化函数
{
```

```
    TCCR1A=0X00;
    TCCR1B=0X05;                        //给定时器时钟源
    TCCR1C=0X00;
    TCNT1=0X00;
    TIMSK1=0X00;                        //禁止定时器溢出中断
}
void remote_deal(void)                  //执行译码结果函数
{
    Serial.println(ir_code,HEX);        //十六进制显示
    Serial.println(adrL_code,HEX);      //十六进制显示
}
char logic_value()                      //判断逻辑值 0 和 1 子函数
{
    TCNT1=0X00;
    while(!(digitalRead(IR_IN)));
    Pulse_Width=TCNT1;
    TCNT1=0
    if(Pulse_Width>=7&&Pulse_Width<=10)             //接着高电平 560μs
    return0;
    else if(Pulse_Width>=25&&Pulse_Width<=27)       //接着高电平 1.7ms
    return 1;
}
return-1;
}

void pulse_deal()
{
    inti;
    intj;
    ir_code=0x00;                 //清零
    adrL_code=0x00;               //清零
    adrH_code=0x00;               //清零

    for(i=0; i<16; i++)
    {
     if (logic_value()==1)
        ir_code/=(1<<i);          //保存键值
    }
```

```
    for(i=0; i<8; i++)
    {
      if (logic_value()==1)
          adrL_code/=(1<<i);        //保存键值
    }
    for(i=0; j<8; j++)
    {
      if (logic_value()==1)
          adrH_code/=(1<<j);        //保存键值
     }
}
void remote_decode(void)
{
  TCNT1=0X00;
  while(!(digitalRead(IR_IN)));
  {
     if(TCNT1>=1563)
     {
         ir_code=0x00ff;
         adrL_code=0x00;
         adrH_code=0x00;
         return;
     }
}

TCNT1=0x00;
while(!(digitalRead(IR_IN)));
Pulse_Width=TCNT1;
TCNT1=0;
if(Pulse_Width>=140&&Pulse_Width<=141)
{

     While(digitalRead(IR_IN));
     Pulse_Width=TCNT1;
     TCNT1=0;
     if(Pulse_Width>=68&&Pulse_Width<=72)
     {
         Pulse_deal();
         returen;
```

```
        }
        else if(Pulse_Width>=34&&Pulse_Width<=36)
        {
            While(digitalRead(IR_IN));
            Pulse_Width=TCNT1;
            TCNT1=0;
            if(Pulse_Width>=7&&Pulse_Width<=10)
            {
                returen;
            }
        }
    }
}
Void setup()
{
    Serial.begin(9600);
    pinMode(IR_IN,INPUT);              //设置红外接收引脚为输入
    Serial.flush();
}
void loop()
{
    timer1_init();                     //定时器初始化
    while(1)
    {
        remote_decode();               //译码
        remote_deal();                 //执行译码结果
    }
}
```

第5章 机器人的骨骼

对于机器人来说，也需要骨骼构成机器人的框架，能够保护机器人内部部件，维持机器人的外形姿势，并且还能完成机器人的运动功能。机器人的骨骼是指机器人的机体结构和机械传动系统，也是机器人的支承基础和执行机构。机器人的骨骼是机器人的重要部分，所有的计算、分析和编程最终都要通过骨骼的运动和动作来完成特定的任务。机器人的骨骼主要包括机身和臂部、腕部、手部结构以及传动部件，如图 5-1 所示。

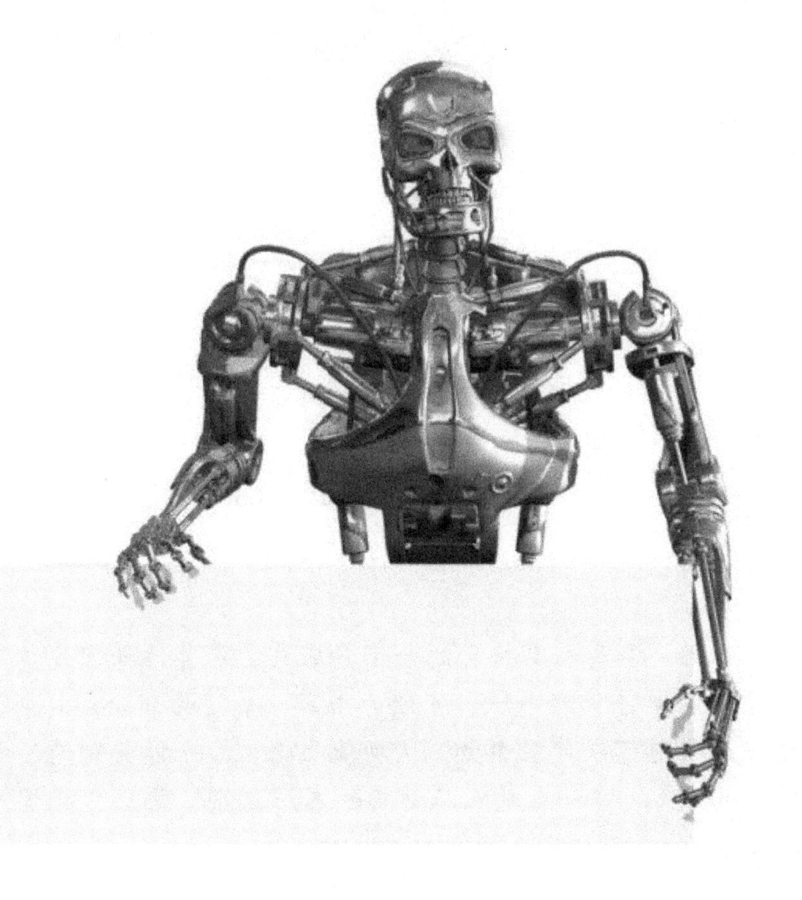

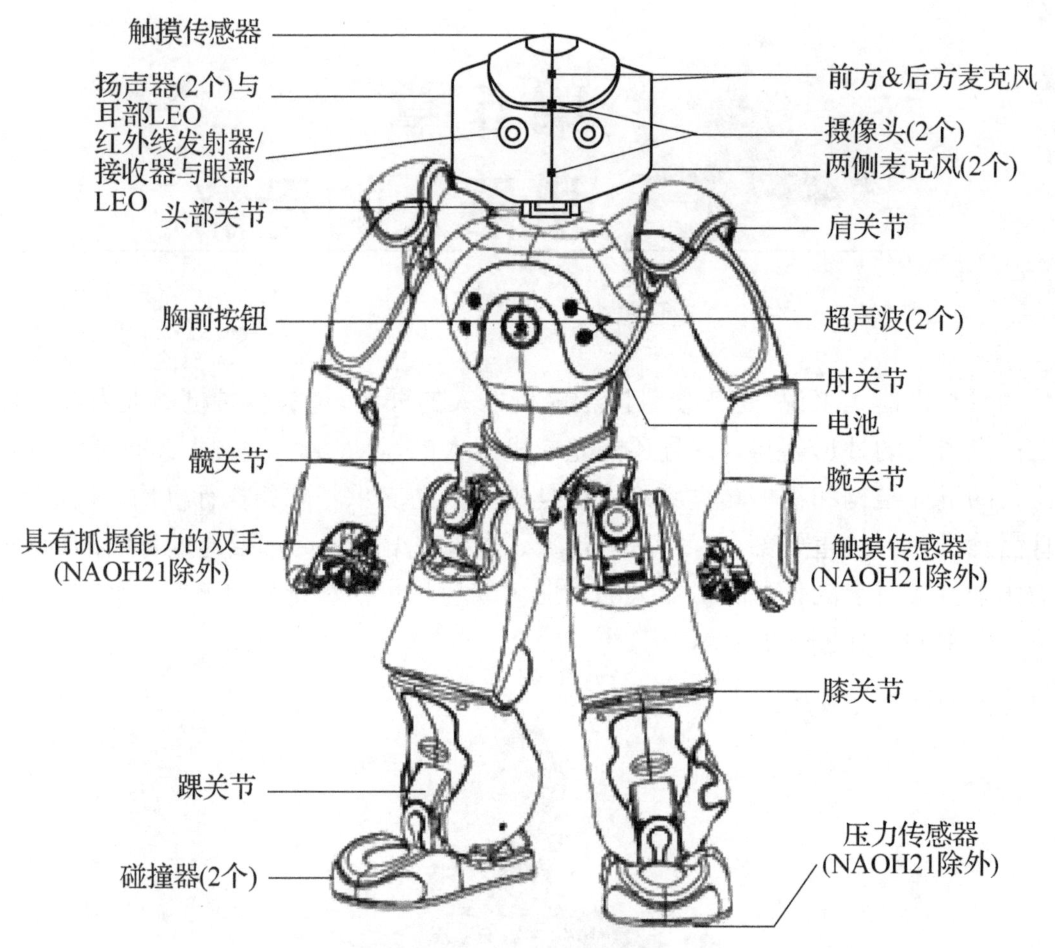

图 5-1　机器人的骨骼

5.1 机器人末端执行器

观摩

观察人类的手部，手是人类特有的一部分肢体，是其他任何生物所不拥有的。通常把手腕以下部分称为手。手可分为手掌、手指两部分，由手腕与臂相连，在关节允许范围内可以伸屈自如。从功能上看，人手能够制造各种工具和进行劳动生产(图 5-2)，这一点是人与动物的本质区别。那么，机器人末端执行器一定像手吗？

图 5-2　人类手的各种动作

1966 年，美国海军就是用装有钳形指的机器人“科沃”把因飞机失事掉入西班牙近海的一颗氢弹从 750m 深的海底捞上来；1967 年，美国飞船“探测者三号”曾把一台遥控操作的机器人(图 5-3)送上月球。科研人员在地球上控制它，可以在 $2m^2$ 左右的范围里挖掘月球表面 0.4m 深处的土壤样品，并将土壤样品放在规定的位置，还能对样品进行一些初步分析，如确定土壤的硬度、质量等。它为“阿波罗”载人飞船登月充当了开路先锋。

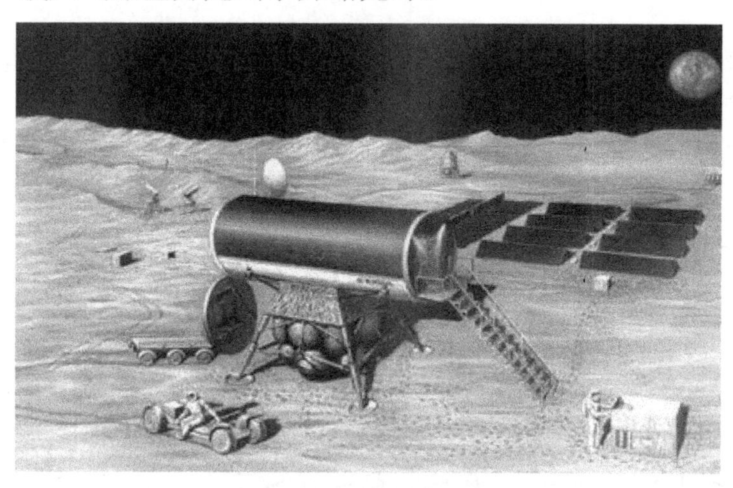

图 5-3　月球探测机器人

机器人的末端操作器，是机器人直接用于抓取和握紧(吸附)专用工具(如喷枪、扳手、焊具、喷头等)进行操作的部件。它具有模仿人手动作的功能，并安装于机器人手腕的前端。

由于被握工件的形状、尺寸、质量、材质及表面状态等不同，因此机器人末端执行器是多种多样的，一般可分为以下几类：夹钳式取料手、吸附式取料手、专用操作器及转换器、仿生多指灵巧手。

5.1.1 夹钳式取料手

夹钳式手部与人手相似，是工业机器人广为应用的一种手部形式。它一般由手指(手爪)和驱动机构、传动机构及连接与支承元件组成，能通过手爪的开闭动作实现对物体的夹持，如图 5-4 所示。

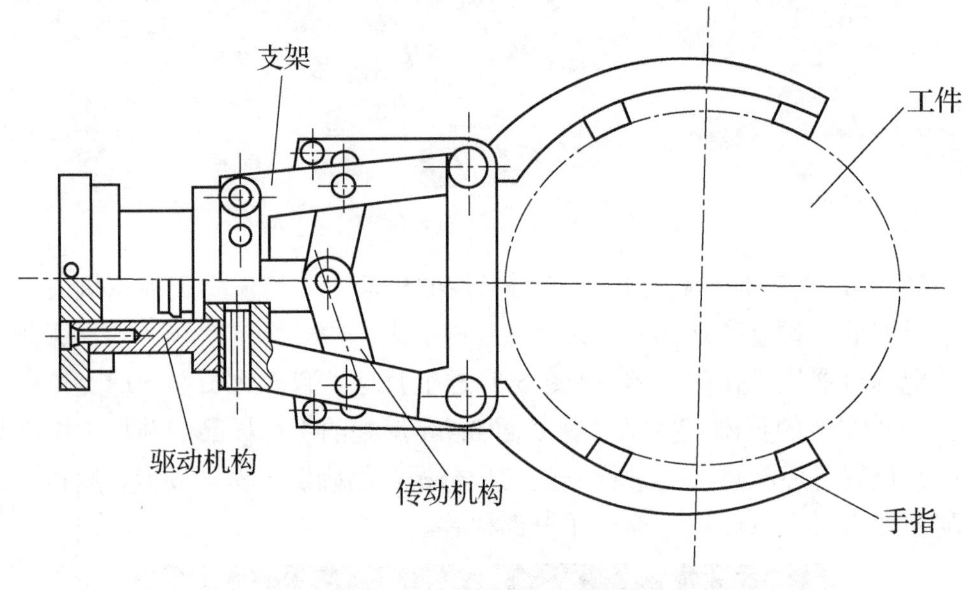

图 5-4 夹钳式手部的组成

1. 手指

手指是直接与工件接触的部件。手部松开和夹紧工件，就是通过手指的张开与闭合来实现的。指端的形状通常有两类：V 形指和平面指。V 形指用于夹持圆柱形工件，如图 5-5 所示；平面指为夹钳式手的指端，一般用于夹持方形工件板形或细小棒料，如图 5-6 所示。

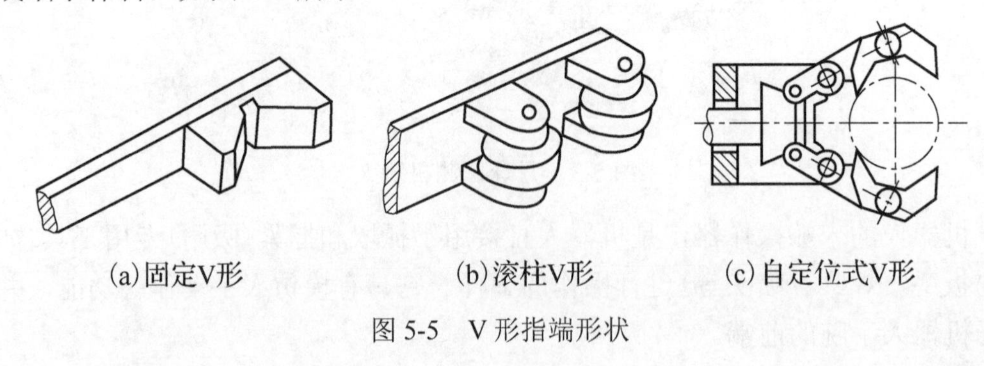

图 5-5 V 形指端形状

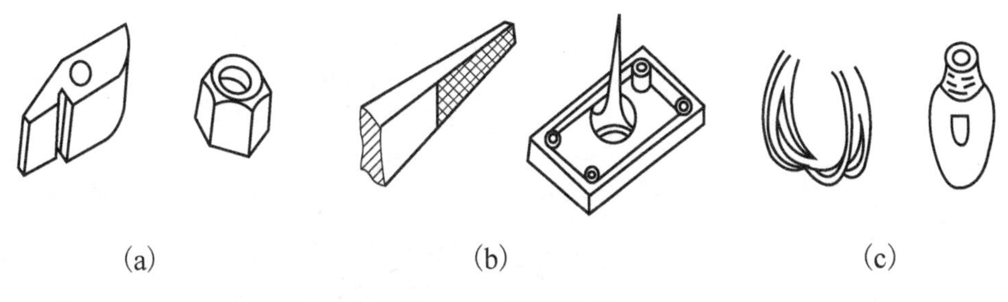

图 5-6　平面指端

2. 传动机构

传动机构是向手指传递运动和动力，以实现夹紧和松开动作的机构。该机构根据手指开合的动作特点分为回转型和平移型。

1) 回转型传动机构

夹钳式手部中较多的是回转型手部，其手指就是一对杠杆，一般和斜楔(图 5-7)、滑槽、连杆、齿轮、蜗轮蜗杆或螺杆等机构组成复合式杠杆传动机构，用以改变传动比和运动方向等。

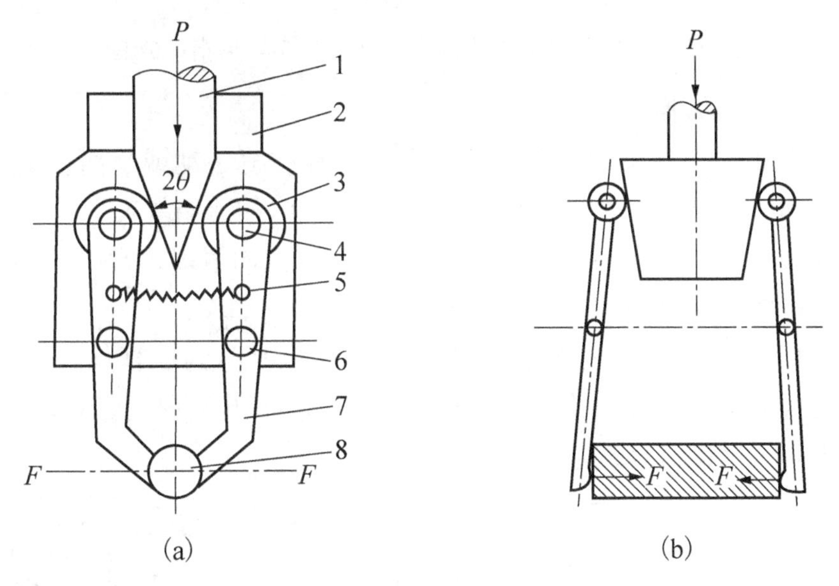

图 5-7　斜楔杠杆式手部

1-斜楔驱动杆；2-壳体；3-滚子；4-圆柱销；5-拉簧；6-铰销；7-手指；8-工件

滑槽式杠杆回转型手部如图 5-8 所示，杠杆形手指 4 的一端装有 V 形指 5，另一端则开有长滑槽。驱动杆 1 上的圆柱销 2 套在滑槽内，当驱动连杆同圆柱销一起作往复运动时，即可拨动两个手指各绕其支点(铰销 3)作相对回转运动，从而实现手指的夹紧与松开动作。

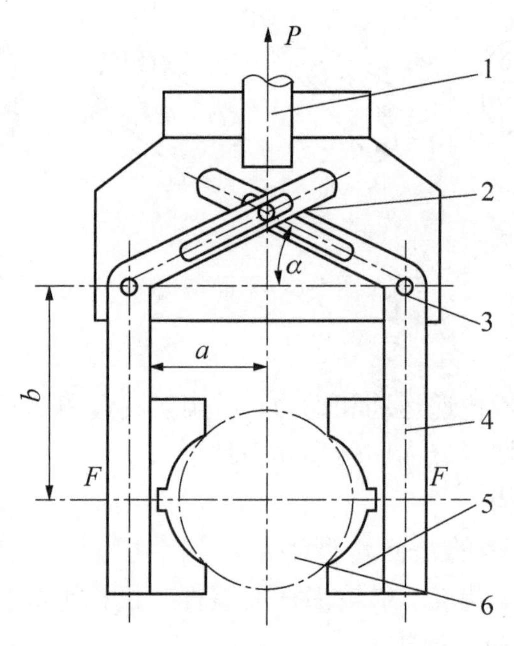

图 5-8　滑槽式杠杆回转型手部

1-驱动杆；2-圆柱销；3-铰销；4-手指；5-V 形指；6-工件

2) 平移型传动机构

平移型夹钳式手部是通过手指的指面作直线往复运动或平面移动来实现张开或闭合动作的，常用于夹持具有平行平面的工件(如冰箱等)。

(1) 直线往复移动机构。实现直线往复移动的机构很多，常用的斜楔传动、齿条传动、螺旋传动等均可应用于手部结构。

平移机构：图 5-9(a) 为斜楔平移机构，图 5-9(b) 为连杆杠杆平移结构，图 5-9(c) 为螺旋斜楔平移结构。它们既可是双指型的，也可是三指(或多指)型的；既可自动定心，也可非自动定心。

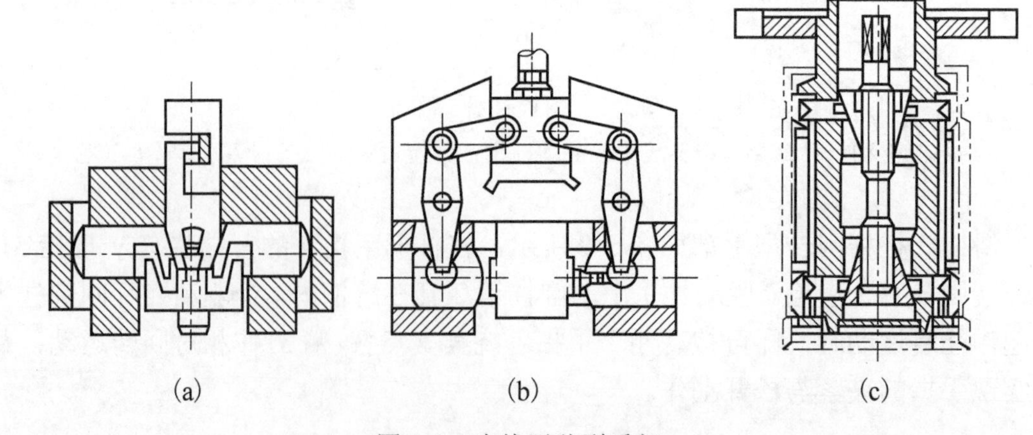

图 5-9　直线平移型手部

(2) 平面平行移动机构。它们的共同点是：都采用平行四边形的铰链机构，即双曲柄铰链四连杆机构，以实现手指平移。其差别在于分别采用蜗杆蜗轮(齿条齿轮)、连杆斜滑槽的传动方法，如图 5-10 所示。

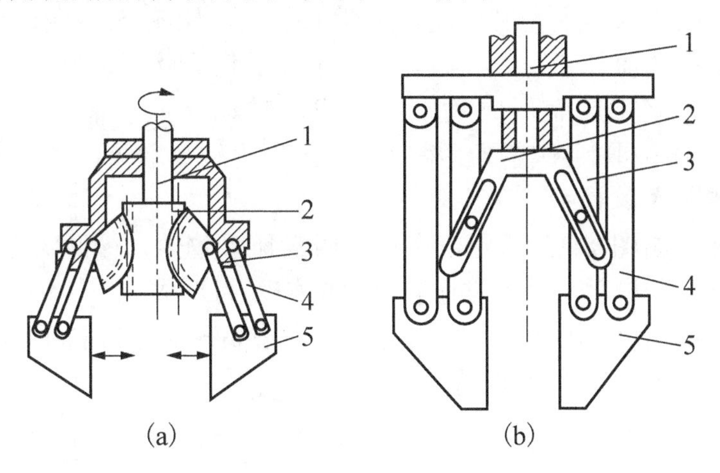

图 5-10　四连杆机构平移型手部结构

1-驱动器；2-驱动元件；3-驱动摇杆；4-从动摇杆；5-手指

5.1.2　吸附式取料手

1. 气吸附式取料手

气吸附式取料手是利用吸盘内的压力和大气压之间的压力差而工作的。按形成压力差的方法，可分为真空吸附、气流负压气吸、挤压排气负压气吸式等几种。

气吸式取料手与夹钳式取料手相比，具有结构简单、重量轻、吸附力分布均匀等优点，对于薄片状物体的搬运更有其优越性(如板材、纸张、玻璃等物体)，广泛应用于非金属材料或不可有剩磁的材料的吸附。但要求物体表面较平整光滑，无孔无凹槽。

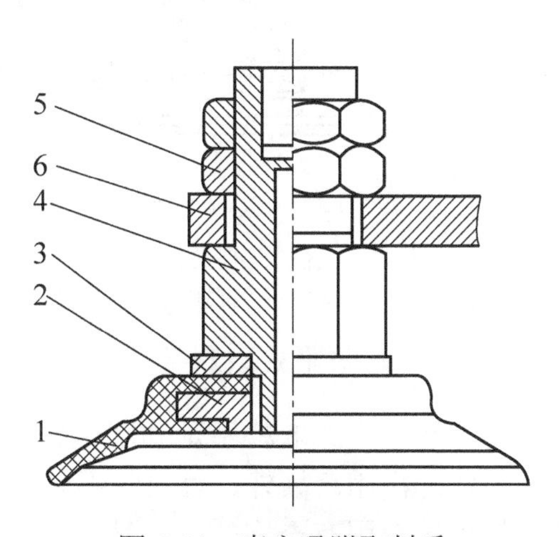

图 5-11　真空吸附取料手

1-碟形橡胶吸盘；2-固定环；3-垫片；4-支承杆；5-螺母；6-基板

1) 真空吸附取料手

结构原理：其真空的产生是利用真空泵，真空度较高。如图 5-11 所示，主要零件为碟形橡胶吸盘 1，通过固定环 2 安装在支承杆 4 上，支承杆由螺母 5 固定在基板 6 上。

取料时，碟形橡胶吸盘与物体表面接触，橡胶吸盘在边缘既起到密封作用，又起到缓冲作用，然后真空抽气，吸盘内腔形成真空，吸取物料；放料时，管路接通大气，失去真空，物体放下。真空吸附取料手有时还用于微小无法抓取的零件。

2) 气流负压吸附取料手

气流负压吸附取料手是利用流体力学的原理，如图 5-12 所示，当需要取物时，压缩空气高速流经喷嘴 5，其出口处的气压低于吸盘腔内的气压，于是腔内的气体被高速气流带走而形成负压，完成取物动作；当需要释放时，切断压缩空气即可。这种取料手需要压缩空气，工厂里较易取得，故成本较低。

3) 挤压排气式取料手

工作原理：如图 5-13 所示，取料时吸盘压紧物体，橡胶吸盘变形，挤出腔内多余的空气，取料手上升，靠橡胶吸盘的恢复力形成负压，将物体吸住；释放时，压下拉杆 3，使吸盘腔与大气相连通而失去负压。该取料手结构简单，但吸附力小，吸附状态不易长期保持。

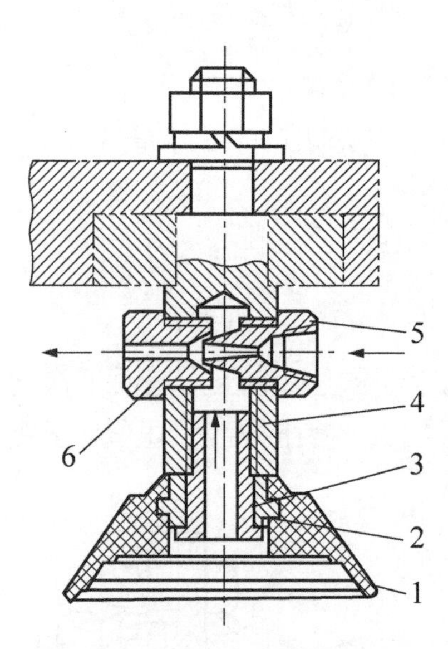

图 5-12　气流负压吸附取料手

1-橡胶吸盘；2-心套；3-透气螺钉；4-支承杆；5-喷嘴；6-喷嘴套

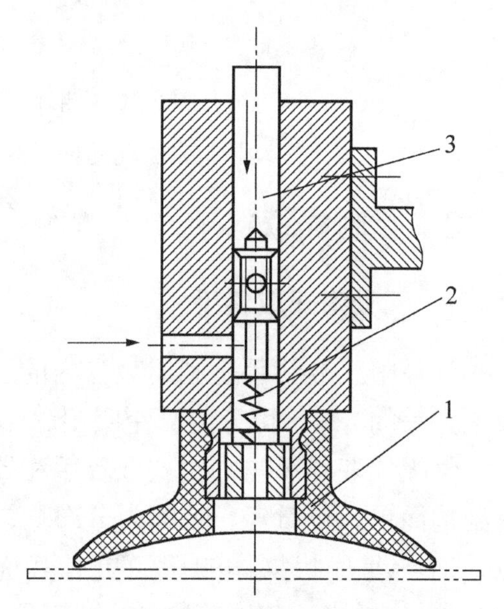

图 5-13　挤压排气式取料手

1-橡胶吸盘；2-弹簧；3-拉杆

2. 磁吸附式取料手

磁吸附式取料手是利用电磁铁通电后产生的电磁吸力取料，因此只能对铁磁物体起作用；另外，对某些不允许有剩磁的零件要禁止使用。所以，磁吸附式取料手的使用有一定的局限性。

电磁铁工作原理：如图 5-14(a)、(b)所示，当线圈 1 通电后，在铁心 2 内外产生磁场，磁力线穿过铁心，空气隙和衔铁 3 被磁化并形成回路，衔铁受到电磁吸力 F 的作用被牢牢吸住。

实际使用时，往往采用图 5-14(c)所示的盘式电磁铁，衔铁是固定的，衔铁内用隔磁材料将磁力线切断，当衔铁接触磁铁物体零件时，零件被磁化形成磁力线回路，并受到电磁吸力而被吸住。

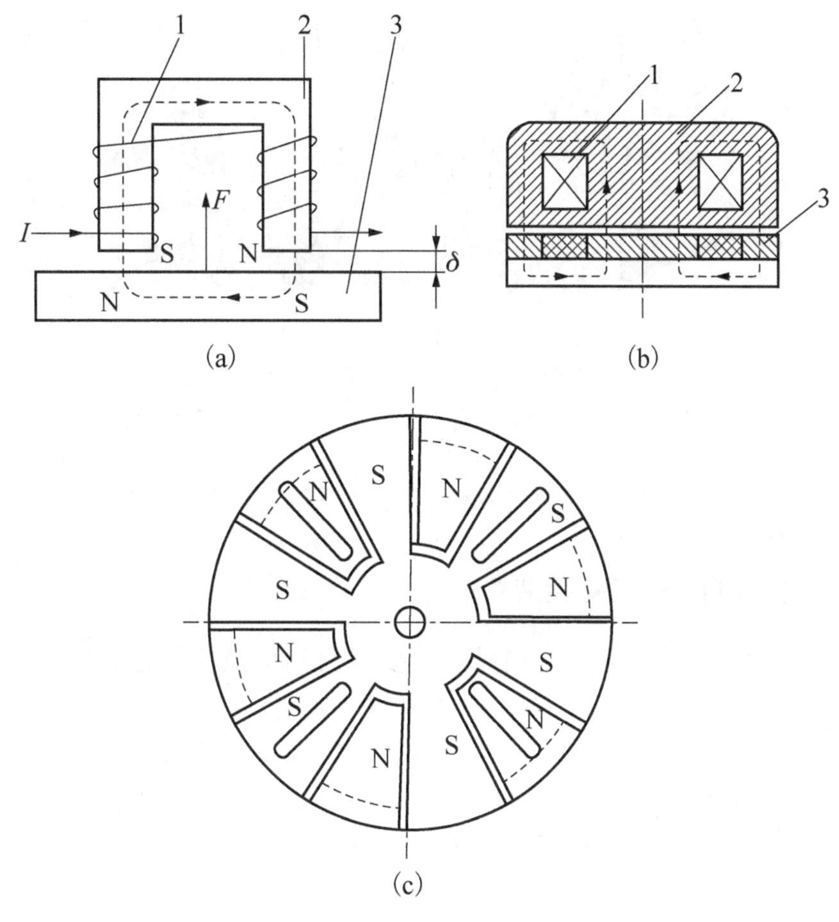

图 5-14 电磁铁工作原理

1-线圈；2-铁心；3-衔铁

5.1.3 专用操作器及转换器

1. 专用末端操作器

目前有许多由专用电动、气动工具改型而成的机械手臂末端操作器，如图 5-15 所示，有拧螺母机、焊枪、电磨头、电铣头、抛光头、激光切割机等。形成一整套系列供用户选用，使机器人能胜任各种工作。这些专用末端操作器可以装在带有电磁吸盘式换接器的机器人手腕上。

为了保证操作器与换接器的连接位置精度，设置了两个定位销。在各末端操作器的端面装有换接器座，平时陈列于工具架上，使用时机器人手腕上的换接器吸盘可从正面吸牢换接器座，接通电源和气源，然后从侧面将末端操作器退出工具架，机器人便可进行作业。

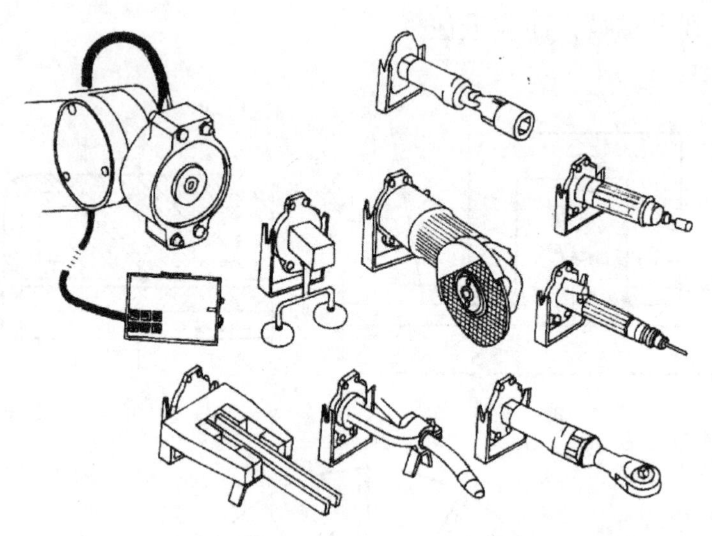

图 5-15 各种专用末端操作器和电磁吸盘式换接器

2. 换接器或自动手爪更换装置

通用机器人的在使用时，末端操作器要能自动更换，还需要配置具有快速装卸功能的换接器。换接器由两部分组成——换接器插座和换接器插头，分别装在机器腕部和末端操作器上，要能快速变换机器人的末端操作器。末端操作器的专用换接器要同时具备气源、电源及信号的快速连接与切换，还要能承受末端操作器的工作载荷，在失电、失气情况下不会从机器人腕部自行脱离，具有较高的换接精度等。

图 5-16 所示为气动换接器和专用末端操作器库。该换接器也分成两部分：一部分装在手腕上，称为换接器；另一部分装在末端操作器上，称为配合器。利用气动锁紧器将两部分进行连接，并具有就位指示灯以表示电路、气路是否接通。

3. 多工位换接装置

某些机器人的作业任务相对较为集中，需要换接一定量的末端操作器，又不必配备数量较多的末端操作器库。这时，可以在机器人手腕上设置一个多工位换接装置，如图 5-17 所示。例如，在机器人柔性装配线的某个工位上，机器人要依次装配如垫圈、螺钉等几种零件，装配采用多工位换接装置，可以从几个供料处依次抓取几种零件，然后逐个进行装配，既可以节省几台专用机器人，也可以避免通用机器人频繁换接操作器和节省装配作业时间。

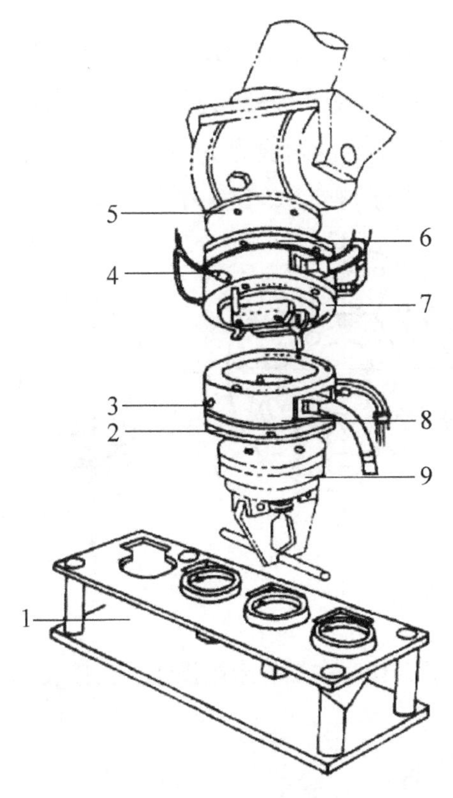

图 5-16　气动换接器与专用末端操作器库

1-末端操作器库；2-操作器过渡法兰；3-位置指示灯；4-换接器气路；5-连接法兰；6-过渡法兰；7-换接器；8-换接器配合端；9-末端操作器

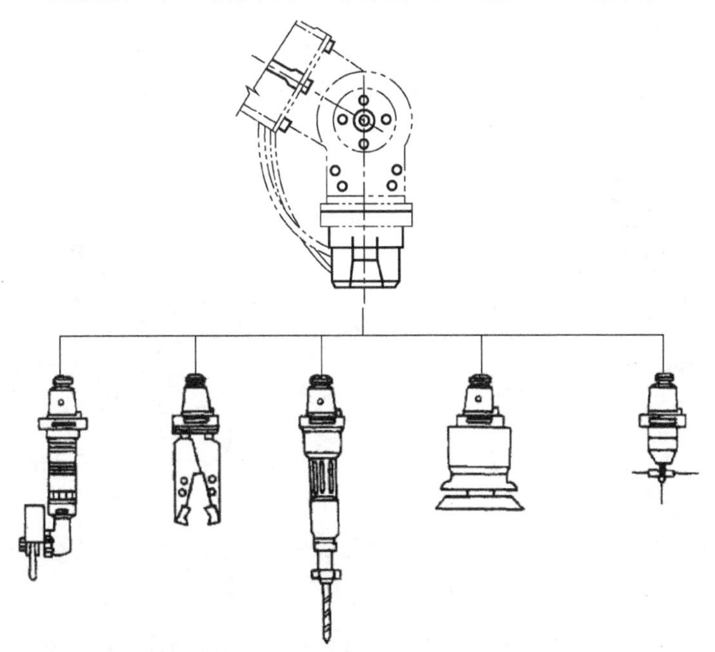

图 5-17　专用末端操作器库

多工位末端操作器换接装置如图 5-18 所示，就像数控加工中心的刀库一样，可以有棱锥形和棱柱形两种形式。棱锥形换接装置可保证手爪轴线和手腕轴线一致，受力较合理，但其传动机构较为复杂；棱柱形换接器传动机构较为简单，但其手爪轴线和手腕轴线不能保持一致，受力不均。

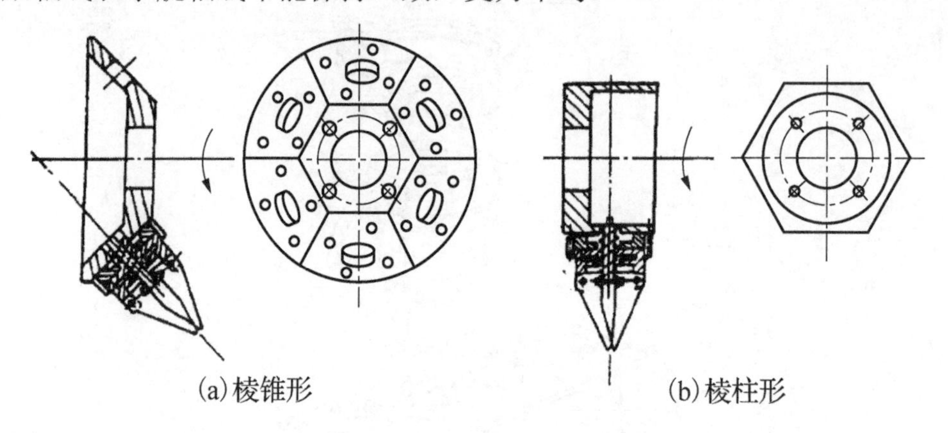

图 5-18　多工位末端操作器换接装置

5.1.4　仿生多指灵巧手

1. 柔性手

图 5-19 所示为多关节柔性手腕，每个手指由多个关节串联而成。手指传动部分由牵引钢丝绳及摩擦滚轮组成，每个手指由两根钢丝绳牵引，一侧为握紧，另一侧为放松。驱动源可采用电机驱动或液压、气动元件驱动。柔性手腕可抓取凹凸不平的外形并使物体受力较为均匀。

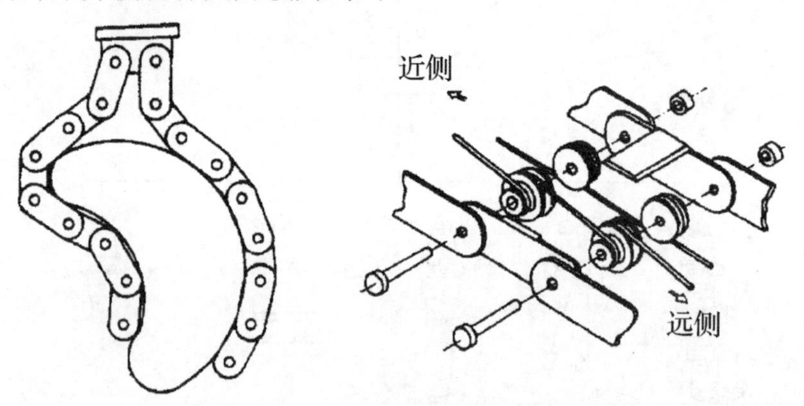

图 5-19　多关节柔性手腕

图 5-20 所示为用柔性材料做成的柔性手。一端固定，一端为自由端的双管合一的柔性管状手爪，当一侧管内充气体或液体与另一侧管内抽气或抽液时形成

压力差，柔性手爪就向抽空的一侧弯曲。此种柔性手适用于抓取轻型、圆形物体，如玻璃器皿等。

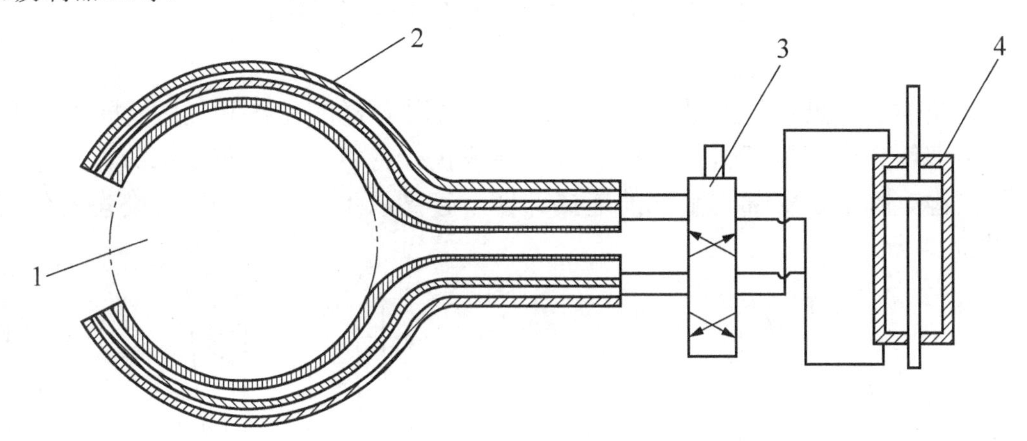

图 5-20　柔性手

1-工件；2-手指；3-电磁阀；4-油缸

2. 多指灵巧手

机器人手爪和手腕最完美的形式是模仿人手的多指灵巧手。如图 5-21 所示，多指灵巧手有多个手指，每个手指有三个回转关节，每一个关节的自由度都是独立控制的。因此，几乎人手指能完成的各种复杂动作它都能模仿，如拧螺钉、弹钢琴、作礼仪手势等。在手部配置触觉、力觉、视觉、温度传感器，将会使多指灵巧手达到更完美的程度。

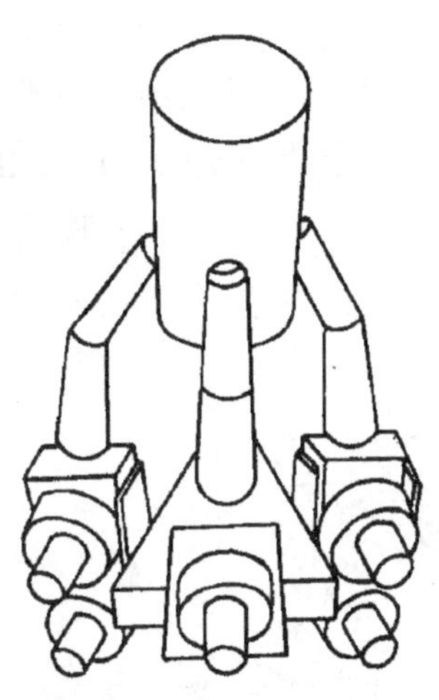

图 5-21　多指灵巧手

多指灵巧手的应用前景十分广泛，可在各种极限环境下完成人无法实现的操作，如核工业领域、宇宙空间作业，在高温、高压、高真空环境下作业等。

5.2 机器人手腕和臂部

人类的手是最灵活的肢体部分，能完成各种各样的动作和任务。同样，机器人的手部作为末端执行器是完成抓握工件或执行特定作业的重要部分，也需要有多种结构。腕部是臂部与手部的连接部件，起支承手部和改变手部姿态的作用，如图 5-22 所示。

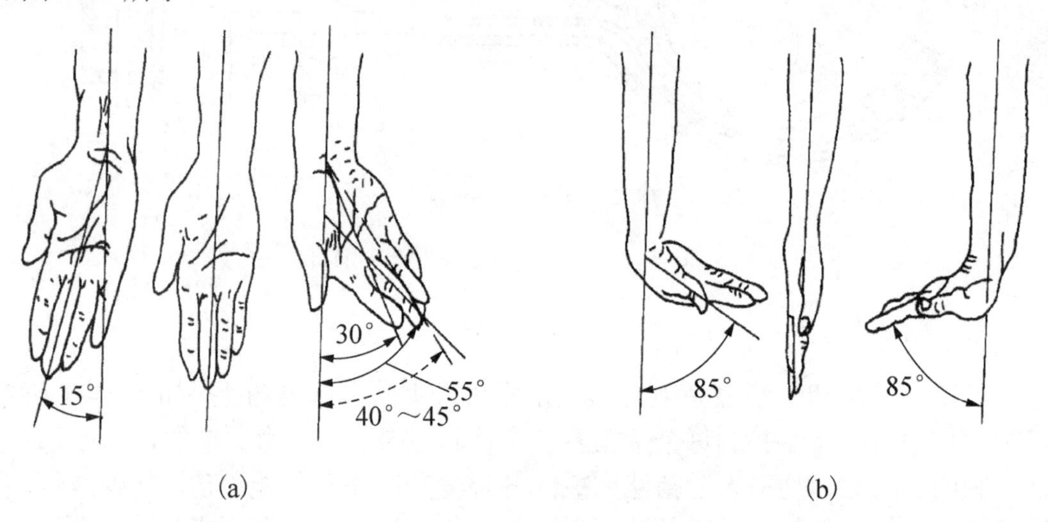

图 5-22 人类手腕

机器人手腕是连接末端操作器和手臂的部件。它的作用是调节或改变工件的方位，因而它具有独立的自由度，以使机器人末端操作器适应复杂的动作要求。通常，要求腕部能实现对空间三个坐标轴 x、y、z 的转动，如图 5-23 所示，即具有翻转、俯仰和偏转三个自由度。一般也把手腕的翻转称为 Roll，用 R 表示；把手腕的俯仰称为 Pitch，用 P 表示；把手腕的偏转称为 Yaw，用 Y 表示。

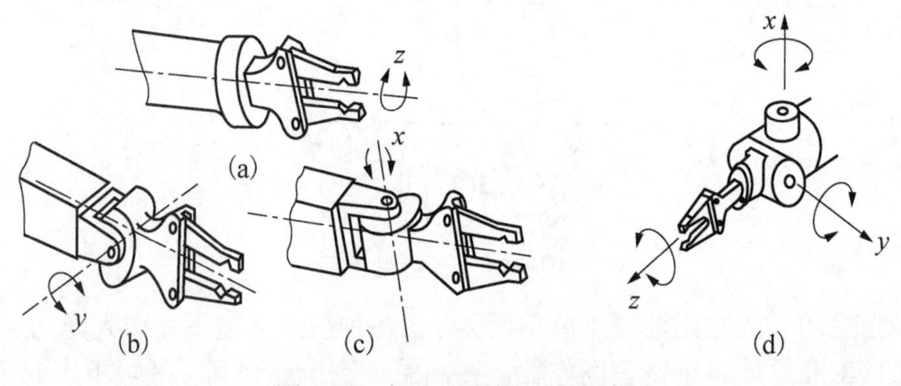

图 5-23 机器人手腕的自由度

5.2.1　手腕的分类

1. 按自由度数目来分

手腕按自由度数目来分，可分为单自由度手腕、二自由度手腕和三自由度手腕。

(1) 单自由度手腕，如图 5-24 所示。

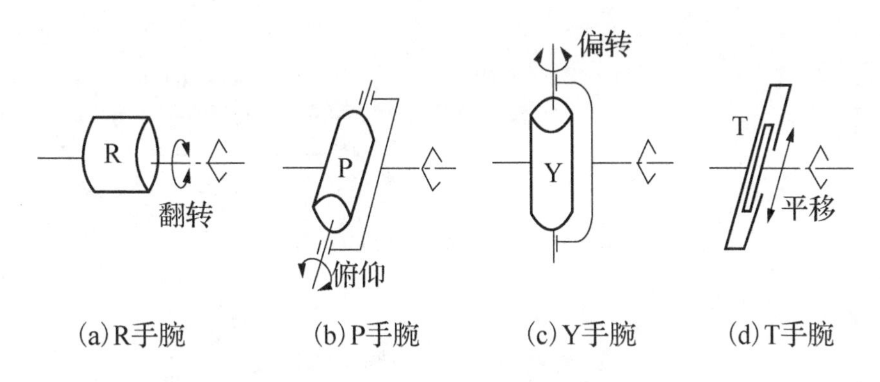

图 5-24　单自由度手腕

(2) 二自由度手腕，如图 5-25 所示。

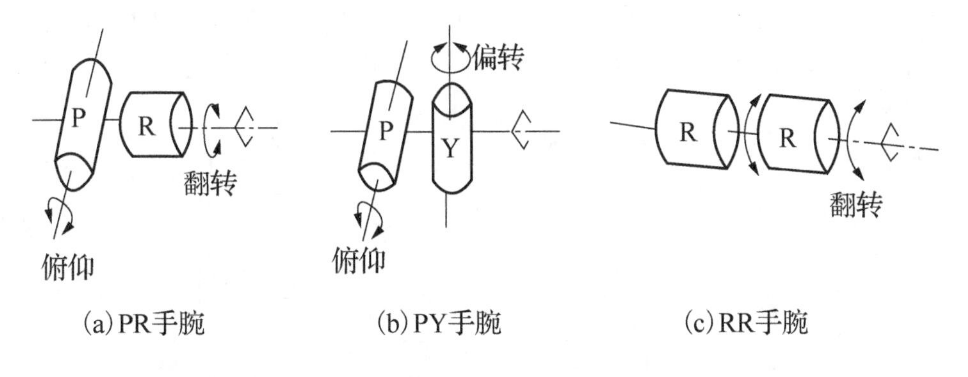

图 5-25　二自由度手腕

(3) 三自由度手腕。如图 5-26 所示，三自由度手腕可以由 P 关节、Y 关节和 R 关节组成许多种形式。同时，P 关节、Y 关节和 R 关节排列的次序不同，也会产生不同的效果，因而产生了其他形式的三自由度手腕。为了使手腕结构紧凑，通常把两个关节安装在一个十字接头上，这对于机器人的手腕来说，大大减小了手腕纵向尺寸。

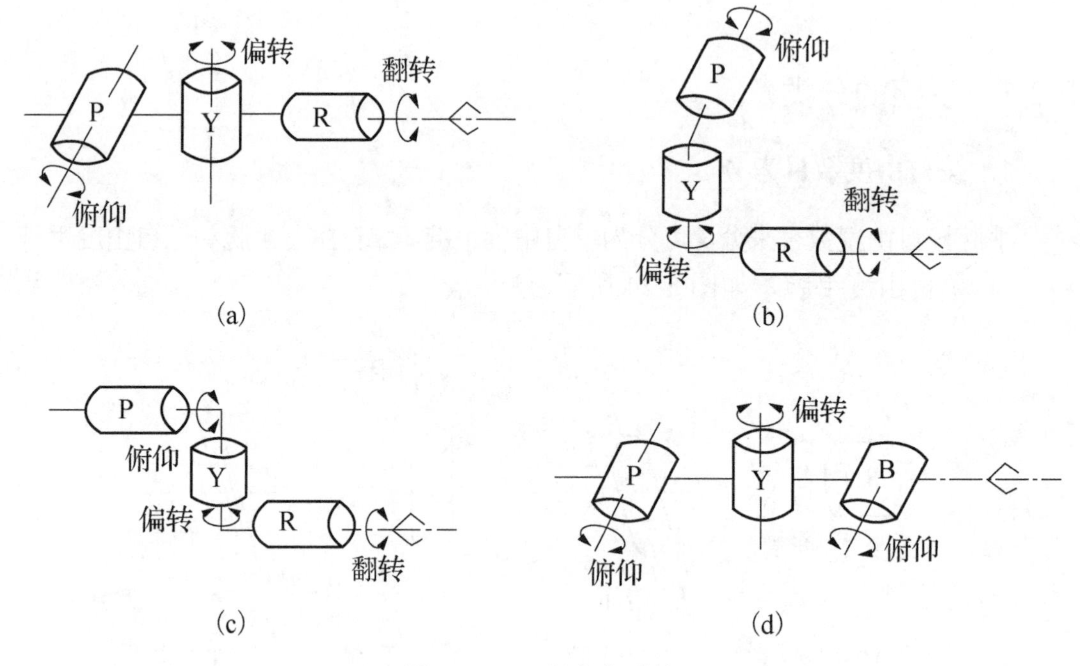

图 5-26　三自由度手腕

2. 按驱动方式来分

手腕按驱动方式来分，可分为直接驱动手腕和远距离传动手腕。

如图 5-27 所示，为 Moog 公司的一种液压直接驱动 YPR 手腕，设计紧凑巧妙。M_1、M_2、M_3是液压马达，直接驱动手腕的偏转、俯仰和翻转三个自由度轴。

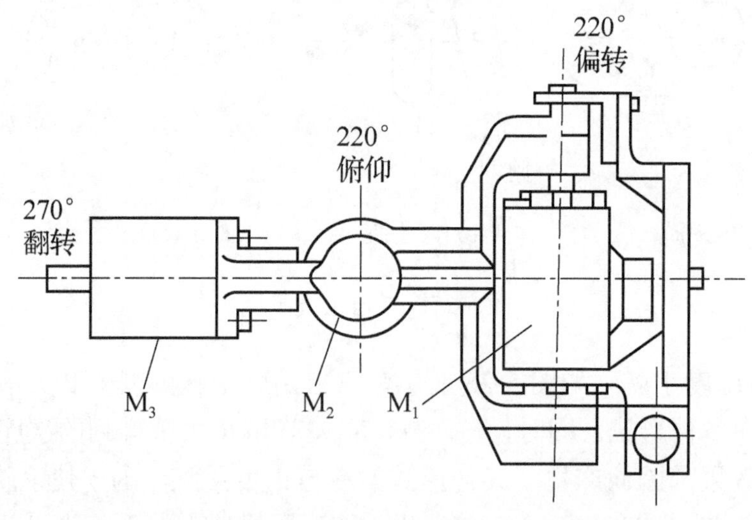

图 5-27　液压直接驱动 YPR 手腕

如图 5-28 所示，为一种远距离传动的手腕。这种远距离传动的好处是可以把尺寸、重量都较大的驱动源放在远离手腕处，有时放在手臂的后端作平衡重量用，这不仅减轻了手腕的整体重量，而且改善了机器人的整体结构的平衡性。

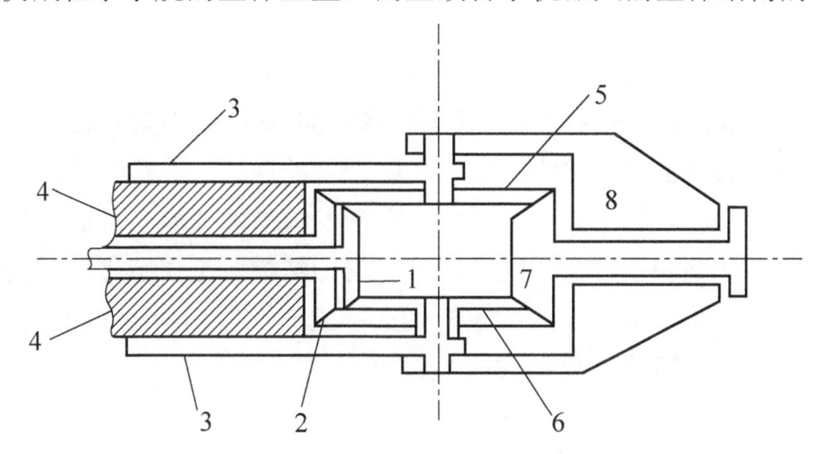

图 5-28　远距离传动的手腕

1、2、3、7-锥齿轮；4、8-油缸；5、6-花键轴

5.2.2　柔顺手腕结构

在用机器人进行的精密装配作业中，当被装配零件之间的配合精度相当高，由于被装配零件的不一致性，工件的定位夹具、机器人手爪的定位精度无法满足装配要求时，会导致装配困难。因而，柔顺性装配技术有两种。

一种是从检测、控制的角度，采取各种不同的搜索方法，实现边校正边装配；有的手爪还配有检测元件，如视觉(光感)传感器(图 5-29)、力传感器等，这就是所谓主动柔顺装配。

另一种是从结构的角度，在手腕部配置一个柔顺环节，以满足柔顺装配的需要，这种柔顺装配技术称为被动柔顺装配。其动作过程如图 5-30 所示，在插入装配中工件局部被卡住时，将会受到阻力，促使柔顺手腕起作用，使手爪有一个微小的修正量，工件便能顺利插入。

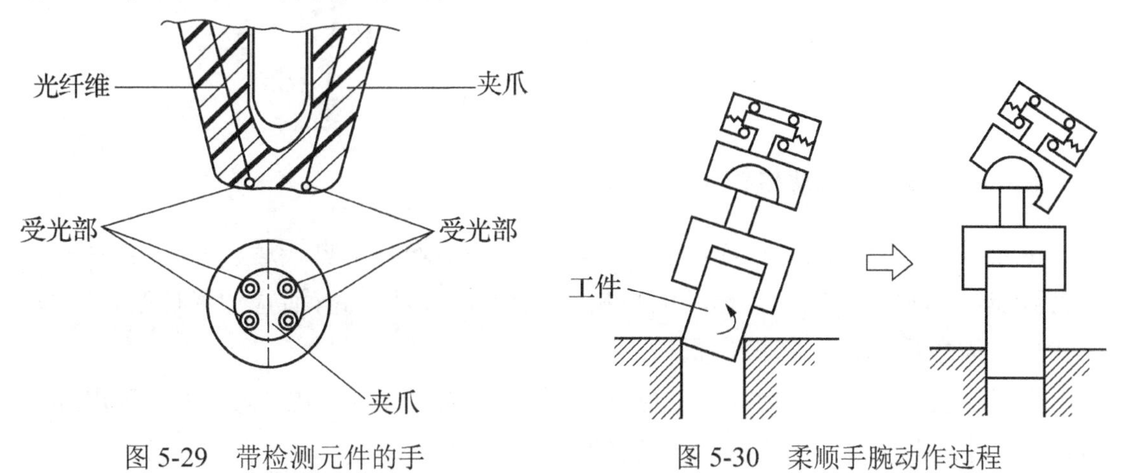

图 5-29　带检测元件的手　　　　图 5-30　柔顺手腕动作过程

5.2.3 机器人手臂

手臂的作用是将被抓取的工件运送到给定的位置上。一般机器人手臂有 3 个自由度，即手臂的伸缩、左右回转和升降(或俯仰)运动。手臂回转和升降运动是通过机座的立柱实现的，立柱的横向移动即手臂的横移。手臂的各种运动通常由驱动机构和各种传动机构来实现，因此，它不仅承受被抓取工件的重量，而且承受末端执行器、手腕和手臂自身的重量。手臂的结构、工作范围、灵活性、抓重大小(即臂力)和定位精度都直接影响机器人的工作性能。图 5-31 为手臂的结构形式，有单臂式、双臂式、悬持式等。

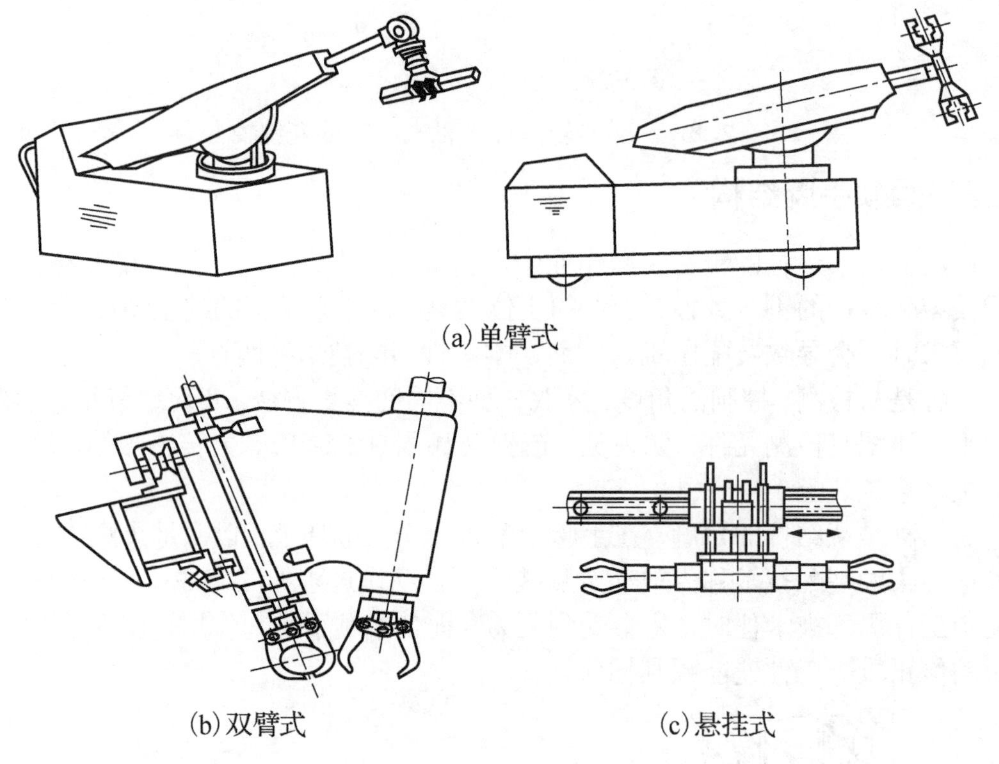
(a) 单臂式

(b) 双臂式　　(c) 悬挂式

图 5-31　手臂的结构形式

1. 手臂的直线运动机构

机器人手臂的伸缩、升降及横向(或纵向)移动均属于直线运动，而实现手臂往复直线活塞和连杆机构等运动的机构形式较多。常用的有活塞油(气)缸，活塞缸和齿轮齿条机构，丝杠螺母机构等。

直线往复运动可采用液压或气压驱动的活塞油(气)缸。由于活塞油(气)缸的体积小、重量轻，因而在机器人手臂结构中应用较多。

2. 手臂回转运动机构

实现机器人手臂回转运动的机构形式是多种多样的，常用的有叶片式回转缸、齿轮传动机构、链轮传动机构和连杆机构。

现以齿轮传动机构中活塞缸和齿轮齿条机构为例说明手臂的回转。齿轮齿条机构是通过齿条的往复移动，带动与手臂连接的齿轮作往复回转，即可实现手臂的回转运动。带动齿条往复移动的活塞缸可以由压力油或压缩气体驱动。

3. 手臂俯仰运动机构

机器人手臂的俯仰运动一般采用活塞油(气)缸与连杆机构联用来实现。如图 5-32 所示，手臂俯仰运动用的活塞缸 7 位于大臂 6 的下方，其活塞杆和大臂用铰链连接，缸体采用尾部耳环或中部销轴等方式与立柱 8 连接。另外也有采用无杆活塞缸驱动齿轮齿条或四连杆机构实现手臂的俯仰运动。

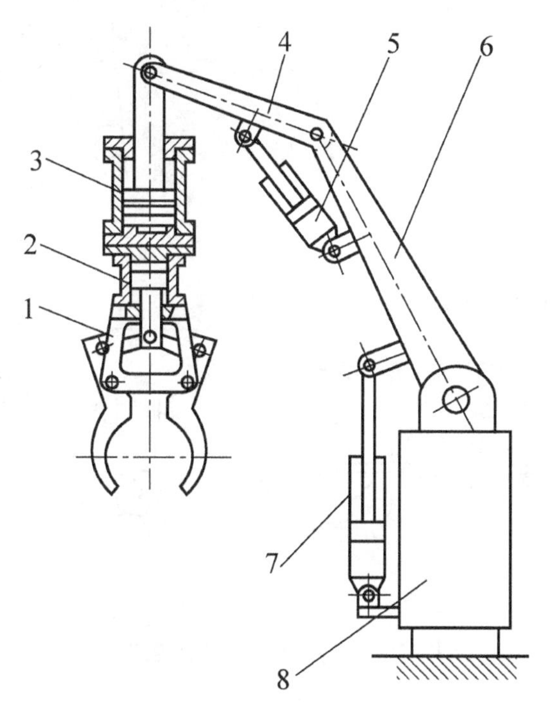

图 5-32　铰接活塞缸实现手臂俯仰运动结构示意图

1-手臂；2-夹置缸；3-升降缸；4-小臂；5、7-交接活塞缸；6-大臂；8-立柱

5.3 移动式机器人

5.3.1 轮车机器人

1. 二轮车

二轮车的速度、倾斜度等物理精度不高，而若将其进行机器人化，则引进简单、便宜、可靠性高的传感器也很难。此外，二轮车制动及低速行走时极不稳定，目前正在进行稳定化试验。

图 5-33 所示为利用陀螺仪的二轮车。人们在驾驶二轮车时，依靠手的操作和体重的移动力求稳定行走，这种陀螺二轮车，把与车体倾斜成比例的力矩作用在轴系上，利用陀螺效果使车体稳定。

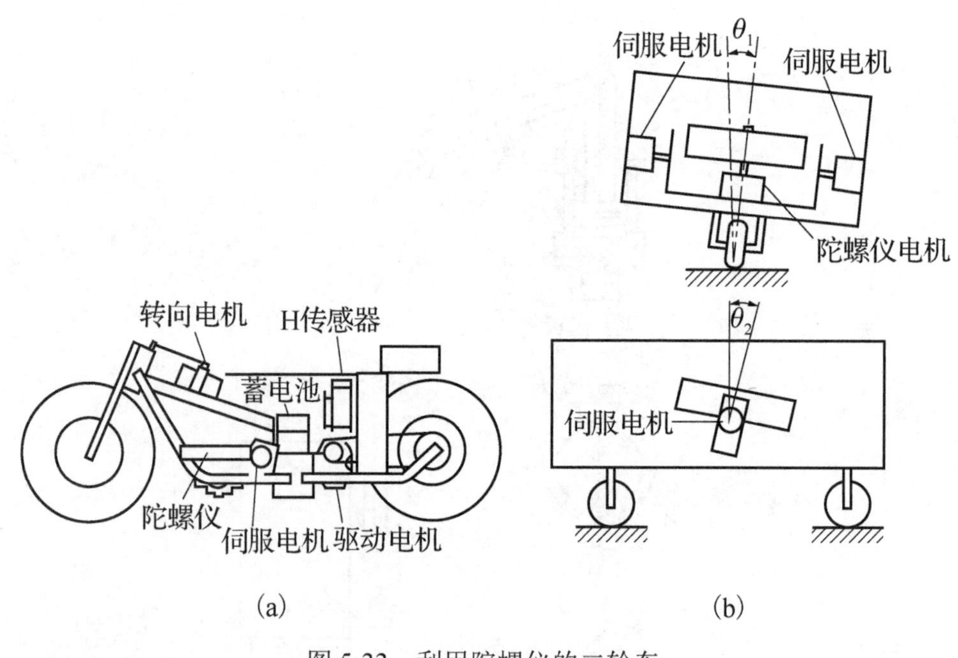

图 5-33　利用陀螺仪的二轮车

2. 三组轮

三轮移动机构是车轮型机器人的基本移动机构。目前，作为移动机器人移动机构的三轮机构的原理通常如图 5-34 所示。

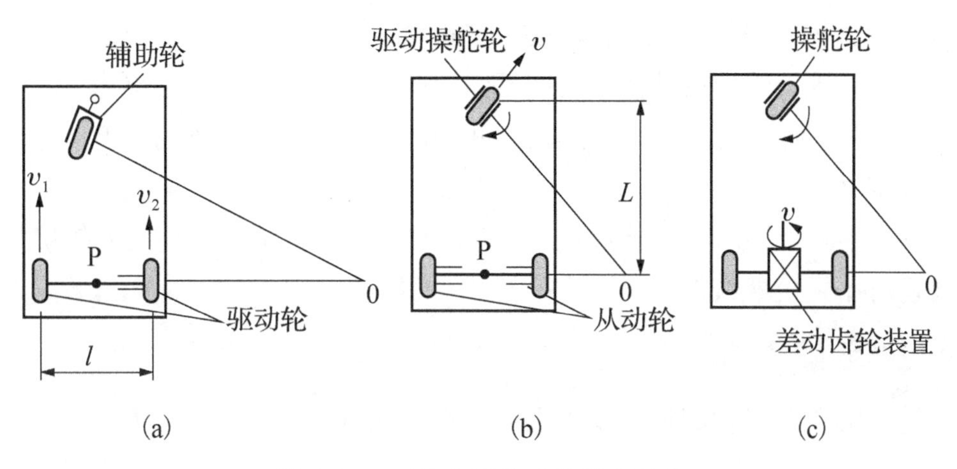

图 5-34　三轮车型移动机器人机构

观摩

图 5-35 所示的三组轮是由美国 Unimation Stanford 行走机器人课题研究小组设计研制的。它采用了三组轮子，呈等边三角形分布在机器人的下部。

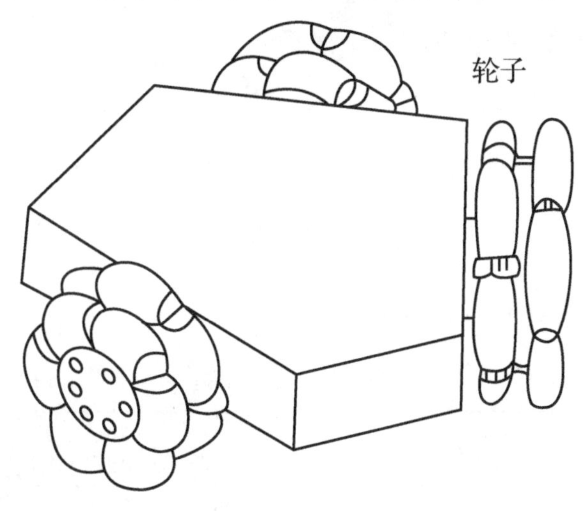

图 5-35　三组轮

在该轮系中，每组轮子由若干个滚轮组成。这些轮子能够在驱动电机的带动下自由转动，使机器人移动。驱动电机控制系统既可以同时驱动所有三组轮子，也可以分别驱动其中两组轮子，这样，机器人就能够在任何方向上移动。

该机器人行走部分设计得非常灵活，它不但可以在工厂地面上运动，而且能够沿小路行驶。存在的问题是，机器人的稳定性不够，容易倾倒，而且运动稳定性随着负载轮子的相对位置不同而变化。另外，在轮子与地面的接触点从一个滚轮移到另一个滚轮上的时候，还会出现颠簸。

为了改进该机器人的稳定性，Unimation Stanford 研究小组重新设计了一种三轮机器人。改进后的特点是使用长度不同的两种滚轮：长滚轮呈锥形，固定在短滚轮的凹槽里。这样可大大减小滚轮之间的间隙，减小了轮子的厚度，提高了机器人的稳定性。

此外，滚轮上还附加了软橡皮，具有足够的变形能力，可使滚轮的接触点在相互替换时不发生颠簸。

3. 四轮机器人

四轮车的驱动机构和运动基本上与三轮车相同。

图 5-36(a)所示为两轮独立驱动，前后带有辅助轮的方式。与图 5-34(a)相比，当旋转半径为 0 时，图 5-36(a)所示两轮能绕车体中心旋转，因此有利于在狭窄场所改变方向。

图 5-36(b)所示是所谓汽车方式，适于高速行走，用于低速的运输搬运时费用不合算，所以小型机器人不常采用。

图 5-37 所示为火星探测用的小漫游车。

4. 全方位移动机器人

过去的车轮式移动机构基本上是二自由度的，因此不可能简单地实现任意的定位和定向。机器人的定位，用四轮构成的车可通过控制各轮的转向角来实现。

自由度多、能简单设定机器人所需位置及方向的移动车称为全方位移动车。

图 5-38 所示是表示全方位移动车移动方式的各车轮的转向角。

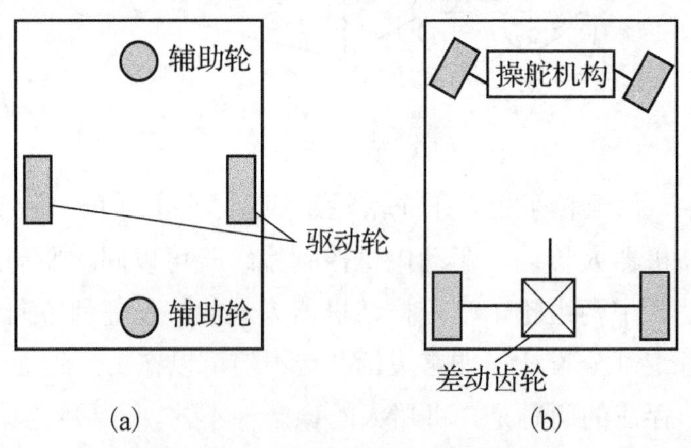

图 5-36　四轮车的驱动机构和运动

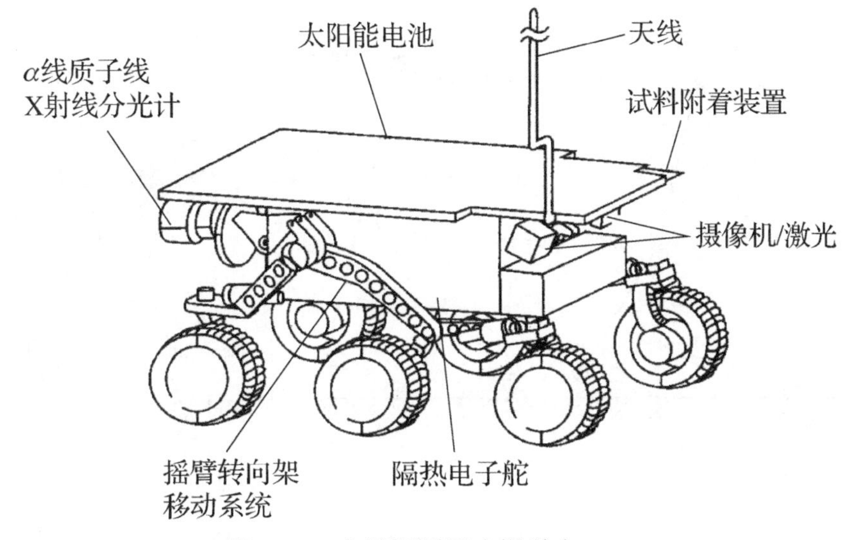

图 5-37　火星探测用小漫游车

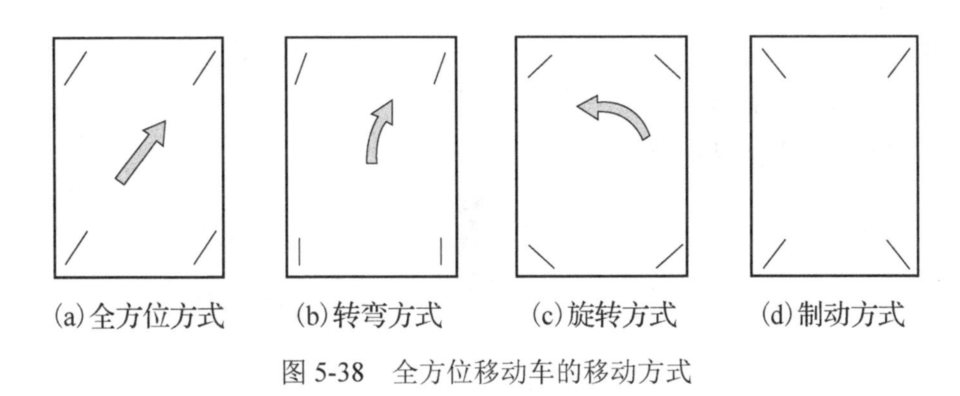

图 5-38　全方位移动车的移动方式

5.3.2　两足步行式机器人

车轮式行走机构只有在平坦坚硬的地面上行驶才有理想的运动特性。如果地面凸凹程度和车轮直径相当，或地面很软，则它的运动阻力将大增。

足式步行机构有很大的适应性，尤其在有障碍物的通道(如管道、台阶或楼梯)上或很难接近的工作场地更有优越性。

足式步行机构有两足、三足、四足、六足、八足等形式，其中两足步行机器人具有最好的适应性，也最接近人类，故也称为仿人双足行走机器人。

仿人双足行走机构是多自由度的控制系统，是现代控制理论很好的应用对象。这种机构除结构复杂外，在静/动状态下的行走性能、稳定性和高速运动等都不是很理想。

如图 5-39 所示，两足步行机器人行走机构是一个空间连杆机构。在行走过程中，行走机构始终满足静力学的静平衡条件，也就是机器人的重心始终落在支持地面的一只脚上。

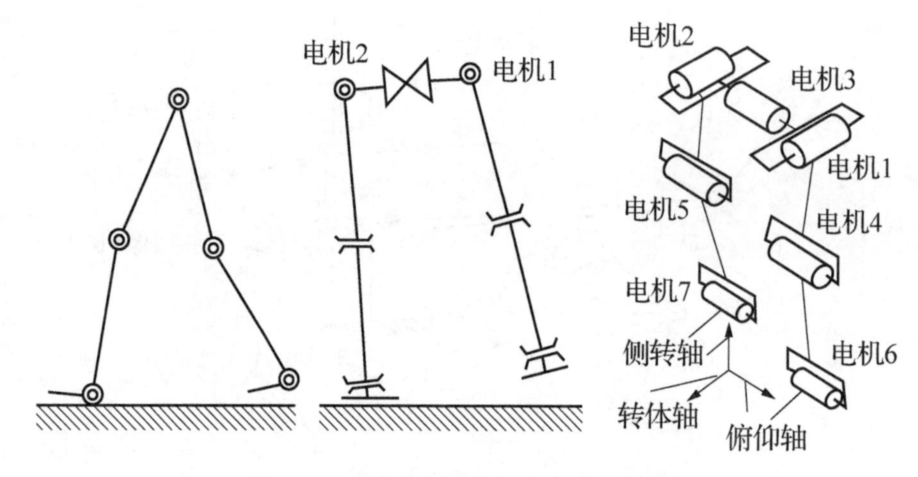

图 5-39　两足步行式行走机构原理图

两足步行机器人的动步行有效地利用了惯性力和重力。人的步行就是动步行，动步行的典型例子是踩高跷。

高跷与地面只是单点接触，两根高跷不动时在地面站稳是非常困难的，要想原地停留，必须不断踏步，不能总是保持步行中的某种瞬间姿态。

图 5-40 为 KONDO 的双足机器人。

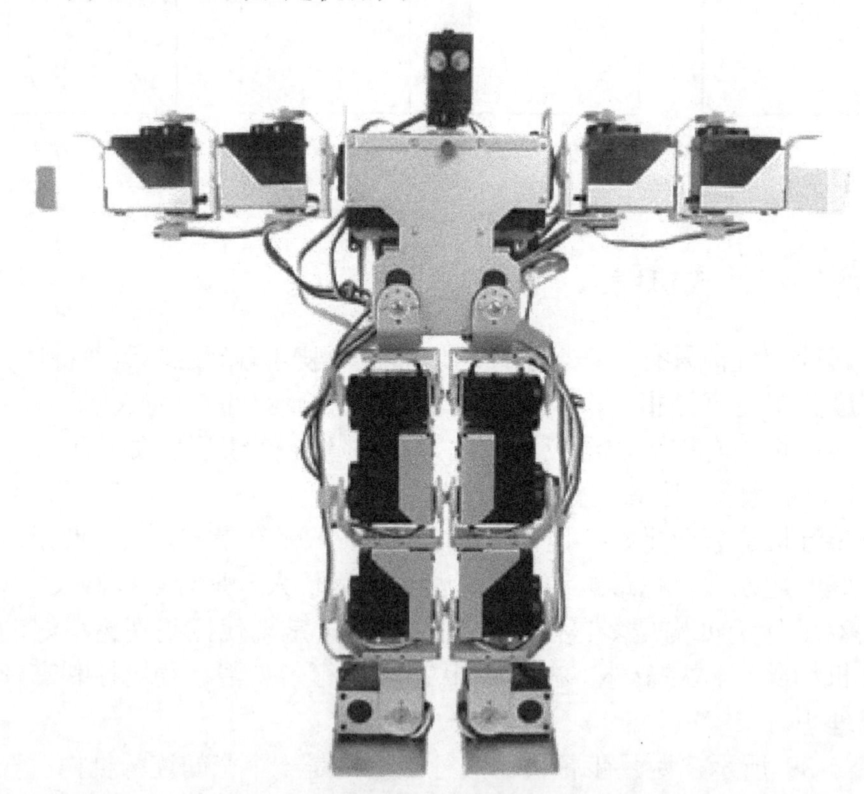

图 5-40　KONDO 的双足机器人

5.3.3　履带行走机器人

履带式机构的最大特征是将圆环状的无限轨道带卷绕在多个车轮上，车轮不直接与路面接触。利用履带可以缓冲路面状态，因此可以在各种路面条件下行走，如图 5-41 和图 5-42 所示。

图 5-41　履带机器人

机器人采用履带方式有以下一些优点：

(1) 能登上较高的台阶；

(2) 由于履带的突起，路面保持力强，因此适合在荒地上移动；

(3) 能够原地旋转；

(4) 重心低，稳定。

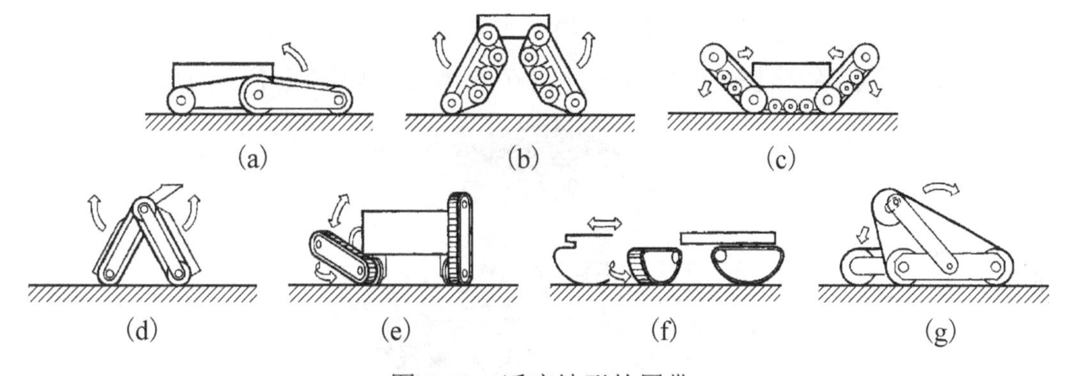

图 5-42　适应地形的履带

5.4　实　　验

5.4.1　循迹小车的组装

实验器材：

(1) 小车底盘、电机、联轴器、轮子、万向轮。

(2) 巡线传感器、Arduino 主控器、电机驱动板、传感器扩展板。

(3) 尼龙柱、螺丝、螺母、杜邦线。

(4) 供电电池(两节 18650 充电电池，单节容量 2600mA·h)。

拼装步骤：

(1) 自行准备上述各实验器材，如图 5-43 所示。

图 5-43　小车组装需要的器材

(2) 安装小车轮子电机、循迹传感器在底盘上，如图 5-44 所示。

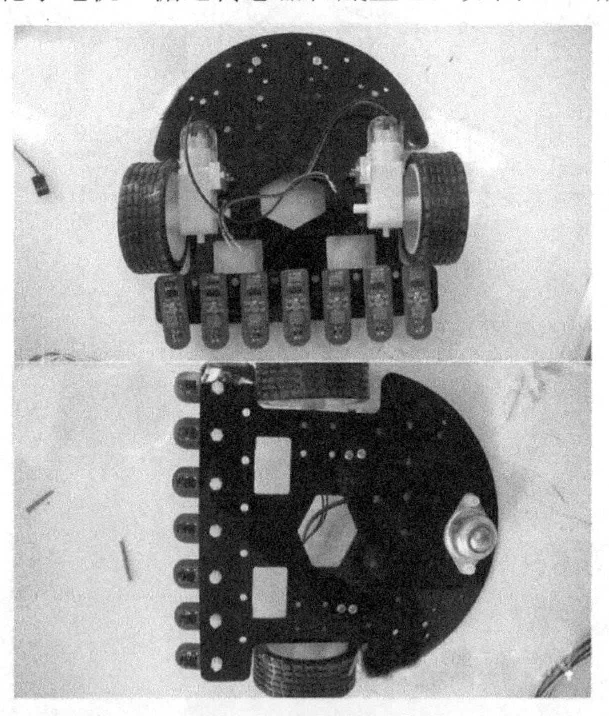

图 5-44　车轮、电机及传感器安装图

(3) 在底盘上安装第二层底盘，随后如图 5-45 所示安装 Arduino 主板、L298 电机驱动板、传感器扩展板、连接传感器、电机接线及电池接线。

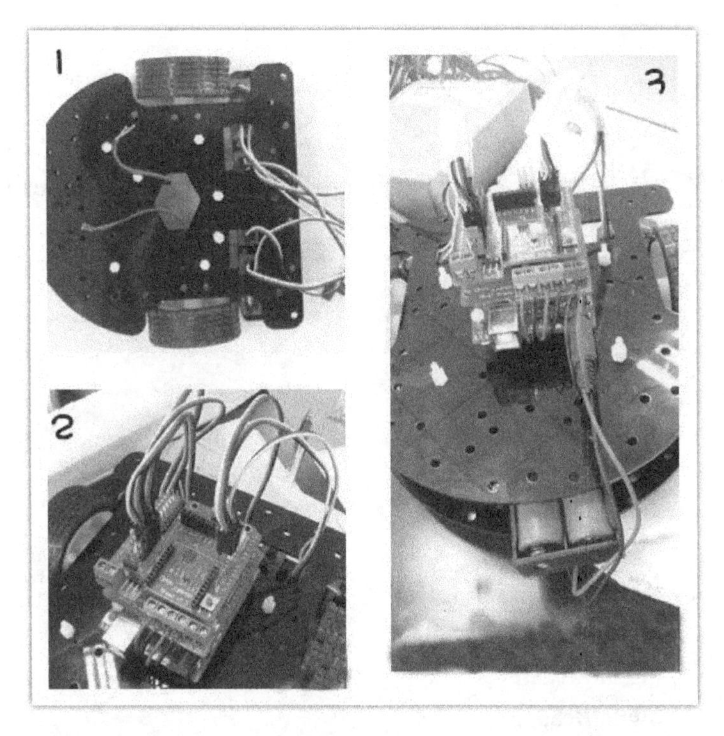

图 5-45　主控板、扩展板安装及连线图

(4) 安装成功，如图 5-46 所示。然后，准备巡线调试。

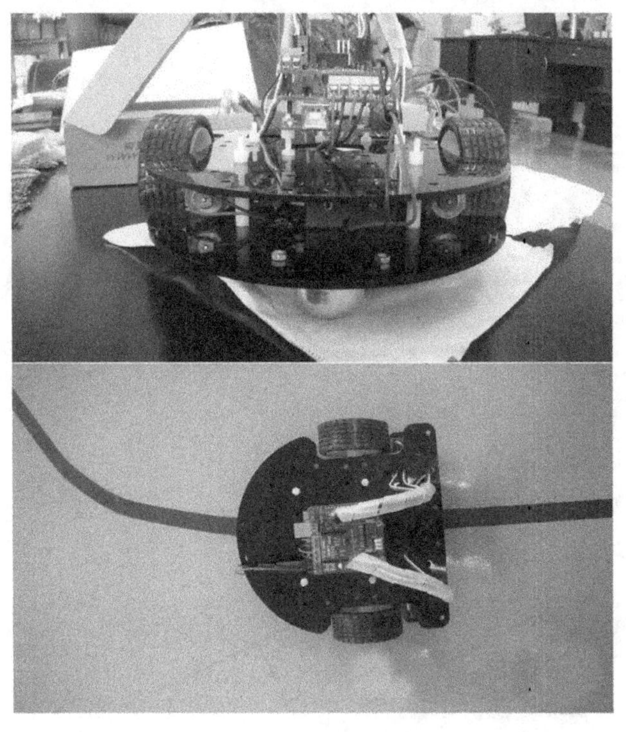

图 5-46　完整的小车图

测试：

本装置巡线传感器是数字传感器，传感器检测到黑线时就是红外对管没有接收到回来的信号，传感器显示低电平，指示灯亮；传感器检测到白色物体时，传感器输出高电平，指示灯不亮。在 Arduino 中，用函数 digitalRead()返回值就可读出传感器检测到的状态。

调试一：传感器检测逻辑

```
void loop()
 {
     char num1,num2,num3,num4,num5,num6,num7;
     num1=digitalRead(8);
     num2=digitalRead(9);
     num3=digitalRead(10);
     num4=digitalRead(11);
     num5=digitalRead(12);
     num6=digitalRead(2);
     num7=digitalRead(3);
                                //用 num1～7 保存从左到右 7 个传感器的状态
   if(num1==0)
   {
       Serial.println("turnL250");
       delayMicroseconds(2);
   }
     else if(num2==0)
   {
       Serial.println("turnL200");
       delayMicroseconds(2);
   }
   else if(num3==0)
   {
       Serial.println("turnL150");
       delayMicroseconds(2);
   }

   else if(num5==0)
   {
       Serial.println("turnR150");
       delayMicroseconds(2);
```

```
    }
    else if(num6==0)
    {
        Serial.println("turnR200");
        delayMicroseconds(2);
    }
    else if(num7==0)
    {
        Serial.println("turnR250");
        delayMicroseconds(2);
    }
    else                                    //其他状态小车直走
    {
        Serial.println("trunfoward180");
        delay(2);
    }
}
```

调试二：小车电机转动

```
  void motor(char pin,char pwmpin,char state,int val)
{
    pinMode(pin, OUTPUT);

    if(state==1)
    {
        analogWrite(pwmpin,val);
        digitalWrite(pin,1);
    }
    else if(state==2)
    {
        analogWrite(pwmpin,val);
        digitalWrite(pin,0);
    }
    else if(state==0)
    {
        analogWrite(pwmpin,0);
        digitalWrite(pin,0);
    }
}
```

```
void runfoward(int i)              //前进
{
    motor(4,5,1,i);
    motor(7,6,1,i);
}
void runback(int j)                //后退
{
    motor(4,5,2,j);
    motor(7,6,2,j);
}
void turnL(int m)                  //左转
{
    motor(4,5,1,m);
    motor(7,6,0,m);
}
void turnR(int n)                  //右转
{
    motor(4,5,0,n);
    motor(7,6,1,n);
}
void stop()                        //停止
{
    motor(4,5,0,0);
    motor(7,6,1,0);
}
void setup()
{
}
void loop()
{
   runfoward(180);
   delay(1000);
   runback(180);
   delay(1000);
   turnL(180);
   delay(1000);
   turnR(180);
   delay(1000);
}
```

调试三：传感器和小车转动调试成功后，将联合调试

```
void motor(char pin,char pwmpin,char state,int val)
{
    pinMode(pin, OUTPUT);

    if(state==1)
    {
        analogWrite(pwmpin,val);
        digitalWrite(pin,1);
     }
    else if(state==2)
   {
       analogWrite(pwmpin,val);
       digitalWrite(pin,0);
   }
   else if(state==0)
   {
      analogWrite(pwmpin,0);
      digitalWrite(pin,0);
   }
}

void runfoward(int i)             //前进
{
    motor(4,5,1,i);
    motor(7,6,1,i);
}
void runback(int j)               //后退
{
    motor(4,5,2,j);
    motor(7,6,2,j);
}
void turnL(int m)                 //左转
{
    motor(4,5,1,m);
    motor(7,6,0,m);
}
void turnR(int n)                 //右转
{
    motor(4,5,0,n);
    motor(7,6,1,n);
```

```
}
void stop()                        //停止
{
    motor(4,5,0,0);
    motor(7,6,1,0);
}
void setup()
{
    Serial.begin(9600);
 }
void loop()
{
    char num1,num2,num3,num4,num5,num6,num7;
    num1=digitalRead(8);
    num2=digitalRead(9);
    num3=digitalRead(10);
    num4=digitalRead(11);
    num5=digitalRead(12);
    num6=digitalRead(2);
    num7=digitalRead(3);
                                   //用 num1～7 保存从左到右 7 个传感器的状态
    if(num1==0)
    {
        turnL(250);
        delayMicroseconds(2);
    }
   else if(num2==0)
   {
        turnL(200);
        delayMicroseconds(2);
   }
    else if(num3==0)
   {
        turnL(150);
        delayMicroseconds(2);
   }

   else if(num5==0)
   {
       turnR(150);
       delayMicroseconds(2);
   }
   else if(num6==0)
```

```
        {
            turnR(200);
            delayMicroseconds(2);
        }
        else if(num7==0)
        {
            turnR(250);
            delayMicroseconds(2);
        }
        else                                //其他状态小车直走
        {
            runfoward(180);
            delay(2);
        }
    }
```

注意：该程序实现了小车循迹的功能，但根据小车电机或者驱动的不同，具体的程序也要修改，传感器个数越多实现功能越容易，当然要让小车以高速且顺滑地跑起来这还需要程序算法的优化。

5.4.2 计算机无线遥控履带小车组装

该实验需要的器材有：Arduino 控制器及 Arduino 扩展板各 1 个(图 5-47)，APC220 无线传送模块 1 个(图 5-48)，DF-MDV1.2 电机驱动 1 个、亚克力及螺钉螺母螺柱若干(图 5-49)，RP5 履带底盘以及 7.2V 或 12V 电池包各一个(图 5-50)。

图 5-47 Arduino 控制器及扩展板

图 5-48 APC220 无线传送模块

图 5-49　DF-MDV1.2 电机驱动及配套

图 5-50　履带底盘及电池包

组装步骤：

(1) 将 DF-MDV1.2 电机驱动安装在一个裁剪好的亚克力板背面。

(2) Arduino 控制器安装在亚克力板正面。

(3) 将模块 APC220 插在 Arduino 扩展板上。

(4) 将扩展板插入 Arduino 控制器的插槽内。

(5) 履带小车的电机线接入电机驱动板对应插槽上，电机驱动板上的电机接线柱分别接两个电机相同颜色的引线。

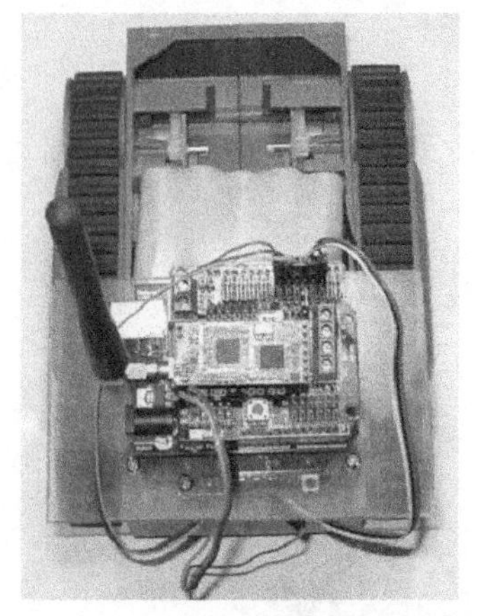

图 5-51　完成后的履带小车

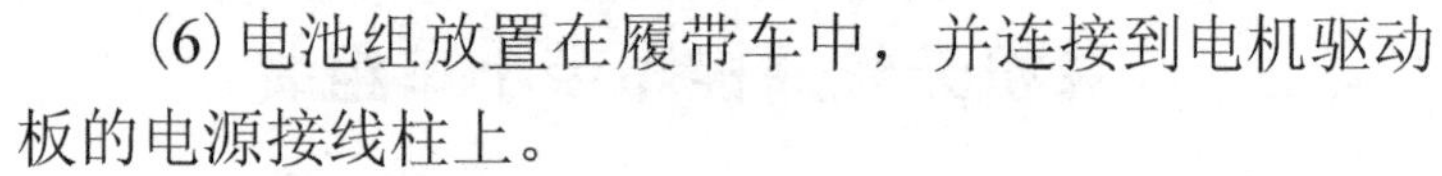

(6) 电池组放置在履带车中，并连接到电机驱动板的电源接线柱上。

(7) 插上电机的 6 根控制线和两根给 Arduino 供电的电源线。

(8) 电机控制线和电源线接到 Arduino 上，硬件组装完成，如图 5-51 所示。

调试：

另一模块 APC220 插到计算机的 USB 上，电机驱动接法如下：

电机驱动	Arduino
IN1	PIN2
EN1	PIN3
IN2	PIN4
IN3	PIN5
EN2	PIN6
IN4	PIN7

计算机的无线遥控履带小车代码如下：

```
int IN1 = 2;
int EN1 = 3;
int IN2 = 4;
int IN3 = 5;
int EN2 = 6;
int IN4 = 7;
void stop(void)
 {
        digitalWrite(IN1,LOW);
        digitalWrite(IN2,LOW);
        digitalWrite(IN3,LOW);
        digitalWrite(IN4,LOW);
 }
void advance_l(void)
{
        digitalWrite(IN1,HIGH);
        digitalWrite(IN2,LOW);
}
void advance_r(void)
{
        digitalWrite(IN3,LOW);
        digitalWrite(IN4,HIGH);
 }
void back_off_l(void)
 {
        digitalWrite(IN1,LOW);
        digitalWrite(IN2,HIGH);
 }
void back_off_r(void)
 {
        digitalWrite(IN3,HIGH);
        digitalWrite(IN4,LOW);
 }
void setup(void)
{
        int i;
        for(i=2;i<=7;i++)
```

```
            pinMode(i, OUTPUT);
            digitalWrite(EN1,HIGH);
            digitalWrite(EN2,HIGH);
            Serial.begin(19200);
}
void loop(void)
{
    char val = Serial.read();
    if(val!=-1)
    {
        switch(val)
        {
            case 'w':               //前进
            advance_l();
            advance_r();
            break;
            case 's':               //后退
            back_off_l();
            back_off_r();
            break;
            case 'a':               //左转
            advance_r();
            back_off_l();
            break;
            case 'd':               //右转
            advance_l();
            back_off_r();
            break;
        }
        delay(30);
    }
else stop();
}
```

这个代码使用串口助手测试，分别发送字符 w、s、a、d 表示前进、后退、左转、右转，同学们可以试着用上位机，使用键盘的 w、s、a、d 来控制。有了这个基础，相信同学们能开发出更多功能的小车，如在上面加摄像头、舵机、超声波、红外线等器件。

第6章 机器人的心脏

6.1 机器人的动力来源

发现人体血液循环的英国著名医学家哈维说：“太阳是世界的心脏，心脏是人体的太阳。”在医学上，心脏被视为人体中除了大脑外最重要的器官。那么，你知道心脏(图6-1)在人体中具体有什么作用吗？

心脏是人体生命的原动力。在人的一生中，心脏一刻不停地跳动，就像一台“水泵”一样，推动着血液流向全身，为身体各个部位提供氧气和营养，保障了生命体的有序活动。

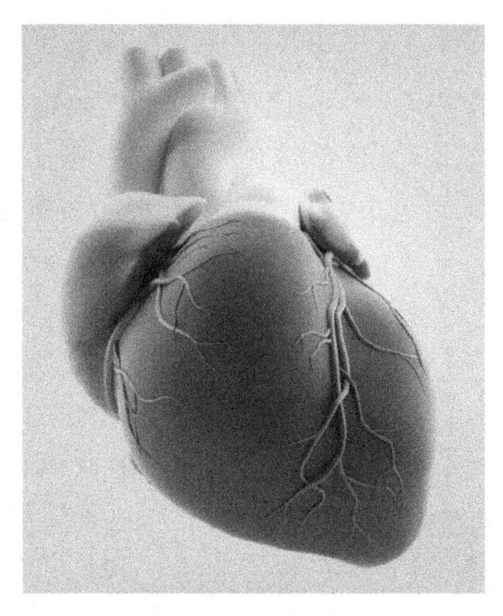

图6-1　人的心脏

6.1.1 机器人的电池

电力单元是机器人的动力来源，为机器人提供动力，如图6-2所示。电力单元包括电源、调节电路和电源开关。

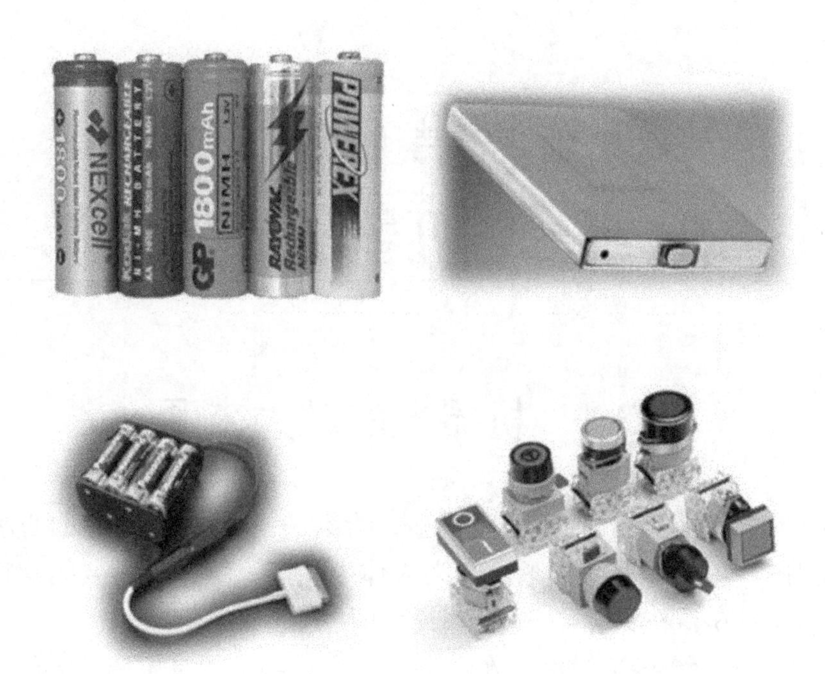

图 6-2　机器人的电力单元

1. 电池的发展简介

电池是指能将化学能、内能、光能、原子能等形式的能直接转化为电能的装置。电源分为化学电源和物理电源。化学电源是指将物质化学反应所产生的能量直接转变为电能的一种装置，通常称为电池，其中包括原电池、蓄电池、储备电池和燃料电池。物理电源则包括太阳能电池和温差发电器等。

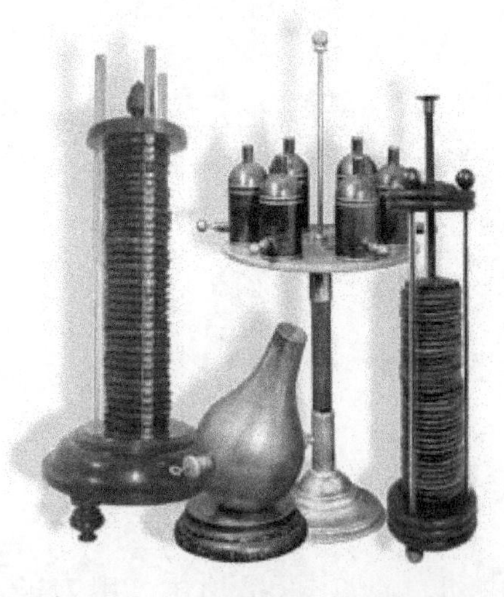

图 6-3　早期的伏打电池

最早的电池可以追溯到 200 年以前意大利物理学家伏打发明的伏打电池，如图 6-3 所示，它使人们第一次获得了比较稳定而持续的电流，具有划时代的意义。

在伏打电池原理和绿色环保研发精神的指引下，人们通过不断努力，开发了一代又一代的新型电池，从人们普遍使用的干电池到新型的太阳能电池、锂聚合物电池(Li-polymer)和燃料电池等，不仅在电池容量、体积、使用方便程度等方面有很大突破，更重要的是在这些新型电池的研发过程中，渗透着人们强烈的绿色环保意识。图 6-4 所示为太阳能电池组件。

图 6-4 太阳能电池组件

在化学电池中，根据能否用充电方式恢复电池存储电能的特性，可以分为一次电池和二次电池两大类。一次电池(primary battery)也称原电池，是指只能进行一次放电的电池，放完电后不能进行再重复利用，如锌锰干电池等，一般电池买回来后，电池上都会有标明。二次电池(secondary battery)又称蓄电池，俗称可充电电池，是可以多次重复使用、多次进行充放电、反复使用的电池。由于电池需要重复使用，机器人上通常采用二次电池。

2. 机器人电池的要求

机器人由于受体积、尺寸、重量的限制，采用的电源有各种严格要求。例如，移动机器人通常不能采取线缆供电的方式(除一些管道机器人、水下机器人外)，必须采用电池或内燃机供电；相对于汽车等应用，要求电池体积小、重量轻、能量密度大；并且要求在各种震动、冲击条件下接近或者达到汽车电池的安全性、可靠性，如图 6-5 所示的机器人小车使用的电池。

由于电池技术不够先进，当前的电池和电机系统都很难达到内燃机的能量密度及续航时间，因此对机器人系统的电源管理技术提出了更高的要求。通常，一台长、宽、高尺寸都在 0.5m 左右、重达 30～50kg 的移动机器人总功耗为 50～200W(用于室外复杂地形的机器人可达到 200～400W)，而 200W·h 的电池重量可达 3～5kg。在没有任何电源管理技术的情况下要维持机器人连续 3～5h 运行，就需要 600～1000W·h 的电池，重达 10～25kg。“创意之星”机器人套件的耗电量会随着采用的部件不同而有所不同。例如，一个采用 8 个舵机的四腿机器狗的构型，其运动时大约需要 2A 的电流，即功率为 10W 左右；一个带有机械臂、四个电动机驱动的全向移动挖掘机构型，大约需要 4A 的电流，即功率为 20W 左右。

图 6-6 所示为燃料电池在机器人中的应用。

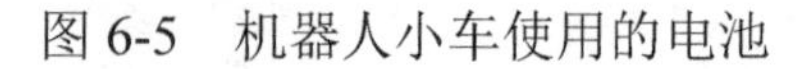

图 6-5　机器人小车使用的电池

图 6-6　使用燃料电池的机器人

6.1.2　干电池

观摩

我们在生活中经常用到干电池。电子闹钟、遥控器、手电筒等(图 6-7)都是以干电池为电源的设备。

电子闹钟

遥控器

手电筒

图 6-7　生活中使用干电池的设备

干电池属于化学电源中的原电池，或者称为一次电池。因为这种化学电源装置的电解质是一种不能流动的糊状物，所以称为干电池，这是相对于具有可流动电解质的电池而言的。干电池不仅适用于手电筒、半导体收音机、收录机、照相机、电子钟、玩具等，而且也适用于国防、科研、电信、航海、航空、医学等国民经济中的各个领域。

随着科学技术的发展，干电池已经发展成为一个大的“家族”，到目前为止已经有 100 多种。常见的有普通锌-锰干电池、碱性锌-锰干电池、镁-锰干电池、锌-空气电池、锌-氧化汞电池、锌-氧化银电池、锂-锰电池等。

对于使用最多的锌-锰干电池来说，根据其结构的不同又可分：糊式锌-锰干电池、纸板式锌-锰干电池、薄膜式锌-锰干电池、氯化锌锌-锰干电池、碱性锌-锰干电池、四极并联锌-锰干电池、叠层式锌-锰干电池等，如图 6-8 所示。

图 6-8　锌-锰干电池

1．锌-锰干电池的结构

锌-锰干电池根据电解质酸碱性质可分为酸性锌-锰干电池、碱性锌-锰干电池两种。这里主要介绍酸性锌-锰干电池。

酸性锌-锰干电池是以锌筒作为负极，并经汞齐化处理，使表面性质更为均匀，以减少锌的腐蚀，提高电池的储藏性能。正极材料是由二氧化锰(MnO_2)和石墨(C)组成的混合糊状物。正极材料中间插入一根碳棒，作为引出电流的导体。在正极和负极之间有一层增强的糊状隔离物，该隔离物浸透了氯化铵(NH_4Cl)和氯化锌($ZnCl_2$)的电解质溶液。金属锌的上部被密封。其内部结构如图 6-9 所示。

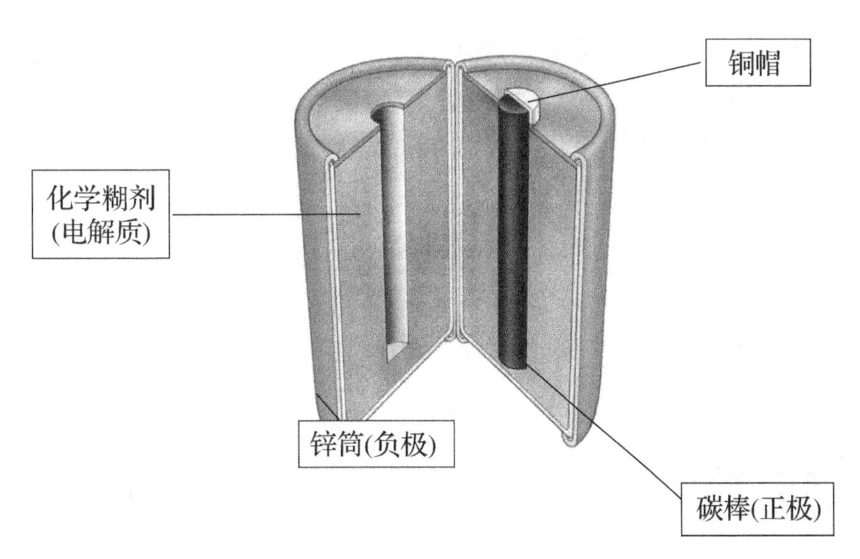

图 6-9　锌-锰干电池内部结构

2. 锌-锰干电池的原理

锌-锰干电池是19世纪60年代法国的勒克兰切(Leclanche)发明的，故又称为勒克兰切电池或碳锌干电池，可表示为

$$(-)\ Zn \| (糊状)ZnCl_2、NH_4Cl \| (糊状)MnO_2、C(石墨)\ (+)$$

尽管这种电池的历史悠久，但对它的电化学过程尚未完全了解，通常认为放电时，电池中的反应如下。

(1) 正极为阴极，锰由四价还原为三价

$$正极：2MnO_2+2H_2O+2e^- \longrightarrow 2MnO(OH)+2OH^-$$

(2) 负极为阳极，锌氧化为二价锌离子

$$负极：Zn+2NH_4Cl \longrightarrow Zn(NH_3)_2Cl_2+2H^++2e^-$$

(3) 电池总反应为

$$2MnO_2+Zn+2NH_4Cl \longrightarrow 2MnO(OH)+Zn(NH_3)_2Cl_2$$

该电池的优点：①开路电压为1.55～1.70V；②原材料丰富，价格低廉；③型号多样，1～5号；④携带方便，适用于间歇式放电场合。该电池的缺点：在使用过程中电压不断下降，不能提供稳定电压，且放电功率低，比能量小，低温性能差，在−20℃不能工作。在高寒地区只能使用碱性锌-锰干电池。

酸性锌-锰干电池的电动势为1.5V，因产生的NH_3被石墨吸附，引起电动势下降较快。如果用高导电的糊状KOH代替NH_4Cl，正极材料改用钢筒，MnO_2层紧靠钢筒，就构成碱性锌-锰干电池，由于电池反应没有气体产生，内电阻较低，电动势为1.5V，比较稳定。

由于干电池属于一次性使用，成本相对较高；并且不论是普通的锌-锰电池还是碱性电池，其内阻都比较大(通常在0.5～10Ω级别)，当负载较大时，电压下降很厉害，无法实现大电流连续工作。因此，干电池并不是机器人系统的理想电源。

实践

通过上网查找资料或者翻阅书籍，结合化学中的知识，了解碱性锌-锰干电池的成分和工作原理。

6.1.3 铅酸蓄电池

观摩

铅酸蓄电池是最常见的电池，电动车上使用的往往都是铅酸蓄电池，如

图 6-10 所示。在国内，铅酸蓄电池在低速电动汽车上的应用也很普遍。

图 6-10 电动车使用的蓄电池

蓄电池是 1859 年由法国人普兰特(Plante)发明的，至今已有一百多年的历史。铅酸蓄电池自发明后，在化学电源中一直占有绝对优势。这是因为其价格低廉、原材料易于获得，使用上有充分的可靠性，适用于大电流放电及广泛的环境温度范围等优点。

1. 铅酸蓄电池的主要成分

铅酸蓄电池(Lead-acid battery)是一种电极主要由铅及其氧化物制成的，电解液是硫酸溶液的蓄电池。放电状态下，正极主要成分为二氧化铅，负极主要成分为铅；充电状态下，正负极的主要成分均为硫酸铅。分为排气式蓄电池和免维护铅酸电池。

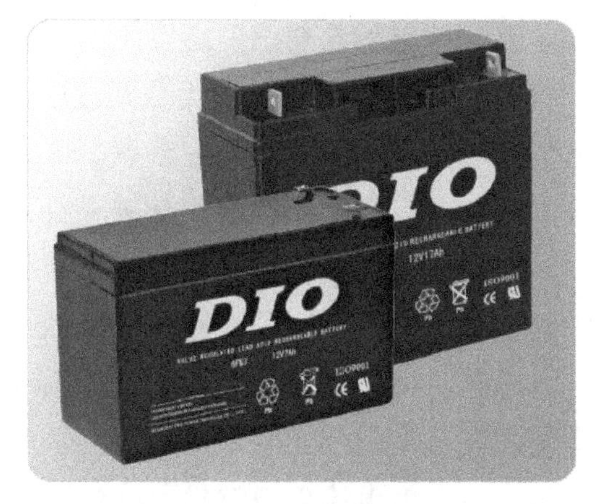

图 6-11 铅酸蓄电池

铅酸蓄电池(图 6-11)主要由管式正极板、负极板、电解液、隔板、电池槽、电池盖、极柱、注液盖等组成。排气式蓄电池的电极是由铅和铅的氧化物构成的，电解液是硫酸的水溶液。主要优点是电压稳定、价格便宜；缺点是比能低(即每千克蓄电池存储的电能)、使用寿命短和日常维护频繁。老式普通蓄电池一般使用寿命在两年左右，而且需定期检查电解液的高度并添加蒸馏水。但是随着科技的发展，铅酸蓄电池的使用寿命变得更长而且维护也更简单了，如图 6-11 所示。

构成铅酸蓄电池的主要成分如下。

① 阳极板（过氧化铅，PbO_2）→活性物质。

② 阴极板（海绵状铅，Pb）→活性物质。

③ 电解液（稀硫酸）→硫酸（H_2SO_4）+水（H_2O）。

④ 隔离板、电池外壳等附件。

2. 铅酸蓄电池的工作原理

铅酸蓄电池的工作原理是：电池内的阳极（PbO_2）及阴极（Pb）浸到电解液（稀硫酸）中，两极间会产生 2V 的电压，这时经由充放电，则阴阳极及电解液即会发生如下的变化：

充电：$2PbSO_4+2H_2O = PbO_2+Pb+2H_2SO_4$（电解池）

放电：$PbO_2+Pb+2H_2SO_4 = 2PbSO_4+2H_2O$（原电池）

阳极：$PbSO_4+2H_2O-2e^- = PbO_2+4H^+ +SO_4^{2-}$

阴极：$PbSO_4+2e^- = Pb+SO_4^{2-}$

蓄电池连接外部电路放电时，稀硫酸即会与阴、阳极板上的活性物质产生反应，生成新化合物：硫酸铅。经由放电，硫酸成分从电解液中释出，放电越久，硫酸浓度越稀薄。所消耗之成分与放电量成比例，只要测得电解液中的硫酸浓度，即测其比重，即可得知放电量或残余电量。

充电时，阴极板上所产生的硫酸铅会被分解还原成硫酸、铅及过氧化铅，因此电池内电解液的浓度逐渐增加，并逐渐恢复到放电前的浓度，这种变化显示出蓄电池中的活性物质已还原到可以再度供电的状态，当两极的硫酸铅被还原成原来的活性物质时，即充电结束。传统的铅酸电池在充满电后如继续充电，则电解液中的水被电解，因此需要补充纯水。

铅酸蓄电池最大的特点是价格较低，支持 20C 以上的大电流放电（20C 意味着 10A・h 的电池可以达到 10×20=200A 的放电电流），对过充电的耐受强，技术成熟，可靠性相对较高，没有记忆效应，充放电控制容易。但寿命短（充放电循环通常不超过 500 次），质量大，维护难，是一种优点和缺点都很突出的电池。其优点是大电流放电特性、没有记忆效应，可靠性高；其缺点是质量大，维护难。

实践

通过观察生活中铅酸蓄电池，如电动车的蓄电池，并查阅相关资料，完成下列表格。

铅酸蓄电池组件	材料	作用
正极板		
负极板		
隔板		
电解液		
注液盖		

6.1.4　镍镉/镍氢电池

1. 镍镉电池

镍镉电池(Ni-Cd，Nickel-Cadmium Batteries，Ni-Cd Rechargeable Battery)是最早应用于手机、超科等设备的电池，它具有良好的大电流放电特性、耐过充放电能力强、维护简单等优点，如图 6-12 所示。

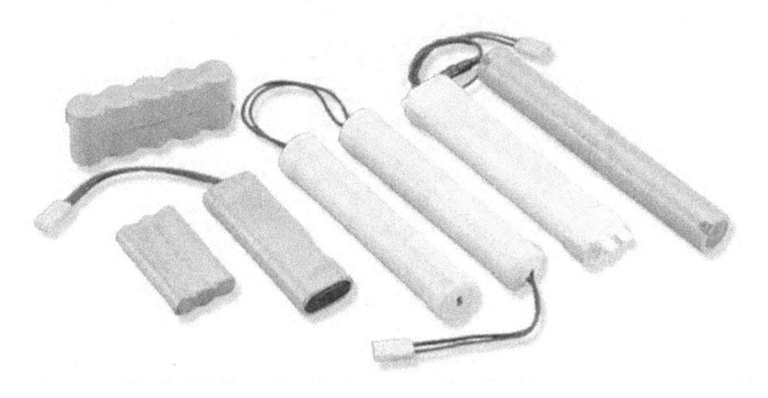

图 6-12　镍镉电池

但其缺点是，在充放电过程中如果处理不当，会出现严重的“记忆效应”，使得电池容量和使用寿命大大缩短。所谓“记忆效应”，就是电池在充电前，电池的电量没有被完全放尽，久而久之将会引起电池容量的降低，在电池充放电的过程中(放电较为明显)，会在电池极板上产生微小气泡，这些气泡逐渐减少了电池极板的面积也间接影响了电池的容量。此外，镉是有毒金属，因而镍镉电池不利于环境的保护，废弃后必须严格回收。所以镍镉电池应用得越来越少。但在如电动航空模型、电动玩具车等需要大电流放电的场合，镍镉电池因其大电流放电特性和高可靠性、维护简单等优点，仍在被使用。

镍镉电池的负极为金属镉，正极为三价镍的氢氧化物 NiOOH，电解质为 KOH 溶液。电池在放电过程中，负极镉被氧化，生成 $Cd(OH)_2$；充电时 $Cd(OH)_2$ 被还原为 Cd。

一般使用以下反应放电：

$$Cd+2NiOOH+2H_2O = 2Ni(OH)_2+Cd(OH)_2$$

充电时反应相反。

2. 镍氢电池

镍氢电池(图 6-13)是早期的镍镉电池的替代产品，不再使用有毒的镉，可以解决重金属元素对环境带来的污染问题。它是使用氧化镍作为阳极，以及吸收了氢的金属合金作为阴极，此合金可吸收高达本身体积 100 倍的氢，储存能力极强。另外，它具有镍镉电池的 1.2V 电压，及自身放电特性，可在一小时内再充电，内阻较低，一般可进行 500 次以上的充放电循环。

图 6-13　镍氢电池

镍氢电池具有较大的能量密度比，这意味着可以在不为设备增加额外重量的情况下，使用镍氢电池代替镍镉电池能有效地延长设备的工作时间。同时镍氢电池在电学特性方面与镍镉电池基本相似，在实际应用时完全可以替代镍镉电池，而不需要对设备进行任何改造。镍氢电池的另一个优点是：大大减小了镍镉电池中存在的“记忆效应”，这使镍氢电池可以更方便地使用。

镍氢电池采用与镍镉电池相同的镍氧化物作为正极，储氢金属作为负极，碱液(主要为 KOH)作为电解液。

(1)镍氢电池充电时，反应如下：

正极：$Ni(OH)_2 + OH^- \longrightarrow NiOOH + H_2O + e^-$

负极：$M + H_2O + e^- \longrightarrow MH + OH^-$

(2)镍氢电池放电时，反应如下：

正极：$NiOOH + H_2O + e^- \longrightarrow Ni(OH)_2 + OH^-$

负极：$MH + OH^- \longrightarrow M + H_2O + e^-$

镍氢电池作为当今迅速发展起来的一种高能绿色充电电池，凭借能量密度高、可快速充放电、使用寿命长以及无污染等优点在笔记本电脑、便携式摄像机、数码相机及电动自行车等领域得到了广泛应用。为了促进镍氢电池性能的提升，负极储氢材料的研究从未间断。

市场面上的镍氢电池有多种型号，外观有圆柱形和方形两种，其原理和结构类似，圆柱形的镍氢电池较为普遍，有 AAA（七号）、AA（五号）、2/3AA、4/3AA、B、C、D 型不同尺寸和不同容量的电池。这些电池的标称电压都是 1.2V。

6.2　机器人的驱动器

6.2.1　直流电机

直流电机是一种将电能转换为机械能的装置。直流电机有多种不同尺寸和配置。图 6-14 所示为教育系列的直流电机，它非常适合用来控制小型移动机器人的前进、后退、转弯等动作。

图 6-14　直流电机

直流电机工作时需要给电机转子上的线圈通电。电流在线圈中流动便产生一个磁场，该磁场与线圈外固定的永久磁铁产生的磁场相斥。这两个磁场相互作用产生的力可推动电机转子转动。

1. 电机的性能参数

用于描述电机电源要求和电机性能的参数有很多，例如，工作电压、工作电流、堵转转矩等。

(1) 工作电压（额定电压）：该电压是驱动电机推荐使用的电压。当实际电压低于额定电压时，大多数电机仍可以正常工作，但输出功率要减小。另外，大多数厂家给出的电机额定电压都比较保守，所以当实际电压高于额定电压时，电机一般也可以正常工作，但通过这种方法获得输出功率增加是以牺牲电机寿命为代价的。

(2) 工作电流：电压恒定时，电机上的电流与它的输出功率成正比。当空载运行时，电机的电流最小；当负载增大到使电机堵转的程度时，电机上的电流最大，该电流称为电机的堵转电流，它也是电机在额定电压下的最大工作电流。

通过电机的电流越大，电机产生的转动力（或转矩）就越大，这是电机转子线圈与周围永久磁铁之间电磁场相互作用的直接结果。线圈中产生的磁场强度与通过它的电流大小成正比，而电机输出轴上的转矩与两个磁场的强度直接相关。

(3)堵转转矩：这个转矩是指电机在额定电压下，被迫堵转时所产生的转矩，此时电机上的电流即为堵转电流。对小电机而言，转矩通常以 oz-in(1oz=28.35g，1in=2.54cm)[①]为单位衡量(即距离电机转轴中心为 1in 的力臂上所产生的直线力)。

2. 电机的功率

电机所提供的功率大小等于输出轴的转速与力矩的乘积。当电机自由转动时(空载状态)，输出转速最大，但转矩为零，此时电机不驱动任何机构，输出功率为零(实际上电机也会消耗一部分功率克服内部摩擦，但这种功率不产生任何输出作用)；当电机堵转时，输出最大的转矩，但转速为零，因此输出功率也等于零。在两种极限情况之间，输出功率与转速间呈抛物线的关系，如图 6-15 所示。在正常工作范围的中部，电机产生的功率最大。

图 6-15 中实线表示电机转速与转矩的关系。在该直线的右侧，转速达到最大(100%)，而转矩为零，代表电机空转，没有做任何有用功。在直线的左侧，转速为零，但转矩达到最大值，代表电机因负载太大而堵转。图中虚线表示电机的输出功率，它等于电机转速与转矩的乘积。输出功率的最大值位于电机正常工作范围的中点，此时转速和转矩都不为零。

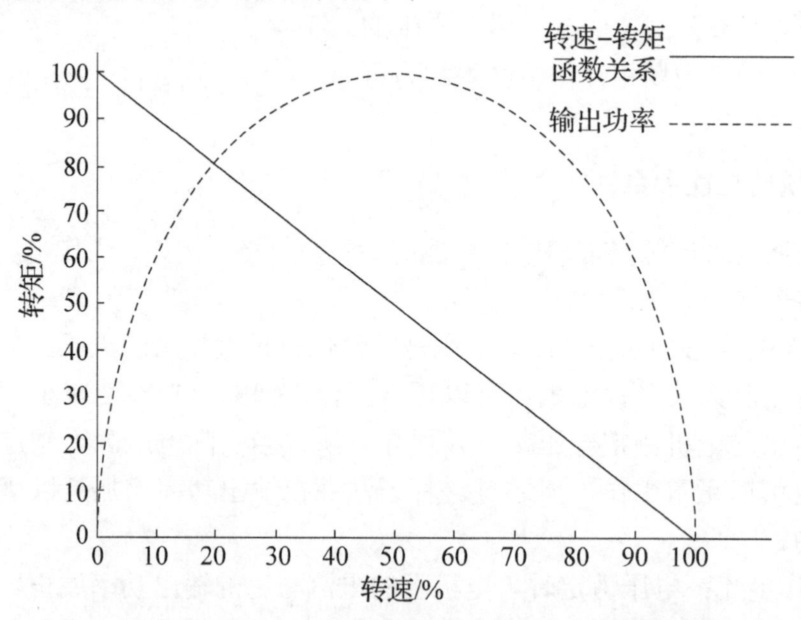

图 6-15 电机转速、转矩及输出功率之间的理想曲线

① Oz：盎司；in：英寸。

动手实验：设计与制作机器小车。通过制作机器小车，学习如何利用直流电机控制机器人的前进、后退和转弯。

6.2.2　伺服电机

伺服电机(图 6-16)是一种能根据指令到达特定位置的专用电机。伺服电机由一个直流电机、一个齿轮减速单元、一个轴位置传感器和一套控制电机运转的电路组成。“伺服”一词本身是指系统自身调节其行为能力，也就是说，系统在响应控制信号时，能够检测自身位置并补偿外加的负载。

图 6-16　伺服电机

1. 伺服电机工作原理

伺服电机主要用在定位控制方面，因此其输出轴的行程往往限制在 180°左右。伺服电机的输入信号是控制输出轴到达期望角位移的一串波形。伺服电路的功能是测量当前位置并确定它与期望位置的差异。如果有差异存在，伺服电路就会驱动伺服电机使输出轴达到期望位置。图 6-17 所示为伺服电机的工作原理。

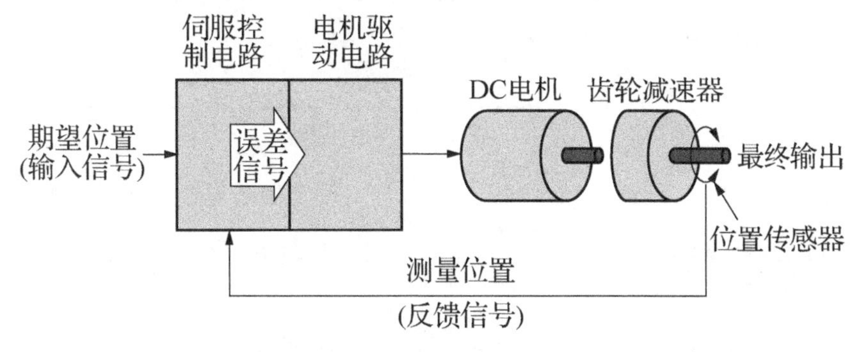

图 6-17　伺服电机工作原理

伺服电机接收一个代表输出轴期望位置的输入信号。伺服控制电路将输入信号与代表输出轴实际位置的反馈信号进行比较，并得到一个“误差”信号去控制电机驱动电路驱动电机。伺服电机上都有一个内置的齿轮减速器，它的输出才是电机的最终输出。位置传感器返回代表实际位置的反馈信号。

2. 伺服控制信号

一般的伺服电机采用标准的三线接口，包括电源线、地线和控制线。控制线采用脉冲宽度调制(Pulse Width Modulation，PWM)机制对位置信号进行编码。伺服PWM机制不同于DC齿轮减速电机的速度控制PWM。在速度控制PWM方法中，占空比(即“ON时间”所占的百分比)决定了电机的速度。而在伺服PWM机制中，脉冲的宽度只代表一个特定的控制值。

图6-18所示为三种控制伺服电机的PWM波形。波形宽度范围为920～2120μs。每种脉冲的时间宽度对应于伺服电机将要达到的特定角位移。例如，中间波形的脉冲宽度为1520μs，它代表伺服电机行程范围的中间位置。

正脉冲的宽度决定了伺服电机的期望位置。对于人们使用的伺服电机有效的脉冲宽度范围为920～2120μs，行程中间位置对应的脉冲宽度为1520μs，如图6-18所示。

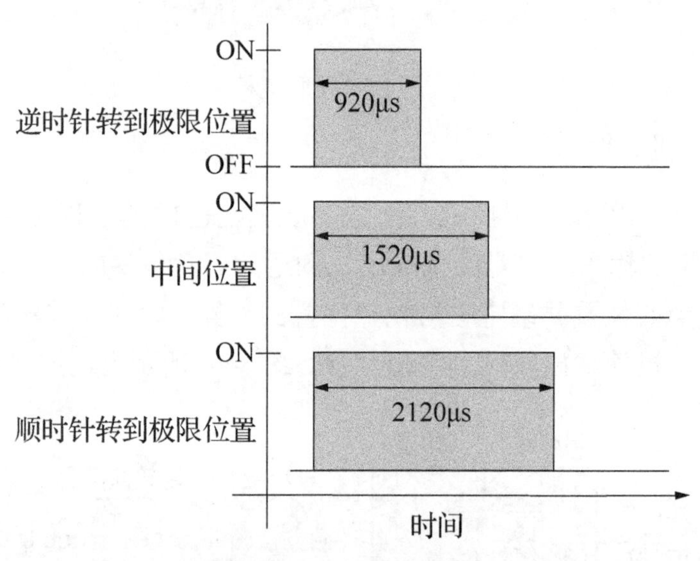

图6-18　伺服电机脉冲宽度定位波形

实践

动手实验：设计与制作飞虫。通过飞虫翅膀的振动，掌握齿轮传动的应用；并通过尾巴的摆动来学习伺服电机的应用。

6.3 实　验

6.3.1 伺服电机控制实验

本实验使用的是连续旋转伺服电机，该电机的速度控制精度高，但角度位置精度差。图6-19为该伺服电机的外部配件，这些配件将在本章或后续章节中使用到。

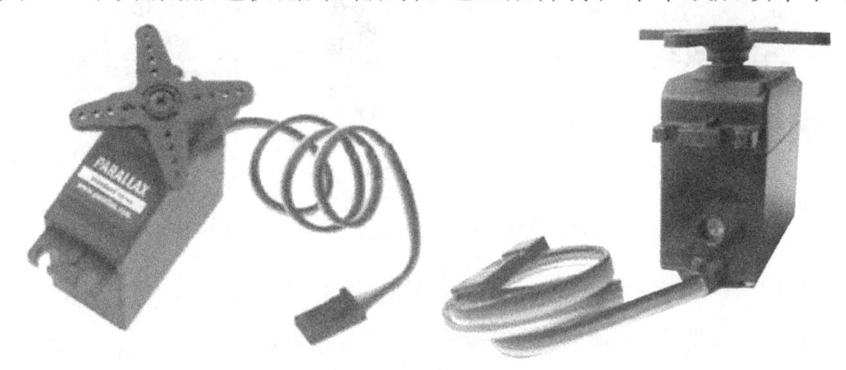

图6-19　连续旋转伺服电机

1. 伺服电机调零

实验器材：

连续旋转伺服电机2台，Arduino控制板1块，6V电源1个。

2. 伺服电机控制脉冲说明

连续旋转电机与一般电机有所不同，连续旋转电机的外接线有3根，白色线为信号线，红色线为电源线，黑色线为电源地线。一般电机只有2根线，即电源线和电源地线。控制板通过信号线，发送PWM信号控制连续旋转电机转动速度。这里的PWM即脉冲宽度调制，简称脉宽调制。以PWM信号为控制方式在电力电子技术领域有广泛应用，PWM控制技术具有控制简单、灵活和动态响应好等优点。

如图6-20所示为高电平持续时间（即脉宽）1.5ms，低电平持续时间20ms的PWM重复脉冲序列，用该脉冲序列控制经过零点标定后的伺服电机，伺服电机不会旋转。如果此时电机旋转，则表明电机需要标定，及伺服电机调零。

如图6-21所示为高电平持续1.3ms、低电平持续20ms的PWM重复脉冲序列，该脉冲系列是伺服电机全速顺时针旋转的控制脉冲系列。而高电平持续时间（即脉宽）在1.3～1.5ms时，伺服电机顺时针旋转速度依次降低。

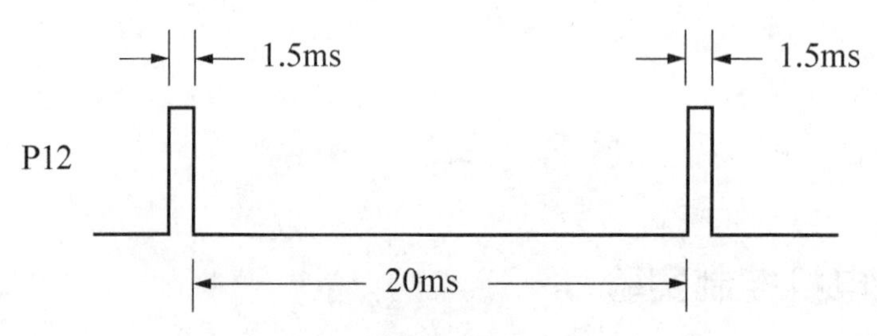

图 6-20　电机调零控制脉冲信号时序图

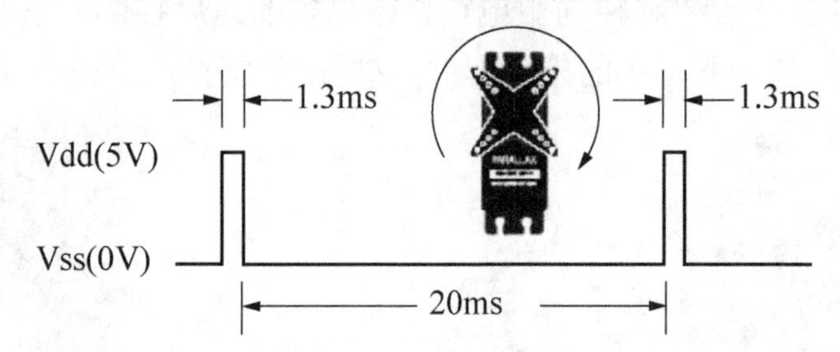

图 6-21　电机全速顺时针旋转时的控制脉冲信号时序图

如图 6-22 所示为高电平持续 1.7ms、低电平持续 20ms 的 PWM 重复脉冲序列，该脉冲系列是伺服电机全速逆时针旋转的控制脉冲系列。而高电平持续时间(即脉宽)在 1.7～1.5ms 时，伺服电机逆时针旋转速度依次降低。

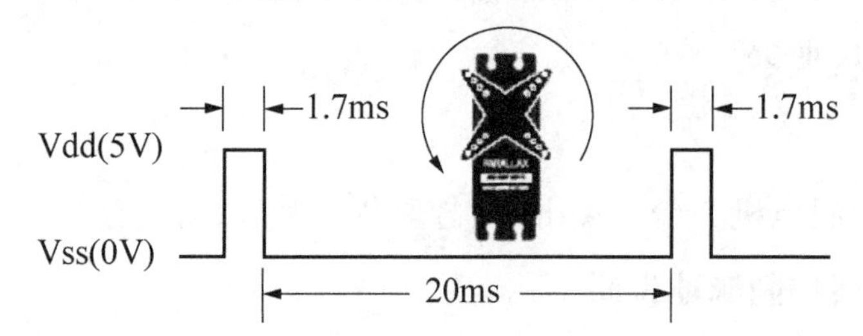

图 6-22　电机全速逆时针旋转时的控制脉冲信号时序图

伺服电机只有 3 根线，只需连接好伺服电机的 3 根线(黑线、红线、白线)即可。伺服电机与 Arduino 控制板的连接方式为：黑线与 Arduino 控制板的电源地引脚(及 GND)相连，红线与 Arduino 控制板的电源引脚(即 Vcc)相连，左电机的白色信号线与 Arduino 控制板的 4 号引脚相连，右电机的白色信号线与 Arduino 控制板的 3 号引脚相连。按照以上的描述连接好伺服电机电路图。

左右伺服电机调零程序：

```
void setup()
{
    //设定 3、4 号引脚为输出引脚
    pinMode(3,OUTPUT)
    pinMode(4,OUTPUT)
}
```

```
void loop()
{   //------------右电机调零控制脉冲------------
    digitalWrite(3,HIGH);              //设置 3 号引脚为高电平
    delayMicroseconds(1500);           //高电平持续 1500μs
    digitalWrite(3,LOW);               //设置 3 号引脚为低电平
    //------------左电机调零控制脉冲------------
    digitalWrite(4,HIGH);              //设置 4 号引脚为高电平
    delayMicroseconds(1500);           //高电平持续 1500μs
    digitalWrite(4,LOW);               //设置 4 号引脚为低电平
    delay(20);                         //低电平持续 20ms
}
```

左右伺服电机调零程序用到一个新函数，即 delayMicroseconds(x1) 函数。delayMicroseconds(x1) 函数与 delay(x2) 函数一样都是延时函数，不同的是 delay(x2) 函数是毫秒延迟函数，单位为 ms；而 delayMicroseconds(x1) 函数是微秒延迟函数，单位为μs(1000μs=1ms)。delayMicroseconds(x1) 函数无返回值，输入变量 x1 为无符号整型(unsigned int)。在程序中，delayMicroseconds(x1) 函数的作用是使脉冲信号的高电平持续 1500μs。

以下用流程图(图 6-23)的形式详细说明左右伺服电机调零程序的工作流程。

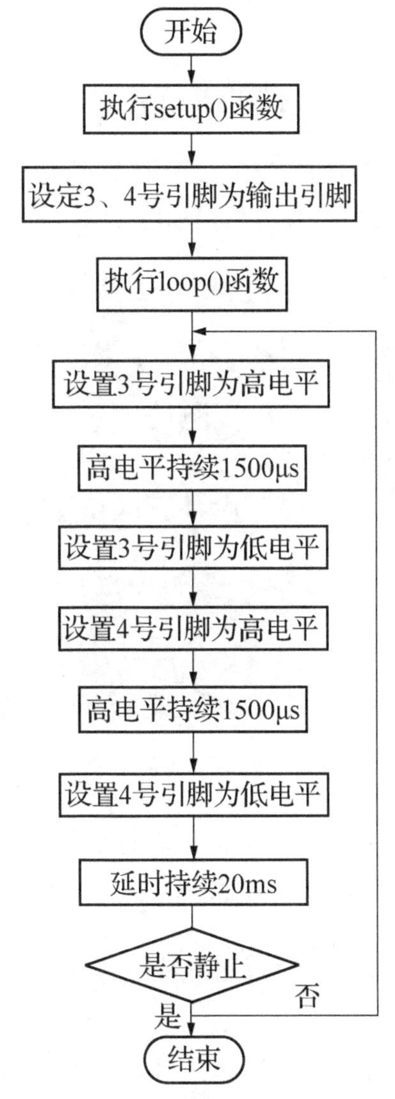

图 6-23　左右伺服电机调零程序流程

首先将左右伺服电机调零程序写入 Arduino 编程环境的编辑区，并执行 Save(保存)命令。再单击 Verify(校验)对程序进行编译和检查，如果程序写入无疏漏则编译通过。最后接通 Arduino 控制板的电源，用 USB 下载线连接 Arduino 控制板与计算机，单击 Upload(上传)将编译完成的控制程序下载入 Arduino 控制板。下载完成后查看左右伺服电机是否保持静止，如果左右伺服电机有未静止的电机则需要对其调零。由于伺服电机在出厂时没有调零，所以电机接收到调零控制信号时可能会转动或发出声响，这时需要用

螺丝刀调节伺服电机模块内的调节电阻，从而让伺服电机保持静止。这就可以达到伺服电机调零的目的，如图 6-24 所示为伺服电机调零操作。

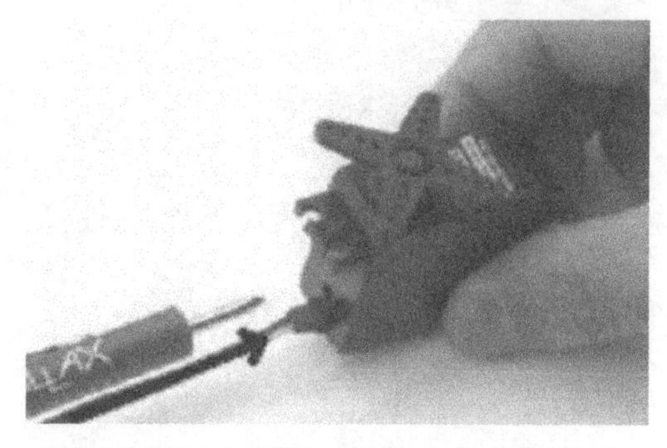

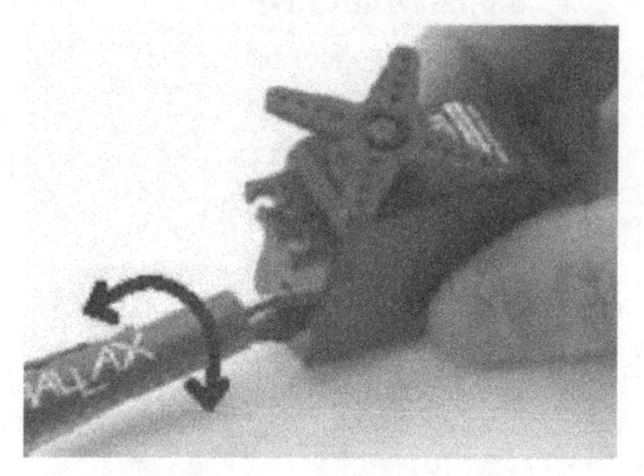

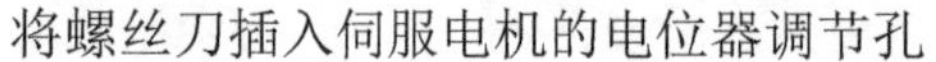

将螺丝刀插入伺服电机的电位器调节孔　　　　轻轻地旋转螺丝刀调节电位器

图 6-24　伺服电机调零操作

3. 伺服电机旋转

前面介绍了电机调零，电机调零后才能测试伺服电机。在本任务中，将运行电机旋转程序，使电机以不同的速度和方向旋转。通过测试，可以确保电机工作正常，同时了解电机在不同的脉冲信号下的电机转动速度。前面电机调零脉冲信号是高电平持续 1500μs，低电平信号持续 20ms。这一节将学习通过程序控制小车测得小车在不同脉冲信号下的转动速度。左右电机的电路连接方式与前面的电路连接方式相同，即左电机的白色信号线与 Arduino 控制板的 3 号引脚相连，右电机的白色信号线与 Arduino 控制板的 4 号引脚相连，黑色和红色线分别与电源地和电源相连。按照前面描述的电路连接方式完成电路连接，如图 6-25 所示为左右电机电路连接实物。

图 6-25　左右电机电路连接实物

将伺服电机顺时针旋转代码写入 Arduino 编程环境的编辑区，如下为伺服电机顺时针旋转代码。

```
void setup()
{
  //设定 3、4 号引脚为输出引脚
  pinMode(3,OUTPUT)
  pinMode(4,OUTPUT)
```

```
}
void loop()
{
    //-------------右电机顺时针旋转控制脉冲------------
    digitalWrite(3,HIGH);              //设置 3 号引脚为高电平。
    delayMicroseconds(1700);           //高电平持续 1700μs
    digitalWrite(3,LOW);               //设置 3 号引脚为低电平
    //-------------左电机顺时针旋转控制脉冲------------
    digitalWrite(4,HIGH);              //设置 4 号引脚为高电平
    delayMicroseconds(1700);           //高电平持续 1700μs
    digitalWrite(4,LOW);               //设置 4 号引脚为低电平
    delay(20);                         //低电平持续 20ms
}
```

完成程序编写任务，保存程序，单击“校验”按钮对程序进行编译和检查，如果程序写入无疏漏则编译通过。最后接通 Arduino 控制板的电源，用 USB 下载线连接 Arduino 控制板与计算机，单击“上传”按钮下载编译成功的伺服电机顺时针旋转程序。当脉冲的高电平持续 1700μs 时，该脉冲是全速顺时针旋转脉冲。可通过改变高电平持续时间(即脉宽)来改变电机顺时针转速，例如，将左电机程序的高电平持续时间改为 1600μs，右电机程序不改变，下载修改过的程序，观察左右两个电机的转速有何变化。可用 1500～1700 的数字去修改高电平持续时间，观察电机顺时针转速有何变化。图 6-26 是通过测试描绘的伺服电机控制脉宽与转速曲线图。可自己动手测试不同的脉宽下的电机转速，并通过关系曲线的形式描述脉宽与转速的关系。

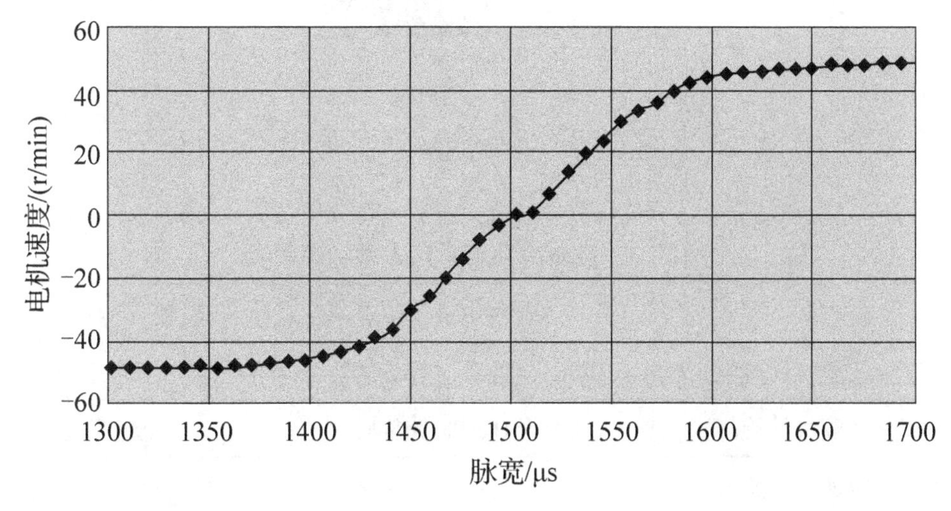

图 6-26　伺服电机控制脉宽与转速关系曲线

如何实现伺服电机逆时针旋转？参照图 6-26 伺服电机控制脉宽与转速关系

曲线图，当脉宽为1300～1500μs时，电机逆时针旋转，当脉宽为1300μs时，电机全速逆时针旋转。

试一试

改变电机顺时针旋转程序的高电平持续时间值，使电机逆时针旋转。

6.3.2 机器人运动控制实验

前面已经学习了伺服电机调零和伺服电机旋转，本节将学习如何通过控制伺服电机旋转来控制机器人运动。本节的电路连接与前面相同，即左电机的白色信号线与Arduino控制板的3号引脚相连，右电机的白色信号线与Arduino控制板的4号引脚相连。图6-27定义了机器人前进、后退、左转、右转的运动方式。下面列出电机旋转与机器人运动之间的关系，如表6-1所示。

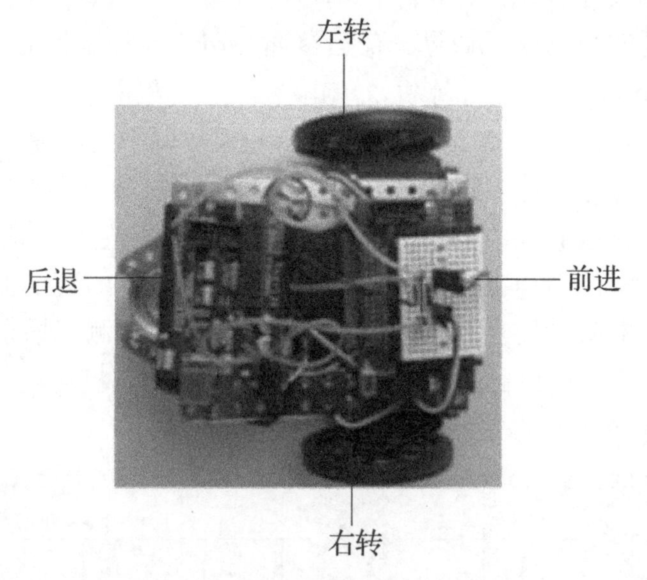

图6-27 机器人运动方向说明图

表6-1 电机旋转与机器人运动控制表

左电机	右电机	机器人运动方式
1300(全速逆时针旋转)	1700(全速顺时针旋转)	全速前进
1700(全速顺时针旋转)	1300(全速逆时针旋转)	全速后退
1300(全速逆时针旋转)	1300(全速逆时针旋转)	两轮驱动下全速右转
1700(全速顺时针旋转)	1700(全速顺时针旋转)	两轮驱动下全速左转

续表

左电机	右电机	机器人运动方式
1300（全速逆时针旋转）	1500（电机停止转动）	左轮驱动下右转
1500（电机停止转动）	1700（全速顺时针旋转）	右轮驱动下左转
1500（电机停止转动）	1500（电机停止转动）	停止

1．全速前进

参照表 6-1，机器人全速前进是左轮全速逆时针旋转、右轮全速顺时针旋转。回忆前面学习的知识，控制电机顺时针、逆时针旋转只需改变脉冲信号的高电平持续时间。以下为机器人全速前进 65 步程序。

```
void setup()
{
    //设定 3、4 号引脚为输出引脚
    pinMode(3,OUTPUT)
    pinMode(4,OUTPUT)
}
int i;
void loop()
{
for(i=1;i<=65;i++)
  {
      digitalWrite(3,HIGH);              //设置 3 号引脚为高电平
      delayMicroseconds(1700);           //高电平持续 1700μs
      digitalWrite(3,LOW);               //设置 3 号引脚为低电平

      digitalWrite(4,HIGH);              //设置 4 号引脚为高电平
      delayMicroseconds(1300);           //高电平持续 1300μs
      digitalWrite(4,LOW);               //设置 4 号引脚为低电平
      delay(20);                         //低电平持续 20ms
  }
  while(1);
}
```

2．两轮驱动下的全速右转

参照表 6-1，机器人两轮驱动下的全速右转是左轮全速逆时针旋转、右轮全速逆时针旋转。以下为机器人两轮驱动下全速右转 90° 程序。

```
void setup()
{
    //设定 3、4 号引脚为输出引脚
    pinMode(3,OUTPUT)
    pinMode(4,OUTPUT)
}
int i;
void loop()
{
    for(i=1;i<=36;i++)
    {
        digitalWrite(3,HIGH);                //设置 3 号引脚为高电平
        delayMicroseconds(1300);             //高电平持续 1300μs
        digitalWrite(3,LOW);                 //设置 3 号引脚为低电平

        digitalWrite(4,HIGH);                //设置 4 号引脚为高电平
        delayMicroseconds(1300);             //高电平持续 1300μs
        digitalWrite(4,LOW);                 //设置 4 号引脚为低电平
        delay(20);                           //低电平持续 20ms
    }
    while(1);
}
```

试一试

参考机器人全速前进 65 步和机器人两轮驱动下全速右转 90° 程序，及参照表 6-1 的高电平持续时间设置，自己动手编写全速后退、两轮驱动下全速左转、左轮驱动下右转和右轮驱动下左转程序。

3. 程序说明

(1)本节的两个程序都使用了 for 语句。for 语句是循环语句，既可以用于循环次数确定的情况，又可以用于循环次数不确定而只有给出循环条件的情况。for 语句的一般形式为：

```
for(表达式 1；表达式 2；表达式 3)语句
```

for 语句的流程图如图 6-28 所示。

for 语句功能描述：先求解表达式 1，一般情况下，表达式 1 为循环结构的初始化语句，给循环计数器赋初值。然后求解表达式 2，若其值为假，则终止循环；若其值为真，则执行 for 语句中的内嵌语句。内嵌语句执行完后，求解表达式 3。

最后继续求解表达式 2，根据求解值进行判断，直到表达式 2 的值为假。

for 语句最简单也是最典型的形式为：

```
for(循环变量赋初值；循环条件；循环变量增量)语句
```

循环变量赋初值总是一个赋值语句，用来给循环控制变量赋初值。循环条件是一个关系表达式，决定什么时候退出循环。循环变量增量用来定义循环控制变量每次循环后按什么方式变化。这三部分之间用分号分开。

使用 for 语句时要注意以下几点：

① for 循环中的表达式 1、表达式 2 和表达式 3 都是选择项，但是分号不能省略。

② 若 3 个表达式都省略，则 for 循环变成 for(;;)，相当于 while(1)死循环。

③ 表达式 2 一般是关系表达式或逻辑表达式，也可以是数值表达式或字符表达式，只要其值非零，就执行循环体。

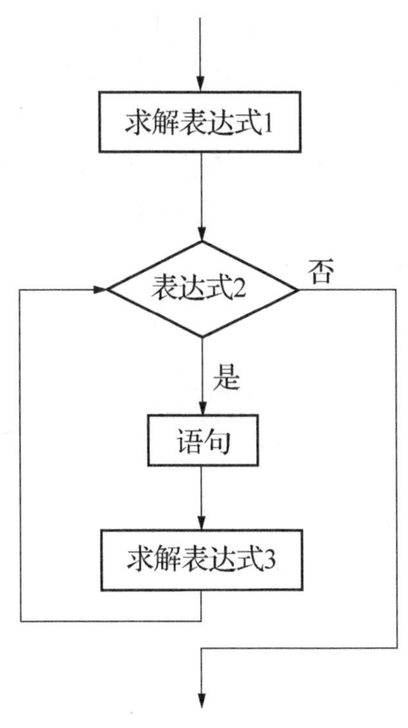

图 6-28　for 语句的流程图

在机器人全速前进 65 步程序中有一条 for 语句，即 for(i=1;i<=65;i++)。该语句表示循环执行 for 循环语句 65 次。

(2) 本节的两个程序都使用了 while 语句，while 语句是循环语句。while 语句的一般形式为：

```
while(表达式)语句;
```

功能描述：计算表达式的值，当表达式的值为真或非零时，执行循环体语句；当表达式的值为假或零时，跳出循环体，结束循环条件，语句是循环体。

while 语句的流程图如图 6-29 所示。

使用 while 语句要注意以下几点。

① while 的条件表达式为真时，其中的循环体将被重复执行。

② 在循环体中应有使循环趋于结束的语句。如果没有，则会进入死循环。在编写嵌入式应用程序时，经常会用到死循环。

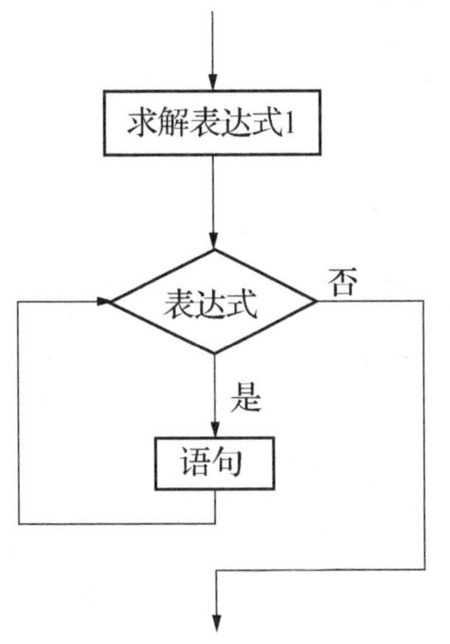

图 6-29　while 语句的流程图

③ 循环体若包含一条以上的语句，应使用大括号括起来。

以上两个程序都出现 while(1)语句，该语句表示死循环。在程序中 while(1)语句的作用是使程序在此停止，因为 loop()函数内的语句会不断循环执行，必须要在程序的末尾加 while(1)死循环语句才可以使程序在此停止。

下面用图详细解释机器人全速前进 65 步程序的流程。

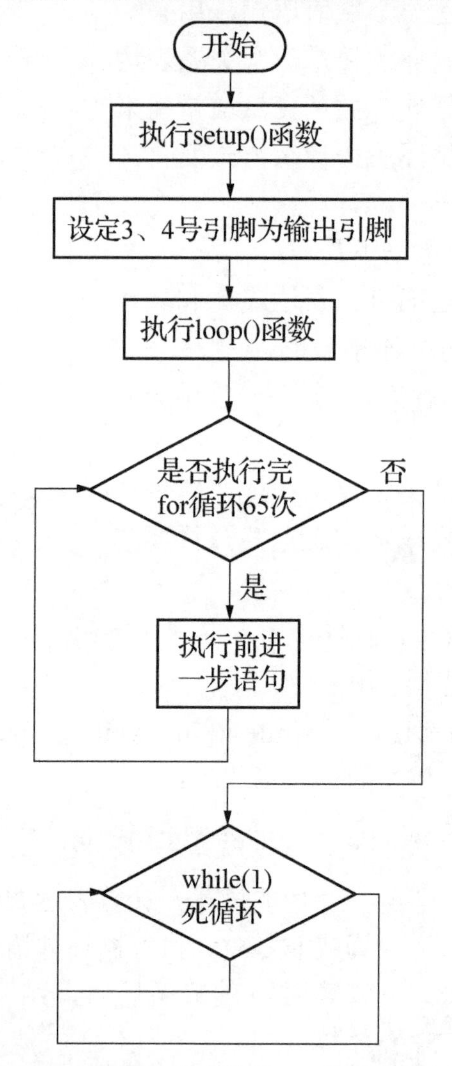

图 6-30　机器人全速前进 65 步程序流程图

第7章 智能机器人综述

7.1 认识智能机器人

随着科学技术的不断发展，人类运用机械学、计算机、生物学、电力学等技术研究出了机器人。现在的大部分机器人，虽然具备一定程度的人工智能，却仍然不能摆脱固定行为模式，以及无法通过自主学习达到与时俱进的目的。未来研究的机器人将以更高程度的人工智能为核心，是具有感知、思维和行动的智能机器人，它可以获取、处理和识别多种信息，自主完成较复杂的操作任务。

7.1.1 从工业机器人到智能机器人

在距今 3000 多年前，古人就提出了机器人的设想，随着科技的发展，近几十年中机器人的开发技术才逐渐发展。简单地说，机器人是一种能模拟人的行为的机械电子装置，它们基本上分为两种：工业机器人和智能机器人。

工业机器人就是能够完成人的上肢(手和臂)类似动作的机器；智能机器人是既具有识别和感觉的能力，又能控制自身动作的机器。

机器人的发展已历经三代。

第一代是由程序控制的机器人，这种机器人都是按程序进行工作。一种是由设计师设计好工作流程并存储在机器人的内部存储器中，工作时机器人按预定程序进行。另一种称为“示教-再现”方式，这种方式是在机器人第一次工作之前，先由技术人员引导机器人工作，机器人将整个工作过程全部地记录下来，对每一步操作都用指令来表示并存储，然后机器人按指令依次完成工作。如果任务或环境有了改变，就要重新进行程序设计。这种机器人能尽心尽责地在机床、熔炉、焊机、生产线上工作。目前商品化、实用化的机器人大属于这一类。这种机器人最大的缺点是，它只能刻板地按程序完成工作，环境稍有变化(如加工物品略有倾斜)就会出问题，甚至发生危险，这是由于它没有感觉功能，在日本曾发生过机器人把现场的一个工人抓起来塞到刀具下面的情况。如图 7-1 所示为第一代机器人。

第二代(自适应)机器人：这种机器人配备有相应的感觉传感器(如视觉、听觉、触觉传感器等)，能取得作业环境、操作对象等简单的信息，并由机器人体内的计算机进行分析、处理，控制机器人的动作。虽然第二代机器人具有一些初级的智能，但还需要技术人员协调工作。如图 7-2 所示为自适应地面应急救援辅助机器人。

图 7-1 程序控制机器人

图 7-2 自适应地面应急救援辅助机器人

第三代(智能)机器人：智能机器人具有类似于人的智能，它装备了高灵敏度的传感器，具有超过一般人的视觉、听觉、嗅觉、触觉的能力，能对感知的信息进行分析，控制自己的行为，处理环境发生的变化，完成交给的各种复杂、困难的任务。而且具有自我学习、归纳、总结、提高已掌握知识的能力。目前研制的智能机器人大都只具有部分的智能，和真正的意义上的智能机器人，还差得很远。

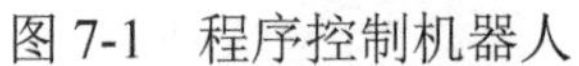

如图 7-3 所示为一种智能人形机器人。

图 7-3　智能人形机器人

大多数专家认为智能机器人至少要具备以下三个要素。

(1) 感觉要素，用来识别周围环境状态。感觉要素包括能感知视觉、接近、距离等的非接触型传感器和能感知力、压觉、触觉等的接触型传感器。这些要素实质上就是相当于人的眼、鼻、耳等五官，它们的功能可以利用如摄像机、图像传感器、超声波传感器、激光器、导电橡胶、压电元件、气动元件、行程开关等机电元器件来实现。

(2) 运动要素，对外界做出反应性动作。对运动要素来说，智能机器人需要有一个无轨道型的移动机构，以适应如平地、台阶、墙壁、楼梯、坡道等不同的环境。它们的功能可以借助轮子、履带、支脚、吸盘、气垫等移动机构来完成。在运动过程中要对移动机构进行实时控制，这种控制不仅要有位置控制，而且还要有力度控制、位置与力度混合控制、伸缩率控制等。

(3) 思考要素，根据感觉要素所得到的信息，思考出采用什么样的动作。智能机器人的思考要素是三个要素中的关键，也是人们要赋予机器人必备的要素。思考要素包括判断、逻辑分析、理解等方面的智力活动。这些智力活动实质上是一个信息处理过程，计算机是完成这个处理过程的主要手段。

拓展

智能机器人技术背景

机器人是非常典型的机电一体化系统，特别是智能机器人。智能化是机电一体化的技术和产品发展的最主要方向，智能技术的综合应用也使得机电一体化产品不仅是人的手与肢体的延伸，还是人的感官与智力的延伸。智能技术与传动系统结合已经产生了一系列的硕果，如智能机器人。而智能技术又是一个很宽泛的技术集成体，包括很多技术和研究方向，如智能信息获取技术，海量信息处理技术与方法，智能检索，机器学习，专家系统技术，人工神经网络，声音、图像、图形、文字及语言处理、虚拟现实技术与系统、多媒体技术，机器翻译，情感计算，语言识别与合成技术，手写体、印刷体汉字识别技术，传感信息处理与可视化，智能控制理论与技术，智能机器人技术，生物特征识别技术(人脸识别、虹膜识别、指纹识别、步态识别)等。

在众多的智能技术及其分支中，在机电一体化系统与产品中能够发挥重要作用和可以带动整个行业发展的主要技术有智能传感技术、智能信息处理技术、模式识别技术、智能机器人技术、智能人机交互技术、智能控制技术、智能设计与智能机械机构。

7.1.2　智能机器人的系统构成

智能机器人之所以称为智能机器人，这是因为它有相当发达的“大脑”。正如一个智能机器人制造者所说的，机器人是一种系统的功能描述，这种系统过去只能从生命细胞生长的结果中得到，现在它们已经成了人类能够制造的东西了。

机器人(主要是智能机器人)的研究是一门综合技术，它不仅用到人工智能技术，而且也离不开其他学科的技术，如精密机械、电子、光学、自动控制等。

从图 7-4 可以看出，智能机器人的控制系统主要由两部分组成，即以知识为基础的知识决策系统和信号识别与处理系统。前者涉及知识数据库与推理机，后者可为各种信号的感测与处理器。这些信号可为取自话筒的语音信号、来自压力传感器的触感信号、由电视摄像机拍下的景物图像，或环境中的其他信号，如光线、颜色、物体位置和运动速度等信息。

智能机器人的工作环境往往是复杂的、不完全确定的和可变的。例如，对于机械制造来说，在加工过程中会出现一些不可避免的尺寸和位置误差。这时，智能机器人就应当能够感觉到被加工物体的实际位置和尺寸，并当出现严重偏差时，能够消除这些偏差。又如，由于无线电信号在地球和其他星球之间传送需要几秒甚至十几分钟，在其他星球上漫游的机器人需要高度的自动化，需要在没有人类指导的情况下自动对变化的环境作出反应。

图 7-5 所示为智能机器人的硬件系统。从图中可以看出，智能机器人有运动机能(手、脚)、感知机能(耳、眼)、思维机能(理解、判断、规划、推理)和人机通信机能(智能接口)。这些功能都是通过多级计算机来实现的，因此计算机技术是关键。机器人的手脚装置主要由多个关节组成，是很精密的机械传动系统，精密机械技术是不可缺少的。还有许多光学、机电式传感器，要用到传感技术。机器人是一个运动物体，全靠自动控制技术实现高准确度的控制。

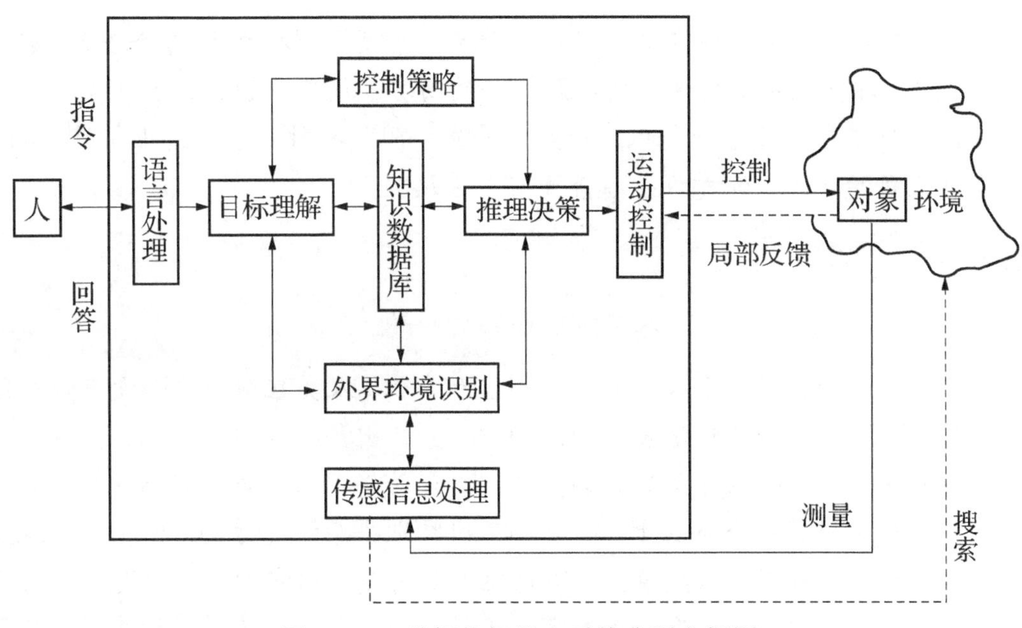

图 7-4 一种智能机器人系统典型方框图

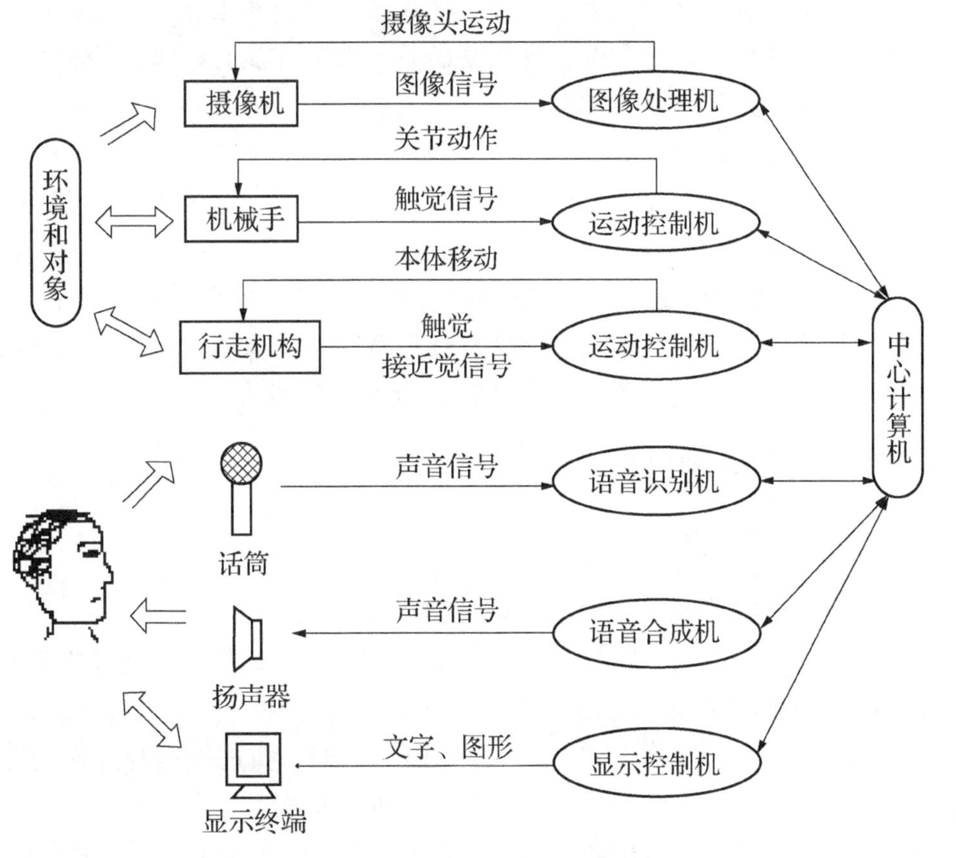

图 7-5 智能机器人的硬件系统

交流

从某些角度上来看，现在的人工智能顶多只能说是强化版的电话语音，使用者输入123，计算机就根据这个切换到不同的回答。简单来说，计算机无法像人类一样，整合过去的经验和知识，产生“灵光一闪”的时刻，创造出新的发明、新的设计或新的理念。究竟人工智能还有多遥远呢？

拓展

人工智能面临的难题

目前科学家面临着两个大问题——辨识和常识。人类在辨识方面没有什么困难(通常情况下)，可以从眼睛看到的画面中，分析出每个物体的属性，并且过滤掉不重要的东西；可以从耳朵听到的声音中，自动将不同的声音分离开来，甚至专注在被大音量掩盖的小声音上，一切都不用特别去想就能办到。但机器人就没办法了，它们可以看得比人类清楚，听得比人类清楚，但它们无法知道究竟自己听到的是什么，看到的是什么。人类有这样的能力，源自于长时间的演化，让许多“运算”都被潜意识中的脑力分摊掉了，意识所见到的世界，只是经过潜意识计算处理后，剩下来的简化部分。更重要的是，人类有能力根据经验判断、分类未知的事物，而这是计算机办不到的。

另一个人工智能的难题是常识。人类从日常生活的经验中获得常识，例如，“水是湿的”“时间不会倒流”“绳子可以拉，但不能推”“苹果有现实扭曲力场”等，这些事情不能用程序来表达，只能在碰到的时候学起来。海伦·凯勒学习“水”的故事大家都听说过，但人类有能力将概念(实物的水和文字的水)连接起来，机器人却做不到。每一样概念都要用程序写进机器人的内存里，机器人才会“懂”。换句话说，也就是机器人没有连接概念的学习能力。

7.1.3 智能机器人的分类

1. 按智能程度分类

智能机器人根据其智能程度的不同，又可分为三种。

(1)传感型机器人。又称外部受控机器人。机器人的本体上没有智能单元，只有执行机构和感应机构，它具有利用传感信息(包括视觉、听觉、触觉、接近觉、力觉和红外、超声及激光等)进行传感信息处理、实现控制与操作的能力。受控于外部计算机，在外部计算机上具有智能处理单元，处理由受控机器人采集的各种信息以及机器人本身的各种姿态和轨迹等信息，然后发出控制指令指挥机器人的动作。目前机器人世界杯的小型组比赛使用的机器人就属于这样的类型，如图 7-6 所示。

(2) 交互型机器人。机器人通过计算机系统与操作员或程序员进行人机对话，实现对机器人的控制与操作。虽然具有了部分处理和决策功能，能够独立实现一些如轨迹规划、简单的避障等功能，但是还要受到外部的控制。如图 7-7 所示为与机器人对话的框架图。

图 7-6　传感型机器人

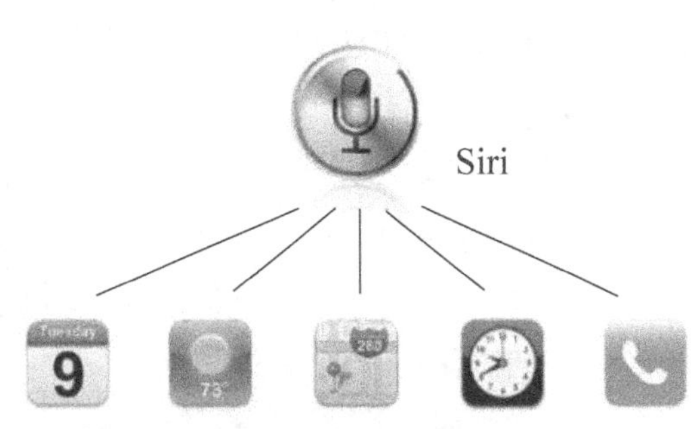

图 7-7　与机器人对话的框架图

(3) 自主型机器人。机器人无须人的干预，能够在各种环境下自动完成各项拟人任务。自主型机器人的本体上具有感知、处理、决策、执行等模块，可以就像一个自主的人一样独立地活动和处理问题。全自主移动机器人的最重要的特点在于它的自主性和适应性，自主性是指它可以在一定的环境中，不依赖任何外部控制，完全自主地执行一定的任务。适应性是指它可以实时识别和测量周围的物体，根据环境的变化，调节自身的参数，调整动作策略以及处理紧急情况。交互性也是自主机器人的一个重要特点，机器人可以与人、与外部环境以及与其他机器人之间进行信息的交流。如图 7-8 所示为自主移动机器人。

图 7-8　自主移动机器人

2. 按用途分类

智能机器人与普通机器人在用途上有许多相似之处，但因其智能性使得它能做更复杂的工作，完成更高级的任务。

(1) 工业智能机器人。作为具有智能的工业机器人，它们在很多方面超越了传统机器人。例如，焊接机器人、装配机器人、喷漆机器人，以及码垛、搬运机器人等。在工业生产中应用机器人，可以方便迅速地改变作业内容或方式，以满足生产要求的变化，如改变焊缝轨迹，改变喷漆位置，变更装配部件或位置等。随着对工业生产线柔性的要求越来越高，对各种机器人的需求也就越来越强烈。

(2)农业智能机器人。随着机器人技术的进步，以定型物、无机物为作业对象的工业机器人正在向更高层次的以动、植物之类复杂作业对象为目标的农业机器人发展，农业机器人或机器人化的农业机械的应用范围正在逐步扩大。农业机器人的应用不仅能够大大减轻以致代替人们的生产劳动、解决劳动力不足的问题，而且可以提高劳动生产率，改善农业的生产环境，防止农药、化肥等对人体的伤害，提高作业质量，如图 7-9 所示。但由于农业机器人所面临的是非结构、不确定、不宜预估的复杂环境和工作对象，所以与工业机器人相比，其研究开发的难度更大。农业机器人的研究开发目前主要集中在耕种、施肥、喷药、蔬菜嫁接、苗木株苗移栽、收获、灌溉、养殖和各种辅助操作等方面。日本是机器人普及最广泛的国家，目前已经有数千台机器人应用于农业领域。

图 7-9　智能喷药机器人

(3)探索智能机器人。机器人除了在工农业上广泛应用，还越来越多地用于极限探索，即在恶劣或不适于人类工作的环境中执行任务。例如，在水下(海洋)、太空以及在放射性(有毒或高温等)环境中进行作业。人类借助潜水器具潜入深海之中探秘，已有很长的历史。然而，由于危险性大、费用极高，所以水下机器人就成了代替人在这一危险的环境中工作的最佳工具。空间机器人是指在大气层内和大气层外从事各种作业的机器人，包括在内层空间飞行并进行观测、可完成多种作业的飞行机器人，到外层空间其他星球上进行探测作业的星球探测机器人和在各种航天器中使用的机器人。

(4) 服务智能机器人。机器人技术不仅在工农业生产、科学探索中得到了广泛应用，也逐渐渗透到人们的日常生活领域，服务机器人就是这类机器人的总称。尽管服务机器人的起步较晚，但应用前景十分广泛，目前主要应用在清洁、护理、执勤、救援、娱乐和代替人对设备维护保养等场合。国际机器人联合会给服务机器人的一个初步定义是，一种以自主或半自主方式运行，能为人类的生活、康复提供服务的机器人，或者是能对设备运行进行维护的一类机器人。

3. 按形态分类

(1) 拟物智能机器人。仿照各种各样的生物、日常使用物品、建筑物、交通工具等做出的机器人，采用非智能或智能的系统来方便人类生活的机器人，如机器宠物狗、六脚机器昆虫(图 7-10)，轮式、履带式机器人。

(2) 仿人智能机器人。模仿人的形态和行为而设计制造的机器人就是仿人机器人，一般分别或同时具有仿人的四肢和头部。机器人一般根据不同应用需求被设计成不同形状和功能，如步行机器人、写字机器人、奏乐机器人(图 7-11)、玩具机器人等。而仿人机器人研究集机械、电子、计算机、材料、传感器、控制技术等多门科学于一体，代表着一个国家的高科技发展水平。

图 7-10　六脚机器昆虫

图 7-11　奏乐机器人

4. 按级别程度分类

智能机器人是在工业机器人基础上发展起来的，现在已开始用于生产和生活的许多领域，按其拥有智能的水平可以分为初级和高级智能机器人两类。

(1)初级智能机器人。它和工业机器人不一样，它具有像人那样的感受、识别、推理和判断能力。可以根据外界条件的变化，在一定范围内自行修改程序，也就是它能适应外界条件变化对自己作相应调整。不过，修改程序的原则由人预先给以规定。这种初级智能机器人已拥有一定的智能，虽然还没有自动规划能力，但这种初级智能机器人也开始走向成熟，达到实用水平。

(2)高级智能机器人。它和初级智能机器人一样，具有感觉、识别、推理和判断能力，同样可以根据外界条件的变化，在一定范围内自行修改程序。所不同的是，修改程序的原则不是由人规定的，而是机器人自己通过学习，总结经验来获得修改程序的原则。所以它的智能高出初级智能机器人。这种机器人已拥有一定的自动规划能力，能够自己安排自己的工作。这种机器人可以不要人的照料，完全独立的工作，故称为高级自律机器人。这种机器人也开始走向实用。

7.2 智能机器人现状及应用

随着机器人技术的发展，机器人智能程度不断提高，机器人的应用越来越重要而且广泛。智能机器人具有类似于人的智能，它装备了高灵敏度的传感器，因而具有超过一般人的视觉、听觉、嗅觉、触觉的能力，能对感知的信息进行分析，控制自己的行为，处理环境发生的变化，完成交给的各种复杂、困难的任务。而且有自我学习、归纳、总结、提高已掌握知识的能力。目前研制的智能机器人大都只具有部分智能，和真正意义上的智能机器人，还差得很远。

7.2.1 智能机器人的发展现状

智能机器人是第三代机器人，这种机器人带有多种传感器，能够将多种传感器得到的信息进行融合，能够有效地适应变化的环境，具有很强的自适应能力、自学习能力和交互功能。

目前研制中的智能机器人智能水平并不高，只能说是智能机器人的初级阶段。智能机器人研究中当前的核心问题有两方面：一方面是，提高智能机器人的自主性，这是就智能机器人与人的关系而言的，即希望智能机器人进一步独立于人，具有更为友善的人机界面。从长远来说，希望操作人员只要给出要完成的任务，而机器能自动形成完成该任务的步骤，并自动完成它。另一方面是，提高智能机器人的适应性，提高智能机器人适应环境变化的能力，这是就智能机器人与环境的关系而言的，希望加强它们之间的交互关系。如图 7-12 所示为 2013 年东京国际机器人展上的智能机器人。

图 7-12　东京国际机器人展上的智能机器人

智能机器人涉及许多关键技术，这些技术关系到智能机器人的智能性的高低。这些关键技术主要体现在以下几个方面。

(1) 多传感信息耦合技术。多传感器信息融合是指综合来自多个传感器的感知数据，以产生更可靠、更准确或更全面的信息，经过融合的多传感器系统能够更加完善、精确地反映检测对象的特性，消除信息的不确定性，提高信息的可靠性。

(2) 导航和定位技术。在自主移动机器人导航中，无论是局部实时避障还是全局规划，都需要精确知道机器人或障碍物的当前状态及位置，以完成导航、避障及路径规划等任务。

(3) 路径规划技术。最优路径规划就是依据某个或某些优化准则，在机器人工作空间中找到一条从起始状态到目标状态、可以避开障碍物的最优路径。

(4) 机器人视觉技术。机器人视觉系统的工作包括图像的获取、图像的处理和分析、输出和显示，核心任务是特征提取、图像分割和图像辨识。

(5) 智能控制技术。智能控制方法提高了机器人的速度及精度。

(6) 人机接口技术。人机接口技术是研究如何使人方便自然地与计算机交流。

在各国的智能机器人发展中，美国的智能机器人技术在国际上一直处于领先地位，其技术全面、先进，适应性也很强，性能可靠、功能全面、精确度高，其视觉、触觉等人工智能技术已在航天、汽车工业中广泛应用。日本由于一系列扶持政策，各类机器人包括智能机器人的发展迅速。欧洲各国在智能机器人的研究和应用方面在世界上处于公认的领先地位。中国起步较晚，而后进入了大力发展的时期，以期以机器人为媒介物推动整个制造业的改变，推动整个高技术产业的壮大。

7.2.2 智能机器人的广泛应用

现代智能机器人基本能按人的指令完成各种比较复杂的工作，如深海探测、作战、侦察、搜集情报、抢险、服务等工作，模拟完成人类不能或不愿完成的任务，不仅能自主完成工作，而且能与人共同协作完成任务或在人的指导下完成任务，在不同领域有着广泛的应用。

1．军用机器人

军用机器人是一种用于军事领域的具有某种仿人功能的自动机。军用机器人分为地面军用机器人、无人机、水下军用机器人(有人机器人和无人机器人)等。用于直接进行战斗任务，代替一线作战的士兵，减少了人员伤亡。用于侦察和观察任务，还用于工程保障、指挥控制等。研究出的机型多种多样，有固定防御机器人、奥戴提克斯I型步行机器人、阿尔威反坦克机器人、榴炮机器人、飞行助手机器人、海军战略家机器人等，如图7-13所示。

图7-13　军用机器人

2．水下机器人

无人遥控潜水器，也称水下机器人(图7-14)。一种工作于水下的极限作业机器人，能潜入水中代替人完成某些操作，又称潜水器。水下环境恶劣危险，人的潜水深度有限，所以水下机器人已成为开发海洋的重要工具。无人遥控潜水器主要有有缆遥控潜水器和无缆遥控潜水器两种，其中有缆遥控潜水器又分为水中自航式、拖航式和能在海底结构物上爬式三种。

图 7-14　水下机器人

3. 空间机器人

空间机器人是用于空间探测活动的特种机器人，它是一种低价位的轻型遥控机器人，可在行星的大气环境中导航及飞行。空间机器人是在空间环境中活动的，空间环境和地面环境差别很大，空间机器人工作在微重力、高真空、超低温、强辐射、照明差的环境中，因此，空间机器人与地面机器人的要求也必然不相同，有它自身的特点，如图 7-15 所示。

图 7-15　空间机器人

4. 服务机器人

服务机器人是机器人家族中的一个年轻成员，到目前为止尚没有一个严格的定义。不同国家对服务机器人的认识不同。服务机器人的应用范围很广，主要从事维护保养、修理、运输、清洗、保安、救援、监护等工作。国际机器人联合会经过几年的搜集整理，给了服务机器人一个初步的定义：服务机器人是一种半自主或全自主工作的机器人，它能完成有益于人类健康的服务工作，但不包括从事生产的设备。这里，我们把其他一些贴近人们生活的机器人也列入其中。主要类型：护士助手、脑外科机器人、口腔修复机器人、进入血管的机器人、智能轮椅、爬缆索机器人、高楼擦窗和壁面清洗机器人等。图 7-16 所示为一种送餐类服务机器人。

图 7-16　服务机器人

5. 微型机器人

如图 7-17 所示，这种微型机器人只有苍蝇般大小，可以像昆虫那样成群活动，并在监管、微型制造以及医药等方面进行数据收集。这些机器人尽管只有不到 4mm^2 大，却装有移动、通信、收集数据所需的所有设备，甚至它们能通过太阳能电池板来产生自身活动所需的能量。

图 7-17　微型机器人

第8章 仿人机器人

8.1 认识仿人机器人

机器人的名字不再神秘，但它的功能却很神奇。它们正逐渐应用到现代社会的各个领域。现阶段，机器人的研究应用领域不断拓宽，其中仿人机器人的研究和应用尤其受到普遍关注，并成为智能机器人领域中最活跃的研究热点之一。本章介绍的是仿人机器人，由于它模仿了人的形态和行为，因此更容易被人们接受而融入人类社会中。

8.1.1 从两足机器人到仿人机器人

从诸葛亮做木牛流马的历史故事开始，就一直在阐述一个人类对生物特性模仿的追求。Muybridge 最早系统地研究了人类和动物运动原理，他发明了电影用的独特摄影机，并在 1877 年就许多四足动物的步行成功地拍摄了连续照片。最初他关注的是四足动物定常行进时足的起落顺序。通过他的研究，明晰了许多动物的步法，如图 8-1 所示。

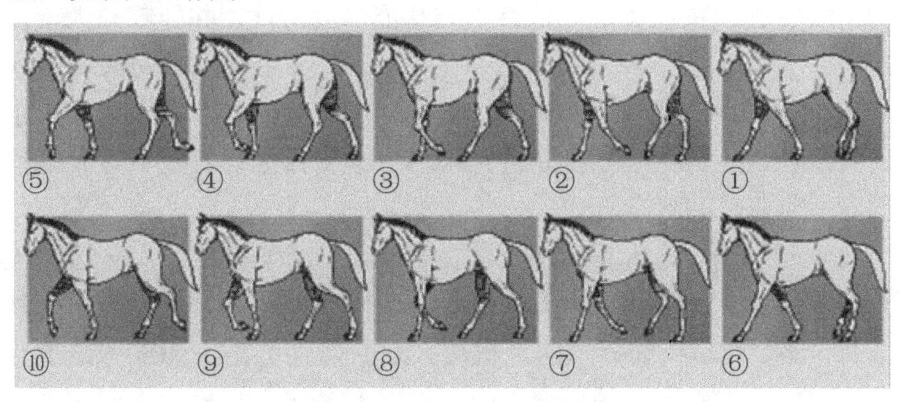

图 8-1　四足动物步行规律

自 Muybridge 以后，关于步行，尤其是仿人型步行的研究，吸引了众多的专家学者。人们力图从生物工程的角度回答“人类是怎样行走的”这一关于人自身运动的最基本的问题。仿人型移动系统是一个极其复杂的动态系统。Demeny 用摄像的方法研究人类的步行运动，总结出了人行走的一些特性。20 世纪 30～50 年代，苏联的 Bernstein 从生物动力学的角度对人类和动物的步行机理进行了深入的研究，并就步行运动进行了非常形象化的描述。1960 年，苏联学者 Donskoy 发表了著作《运动生物学》，从生物力学的角度，对人体运动学、动力学、能量特征和力学特征进行了详细的描述。

世界著名机器人学专家、日本早稻田大学的加藤一郎说过：“机器人应当具有的最大特征之一是步行功能。”步行是人与大多数动物所具有的移动方式，其形式主要有两足步行、四足步行和六足步行。其中两足步行是步行方式中自动化程度最高、最为复杂的动态系统。两足步行系统具有非常丰富的动力学特性，对步行的环境要求很低，既能在平地上行走，也能在非结构性的复杂地面行走，对环境有很好的适应性。图 8-2 为人类进化过程中行走的演变图。

图 8-2　人类进化过程中逐渐用两足步行

研制与人类外观特征类似，具有人类智能、灵活性，并能够与人交流，不断适应环境的仿人机器人一直是人类的梦想之一。世界上最早的仿人机器人研究组织诞生于日本，1973 年，以早稻田大学加藤一郎为首，组成了大学和企业之间的联合研究组织，其目的就是研究仿人机器人。加藤一郎突破了仿人机器人研究中最关键的一步——两足步行。

无论在科幻小说还是人们对机器人的第一意识中，都把像人一样的机器人作为机器人研究的最高境界。机器人研究者也一直把实现仿人的行为作为梦寐以求的目标。20 世纪 90 年代前后，两足机器人从一般性的仿人腿部行走上升到全方位的仿人，即仿人型机器人的研究。两足机器人是仿人型机器人研究的前奏，仿人型机器人除了腿部的行走功能，还包括手、腰和头的功能。

8.1.2　什么是仿人机器人

图 8-3 所示的机器人拥有部分人类外貌特征，整体外形中包括头、手、腿，或许还有眼睛的机器人，就是仿人机器人。其造型独特，人们能非常容易地识别出它是机器人(如头的形状像一个头盔，整体看起来像是太空人)。严格定义来说，仿人机器人是指具有两手、两足、头部和躯干等人类外形特征，能用双足进行移动以及具有其他仿人功能的人形机器人。

仿人机器人之所以能像人一样活动，有人的行为，是因为有了用传感器等组件搭建的机器人系统的中枢，就像大脑一样控制、指挥机器人的行为。研制出外观和功能与人一样的仿人机器人是现代科技发展的结果。全新组装的仿人机器人全身布满了多种传感器，这样它可以根据感应到的声音和动作做出适当反应，对于光线和触觉的反应灵敏。例如，有光学传感器，使机器人可以“看见”周围事物，以区分事物大小和颜色；有声音传感器，使机器人可以听到周围声音；还有触碰传感器，使机器人有反应接触。有的仿人机器人还装有超声波传感器，使机器人能听到人耳听不见的超声波。

图 8-3　机器人成功模仿人类行走

自从 20 世纪 70 年代工业机器人应用于工业生产以来，机器人对工业生产的发展、劳动生产率、劳动市场、环境工程都产生了深远的影响。仿人机器人不同于一般的工业机器人，因为它不再固定在一个位置上。这种机器人具有灵活的行走系统，以便随时走到需要的地方，包括一些对普通人来说不易到达的地方和角落，完成人或智能系统预先设置指定的工作。

自然界的事实、仿生学以及力学分析表明，仿人机器人与轮式、履带式机器人相比有许多突出的优点和它们无法比拟的优越性。它的特性主要体现在以下四方面。

(1) 仿人机器人能适应各种地面且具有较高的逾越障碍的能力，能够方便地上下台阶及通过不平整、不规则或较窄的路面，它的移动“盲区”很小。

(2) 仿人机器人的能耗很小。因为该机器人具有独立的能源装置，因此在设计时就应充分考虑其能耗问题。机器人力学计算也表明，足式机器人的能耗通常低于轮式和履带式。

(3) 仿人机器人具有广阔的工作空间。由于行走系统的占地面积小，而活动范围很大，所以为其配置的机械手提供了更大的活动空间，同时也可使机械手臂设计得较为短小紧凑。

(4) 双足行走是生物界难度最大的步行动作，但其步行性能却是其他步行结构所无法比拟的。所以，仿人机器人的研制势必要求并促进机器人结构的革命性变化，同时有力推进机器人学及其他相关学科的发展。图 8-4 从左向右分别展示了仿人机器人、轮式机器人和履带机器人的形象图。

图 8-4　三种机器人形象图

图 8-5 (a) 是中国科学院自动化研究所研制的，我国首款仿人机器人“童童”。它的面部会做出各种表情，包括微笑、大笑、生气、愤怒、惊讶、思考、遗憾、得意洋洋、无精打采以及多种逗笑的怪表情。配合语音识别技术，“童童”还能

与人对话，并可进行握手、打招呼等肢体动作。

图 8-5(b) 是在中国科技馆新馆奠基仪式上和“童童”一起与公众见面的仿人机器人“贝奇”。它可以根据要求画出熊猫、猴子、袋鼠、恐龙、狮子等各种动物，也可为人画肖像。“贝奇”的眼睛是一部数码相机，画像时，首先从拍摄图像中提取出人脸特征，再转化为运动指令，控制机器手在图板上画出肖像。观众只需坐在它对面让它看一眼，几分钟内它就能画出一幅该观众的素描肖像。

(a)

(b)

图 8-5　我国研制的仿人机器人

8.2 仿人机器人的发展及其技术探索

仿人机器人研究在很多方面已经取得了突破，如关键机械单元、基本行走能力、整体运动、动态视觉等，但是离我们理想中的要求还相差甚远，还需要在仿人机器人的思维和学习能力、与环境的交互、躯体结构和四肢运动、体系结构等方面进行更进一步的研究。

8.2.1　仿人机器人的发展现状

1. 日本的发展现状

仿人机器人开始于 20 世纪 60 年代的双足步行机器人，迄今已成功研制出的各种能静态或动态步行的双足机器人样机，在双足机器人领域理论研究上的成果推动了仿人机器人的快速发展。1973 年，加藤一郎从工程角度研制出世界上第一款真正意义上的仿人形机器人 WABOT-1(图 8-6)。WABOT-1 可用日语与人交流，实现静态行走，可依据命令移动身体去抓取物体。1980 年出现 WL-9DR(Dynam's Refined)双足机器人，该型机器人采用预先设计步行方式的程序控制方法，用步行运动分析及重复试验设计步态轨迹，用以控制机器人的步行运动。该机器人采用以单脚支撑期为静态、双脚切换期为动态的准动态步行方案，实现步长 45cm、每步 10s 的准动态步行。1984 年出现的 WL-10RD 双足机器人，实现了步幅 40cm、每步 1.5s 的平稳动态步行。1986 年，加藤实验室又成功研制了 WL-12 步行机器人，该机器人通过躯体运动来补偿下肢的任意运动，在躯体的平衡作用下，实现了步行周期 2.6s、步幅 30cm 的平地动态步行。

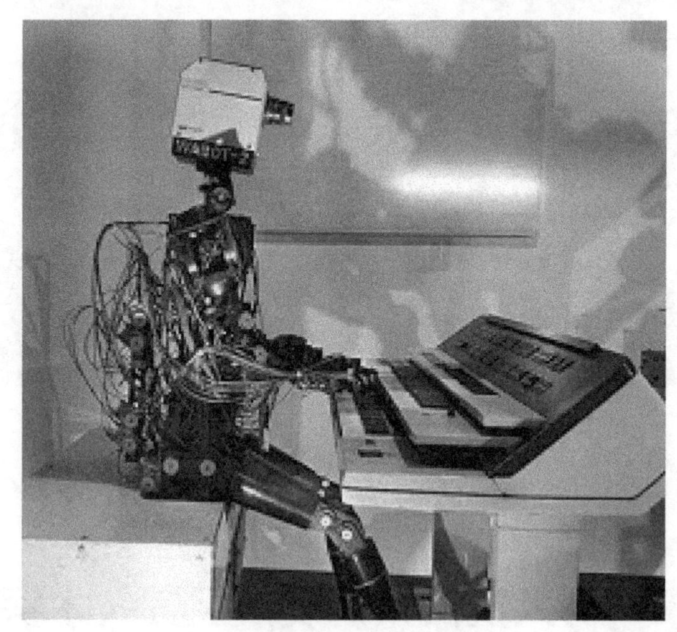

图 8-6　WABOT-1

经过 10 年之久的研究工作，1996 年 11 月，日本 HONDA 公司首次展示了研制成功的第一款仿人机器人 P2，它成为世界上第一款人性化自主双腿步行机器人。采用无线化操作，在体内安装了计算机、电动驱动装置、电池、无线接收装置等部件，不仅能够更加自在地步行，还能完成上下楼梯、推车等有一定难度的动作。1997 年 10 月 HONDA 公司又推出了仿人形机器人 P3，它也是一款完全自主的人形化双腿步行机器人，由于采用了分散控制技术，成功实现了机器人的小型化和轻量化，图 8-7 展示了本田 P1、P2、P3 三代机器人。在此基础上，ASIMO 才得以诞生，2004 年 12 月 15 日，日本本田技研工业株式会社推出了新一代 ASIMO 机器人，它是世界上首批遥控式双足直立行走机器人，ASIMO 的最大进步在于能够像人类那样连续自主步行，如图 8-8 所示。

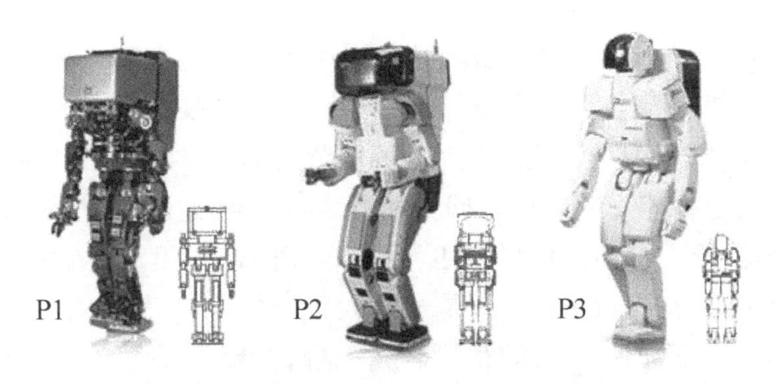

图 8-7 本田 P1、P2、P3 仿人机器人

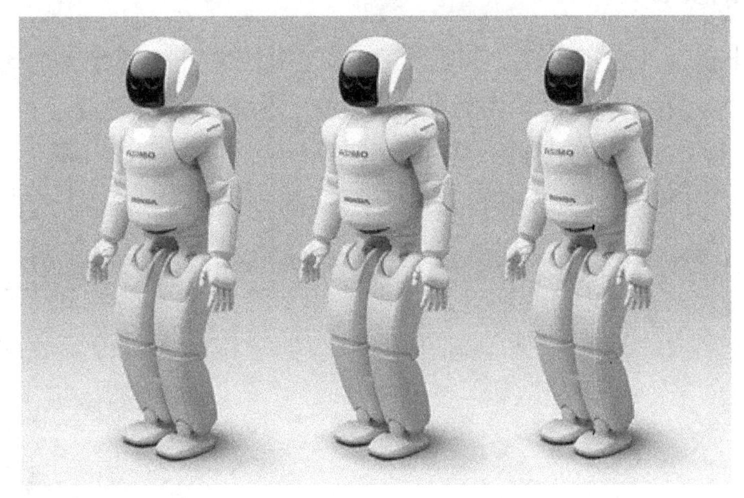

图 8-8 本田 ASIMO 机器人

日本科研人员通过引进智能实时自在步行技术(I - WALK),可以更加自由地步行，使 ASIMO 可以完成转换方向时的连续动作，进一步提高了处理突发动作的稳定性。I - WALK 技术在地面反作用力、目标零力矩点、着地位置等双足步行技术的基础上，增加了对预测运动的控制，它可以实时预测下一个动作，并且事先移动机器人的重心来改变步调。通常人在直线步行过程中绕过一个小角度拐角的时候，会事先将身体重心移到拐角的内侧，以防身体向外侧跌倒。同样，通过计算步行过程中拐弯时身体重心变化的预测值，能够确保机器人拐弯时的稳定性。除了步行，ASIMO 的手臂动作范围扩大。通过将肩关节的安装角度扩大了 20°，手臂的活动高度最大可达 105°。类似人类的五个手指使得抓取东西变得更加容易。

2. 美国的发展现状

美国 Ohio 大学的 Zheng 等于 1990 年提出用神经网络来实现双足步行机器人动态步行，并在 SD 双足步行机器人上得以实现。麻省理工学院的 Pratt 等在 Spring

Turkey、Spring Flamingo 双足机器人都是采用了虚模型控制。虚模型控制是一种运动控制语言，即假想将弹簧振子、阻尼器等元件固联在机器人的系统中用以产生驱动力矩。采用虚模型控制能避免很多复杂的动力学计算。麻省理工学院开发的 Cog 机器人是智能平台，用以研究机器人的头脑、认知与感知、手臂的灵活性及柔顺性等机器人特性，如图 8-9 所示。美国佛罗里达大学的机器智能实验室研发的仿人机器人 Pneuman，就是一个人工认知、自然语言处理、路径规划、自动导航、人与机器人交互等的智能研究平台。

3. 国内的发展现状

相比国外而言，我国从 20 世纪 80 年代中期才开始研究双足步行机器人。1988～1995 年，国防科技大学先后研制成功平面型 6 自由度双足机器人 KDW-I，空间运动型 KDW-Ⅱ和 KDW-Ⅲ。KDW-Ⅲ下肢有 12 个自由度，最大步距为 40cm，步速为 4 步/s，可实现前进后退和上下台阶的静动态步行与转弯运动。2000 年 11 月 29 日，国防科技大学又研制出我国第一款仿人型双足步行机器人“先行者”，高 1.4m，质量 20kg，可实现前进后退、左右侧行、左右转弯和手臂前后摆动等各种基本步态，步速为 2 步/秒，能平地静态步行和动态步行，如图 8-10 所示。

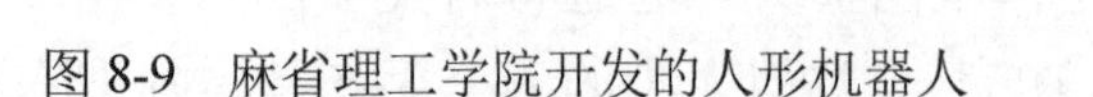

图 8-9　麻省理工学院开发的人形机器人

图 8-10　双足步行机器人“先行者”

哈尔滨工业大学 1985～2000 年研制出双足步行机器人：HIT-Ⅰ、HIT-Ⅱ和 HIT-Ⅲ。HIT-Ⅲ实现了步距 200mm 的静态/动态步行，最快步行周期为 3.2～4.0 秒/步，能够完成前后侧行、转弯、上下台阶及上斜坡等动作。

北京理工大学于 2002 年 12 月研制出仿人机器人 BRH-1，高 158cm，质量 76kg，32 自由度，步幅 0.33cm，步速为 1km/h，能根据自身的平衡状态和地面高度变化实现未知路面的稳定行走和太极拳表演。此后又在此基础上研制成了"汇童"机器人(图 8-11)，高 160cm，质量 63kg，它是具有视觉、语音对话、力觉、平衡觉等功能的拟人机器人。"汇童"的成功研制标志着我国在拟人机器人的研制方面取得了突破性进展，是继日本之后成为第二个掌握集机构、控制、传感器、电源于一体的国家。

清华大学于 2002 年 4 月研制出具有自主知识产权的仿人机器人 THBIP-Ⅰ样机(图 8-12)。THBIP-Ⅰ共 32 自由度，采用独特传动结构，成功实现无缆连续稳定地平地行走、连续上下台阶行走以及端水、打太极拳和点头等动作。其平地行走速度为 4.2m/min，步距为 0.35m，跨越台阶高度 75mm，跨步用时 20 秒/步。并在仿人机器人机构学、动力学及步态规划、稳定行走理论、非完整动态系统控制理论与方法，以及总线通信、嵌入式系统、微电动机驱动、自载电源、环境感知技术等方面取得了一些创新成果和突破性进展。

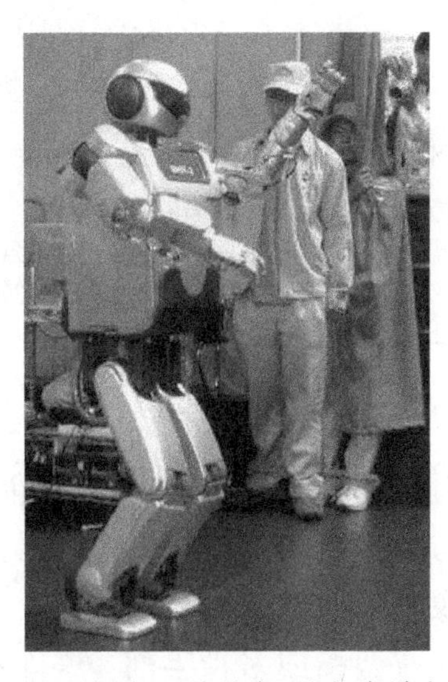

图 8-11 "汇童"仿人机器人表演打太极

图 8-12 THBIP-Ⅰ

各国的双足机器人经历了由少自由度到多自由度、由实现简单动作到复杂动作、由简单功能到仿生复杂功能、由静态步行到动态步行、由仿人下肢到完全仿人的较为系统全面的研究和发展过程，同时有力地促进了仿人机器人的研究工作进展。

8.2.2 仿人机器人的研究重点

仿人机器人要能够理解、适应环境、精确灵活地进行作业，高性能传感器的开发必不可少。传感器是机器人获得智能的重要手段，如何组合传感器摄取的信息，并有效地加以运用，是基于传感器控制的基础，也是实现机器人自治的先决条件。

1. 思维和学习能力

现有仿人机器人系统的主要缺陷是对环境的适应性和学习能力的不足。机器的智能来源于与外界环境的相互作用，同时也反映在对作业的独立完成度上。机器人学习控制技术是仿人机器人在结构和非结构环境下实现智能化控制的一项重要技术。但是由于受到传感器噪声、随机运动、在线学习方式以及训练时间的限制，学习控制的实时性还不能令人满意。仍需要研究和开发新的学习算法、学习方式，以不断完善学习控制理论和相应的评价理论。目前针对机器人学习控制的研究，大都停留在实验室仿真的水平上。

2. 与环境的交互

仿人机器人与环境相互影响的能力依赖于其富于表现力的交流能力，如肢体语言(包括面部表情)、思维和意识的交互。目前，机器人与人的交流仅限于固定的几个词句和简单的行为方式，其主要原因如下。

(1)大多仿人机器人的信息输入传感器是单模型的。

(2)部分应用多模型传感器的系统没有采用对话的交流方式。

(3)对输入信息的采集仅限于固定的位置，如图像信息，照相机往往没有多维视角，信息的深度和广度都难以保证，准确性下降。

3. 躯体结构和四肢运动

毫无疑问，仿人机器人行动的多样性、通用性和必要的柔性是“ 智能” 实现的首要因素。它是保证仿人机器人可塑性和与人交流的前提。仿人机器人的结构则决定了它能不能为人所接受，而且也是它像不像人的关键。仿人机器人必须拥有类似人类上肢的两条机械臂，并在臂的末端有两指或多指手部。这样不仅可以满足一般的机器人操作需求，而且可以实现双臂协调控制和手指控制以实现更为复杂的操作。仿人机器人要具有完成复杂任务所需要的感知活动，还要在已经完成的任务重复出现时像条件反射一样自然流畅地作出反应。

4. 体系结构

仿人机器人的体系结构是定义机器人系统各组成部分之间相互关系和功能分配，确定单台机器人或多个机器人系统的信息流通关系和逻辑的计算结构。也就是仿人机器人信息处理和控制系统的总体结构。如果说机器人的自治能力是仿人机器人的设计目标，那么体系结构的设计就是实现这一目标的手段。现在仿人机器人的研究系统追求的是采用某种思想和技术，从而实现某种功能或达到某种水平。所以其体系结构各有不同，往往就事论事。解决体系结构中的各种问题，并提出具有一定普遍指导意义的结构思想无疑具有重要的理论和实际价值，这是摆在研究人员面前的一项长期而艰巨的任务。

仿人机器人研究集机械、电子、计算机、材料、传感器、控制技术等多门科学于一体，代表着一个国家的高科技发展水平。从机器人技术和人工智能的研究现状来看，要完全实现高智能、高灵活性的仿人机器人还有很长的路要走，而且，人类对自身也没有彻底了解，这些都限制了仿人机器人的发展。

8.2.3　仿人机器人的主要技术

目前机器人已从军事、航天、工业等领域走入人们的日常生活，本田和索尼公司推出的双足行走的仿人机器人标志着机器人研究领域新时代的开始。仿人机器人具有腿部的行走、手、腰和头的运动功能，自由度比两足步行机器人成倍地增加，与此同时，带来了控制规划、动力学、运动学上更为复杂的问题。此外，还有摄像处理、语音处理以及一系列传感信号的处理。可见，仿人型机器人对各项技术领域提出了更高的要求。

1. 仿人机器人的自由度

现有的仿人机器人其自由度数少的有 17 个(近藤 KHR-1)，多的有 41 个(HUBO)。仿人机器人到底需要多少自由度呢？除了手部另作讨论，仿人机器人的自由度是腿部、臂部、腰部、颈部各自由度之和。

美国 Hanson Robotics 公司按真人面貌制作仿人机器人。先是采用三维激光扫描技术获得制作对象头部的三维数据，再用几可乱真的硅胶人造皮肤把制成的模型覆盖，并用人造肌肉牵动，制作得像真人一样的头部。图 8-13(a)为“爱因斯坦”机器人与他的研制者 Hanson 合影。

栩栩如生的表情，配以低沉的嗓音，使人真以为爱因斯坦再生了！他的头部共有 33 个自由度，都可以编程控制。这 33 个自由度包含颈部 4 个自由度(旋转、前后、仰头及低头、摇头)；脸部 29 个自由度(下颚活动 1 个、眼球左右活动 2 个、眼球上下活动 1 个、下部嘴巴张合 2 个、皱眉头 2 个、嘴巴微张(发“伊”声时动作)2 个、上嘴唇向中间收缩 1 个、微笑肌肉动作 2 个、上部嘴巴张合 2 个、上嘴唇中部活动 1 个、嘲笑表情 2 个、蹙额 2 个、愤怒表情(中部)1 个、愤怒表情(两侧)2 个、中部眉毛(两侧)2 个、眨眼(两侧)2 个、上眼睑 1 个、下眼睑 1 个)。图 8-15(b)为打开头盖后“爱因斯坦”机器人内部的结构。

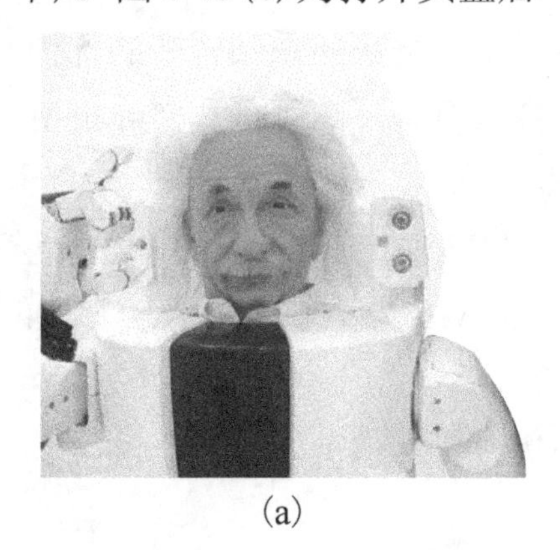

(a)

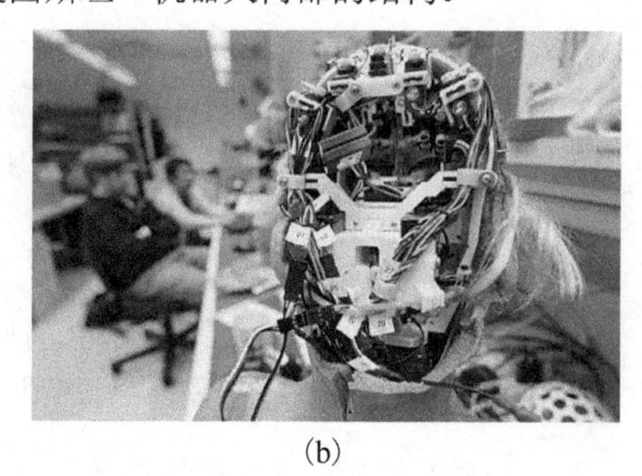

(b)

图 8-13 “爱因斯坦”机器人

2. 仿人机器人的驱动电机

绝大多数仿人机器人都用数字伺服电机驱动。由于伺服电机的转动角度为120°或 180°，正好模拟人类各关节转动不会大于 180°的特点。日本的近藤和双蘖等公司还开发了仿人机器人专用伺服电机。这种专用伺服电机的特点是速度快、扭矩大，配备了双向高速接口，能够确定并传送当前伺服电机位置，可以实现示教方法编程。这对多自由度的仿人机器人的编程带来很大方便。图 8-14 所示的机器人就采用了伺服电机。

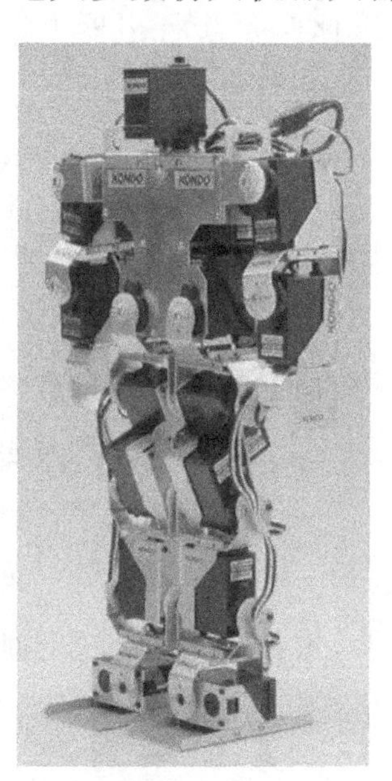

图 8-14 伺服电机供应的仿人机器人

伺服电机的尺寸对仿人机器人的设计有很大影响。对于一个有 2 个或 3 个自由度的肩部来说，由于电机的尺寸不允许把它们放在同一平面上，势必造成2个或3个电机成串排列。这使得手臂的尺寸长得与躯干不成比例，看上去像个大猩猩。排列在下方的关节由于远离肩部，其转动更使人有怪异的感觉。

3. 仿人机器人的处理器和操作系统

由于仿人机器人需要控制多个关节，检测多个传感器的信息，因此需要很强的处理能力。另外，编程和处理图像等大量信息需要外界计算机的帮助。和工业机器人一样，通常每个关节由一个微处理器和相应的伺服电机构成闭环。各个微处理器接受机器人载入 CPU 的命令。

仿人机器人处理器的安排有下列几种。

(1)典型的一般设计是机器人载一个 CPU 并配备相应的操作系统，编程和图像处理由外部计算机进行。

(2)高级别的设计是机器人载2个或3个 CPU，主 CPU 控制步态计算，其他 CPU 用于图像和传感器信号处理。级别和一般级别的机器人都装载实时操作系统，控制周期一般为 1ms。

(3)最低级别的机器人无 CPU，只带微处理器单板，用来执行从外部主机下载的程序。

外部计算机与机器人载处理器的信息交换方法有下列几种。

(1)编程软件安装在外部计算机上，PC(个人计算机，Personal Computer)需通过电缆和机器人上微处理器搭载的单板连线初始化伺服电机和下载程序。程序下载后，电缆可以断开，机器人执行已存储的程序。由于处理能力的限制，需要几块单板一起连接。这种机器人通常不带传感器，这种方法适用于简单结构的仿人机器人。例如，近藤 KHR-1 机器人(图 8-15)，它带2块单板，每块单板可控制12个电机，共可控制24个电机，实用17个口，尚多余7个口可供扩展。

图 8-15 近藤 KHR-1HV 机器人

(2)PC 通过符合 IEEE 802.11B 标准的无线 LAN 卡和机器人上的 CPU 构成网络。例如，富士通公司的HOAP-2机器人(图8-16)。HOAP-2机器人用了700MHz 的 CPU，PC 与机器人的操作系统都是 RT-Linux。HOAP-2 机器人与 PC 有两种连接方式。一种是有线连接，双方通过2组 USB 插口传递信息，一组 USB 实时传送程序，另一组为传送图像专用；另一种为无线连接，通过插入机器人的 CF 无线 LAN 卡和相应软件来实现。

(3)通过蓝牙技术实现语音和数据的交换。蓝牙的有效范围约为 10m，这对控制小范围内活动的机器人是可行的。当然，蓝牙 1Mbit/s 的传输率对于传输图像显得太慢。传送一幅未经压缩的35万像素的彩色图像需时 8s 以上。2005年1月，日本 KDDI 公司开发了一款号称为手机控制的双足步行机器人，实际上，程序是用 PC 预先装载的，手机利用蓝牙通信方式选定程序运行，如图 8-17 所示。

图 8-16　HOAP-2 机器人

图 8-17　日本 KDDI 发布的蓝牙控制机器人

4．仿人机器人的传感器

自主引导车（Automated Guided Vehicle，AGV）类机器人通常采用传感器来确定是否存在障碍，测量前方物体的距离，确定自身的位置和在水平面中的方向。这些目标对于仿人机器人同样重要。但仿人机器人尚有更基本的要求，双足行走的特点决定了防止倾跌和提高走动的效率，仿人机器人必须随时确定自身在三维空间中的倾斜趋势以保持动态平衡。因此，它们优先采用的传感器是陀螺和脚底压力传感器。这两种传感器在双足行走的机器人中是很普遍的，即使尚未采用的也把这类传感器作为选件的首选。图 8-18 所示为自动引导车导航传感原理图。

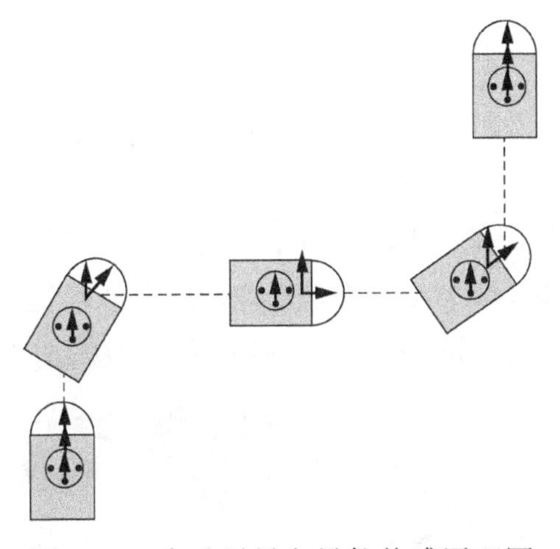

图 8-18 自动引导车导航传感原理图

以 HOAP-2 机器人为例，它的姿态传感器安装在机器人躯干上半部。姿态传感器由 3 轴角速度传感器(陀螺)和 3 轴加速度传感器组成。在机器人静止状态下测定了加速度和角速度的额定数据。经模数转换后以机器人腰部坐标表达这些物理量。在动态情况下，这些物理量的变化被用于相应关节的补偿运动。姿态传感器大大改善了机器人的动态平衡性能。HOAP-2 机器人成功地表演了单腿金鸡独立时推之晃而不倒的绝技，见图 8-19。HOAP-2 机器人的脚底传感器安装在脚底板两层之间。每个脚底板有 4 个传感器，位于脚底板的四角。脚底板触地时两层底板平面相对倾斜，可被某个接触传感器感知，控制脚踝处关节的运动可以调整脚底板的姿态。脚底板传感器也可以给基于 ZMP 判据的控制提供信息。

图 8-19 HOAP-2 机器人表演金鸡独立

5. **仿人机器人的视觉**

视觉是仿人机器人感知外界最重要的感觉。图像处理和分析的计算重负使得许多仿人机器人不得不放弃视觉。现有最先进的视觉仿人机器人有本田公司开发的ASIMO、索尼公司的QIRO、川田等公司生产的HRP-2以及富士通公司的HOAP-2机器人。QIRO和ASIMO机器人具有双目匹配、人脸识别以及识别运动中物体的视觉功能。ASIMO还有手势和姿态识别功能，如图8-20所示。

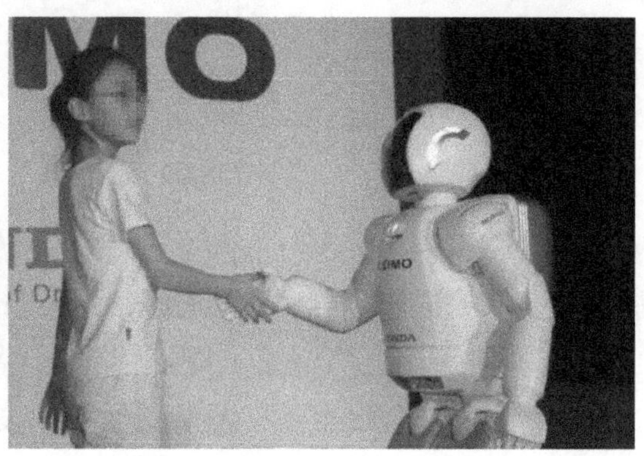

图8-20　ASIMO具有视觉和手势等功能

这些机器人对视觉信号处理主要有两种途径：第一种是ASIMO、QIRO、HRP-2等机器人，除了有机载CPU进行步行控制外，还采用1～2个机载通用CPU专门处理视觉和传感器信息；第二种是把图像上传到主机处理。例如，单CPU的HOAP-2机器人预留了一个专用的图像USB通道，把图像上传到主机处理后再把结果回传至机器人。第一种机器人带有2～3块主板，控制复杂；第二种上传图像使机器人离不开USB数据线，不能脱机运行；如果用无线网络则通信成为瓶颈，无法实现实时控制。

8.3 仿人机器人的应用领域

仿人机器人具有人类的外观，可以适应人类的生活和工作环境，代替人类完成各种作业，并可以在很多方面扩展人类的能力，在服务、医疗、教育、娱乐等多个领域得到广泛应用。

8.3.1 服务领域

21世纪人类将进入老龄化社会，发展仿人机器人能弥补年轻劳动力的严重不足，解决老龄化社会的家庭服务、医疗等社会问题。仿人机器人可以与人友好相处，能够很好地担任陪伴、照顾、护理老人和患者的角色，以及从事日常生活中的服务工作，因此家庭服务行业的仿人机器人应用必将形成新的产业和新的市场。

拓展

农民机器人发明家——吴玉禄

吴玉禄，只有小学文化，是北京通州区的普通农民，20 多年潜心钻研机器人，成了著名的“机器人老爹”，吴玉禄把机器人看成是自己的孩子，让它们都姓“吴”，按出生先后依次取名吴老大、吴老二、吴老三等，至今他已有 60 多个“孩子”。兄弟 60 多个各有所长(图 8-21)：蹦跳翻跟头、拉车爬墙倒饮料、敲锣打鼓拉二胡、写字倒茶把杆爬，更有帮助患者定时翻身和会下棋的智能机器人等。

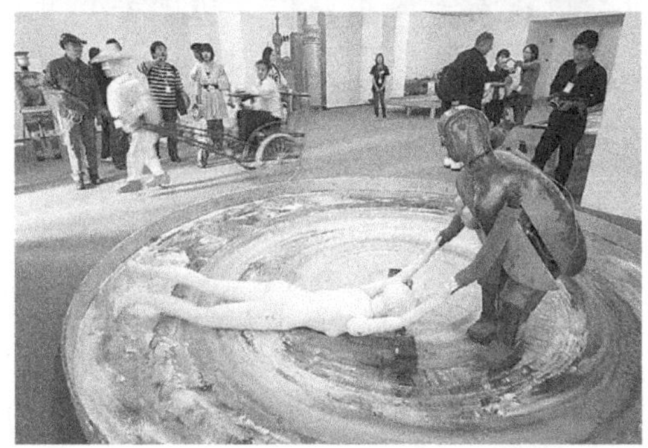
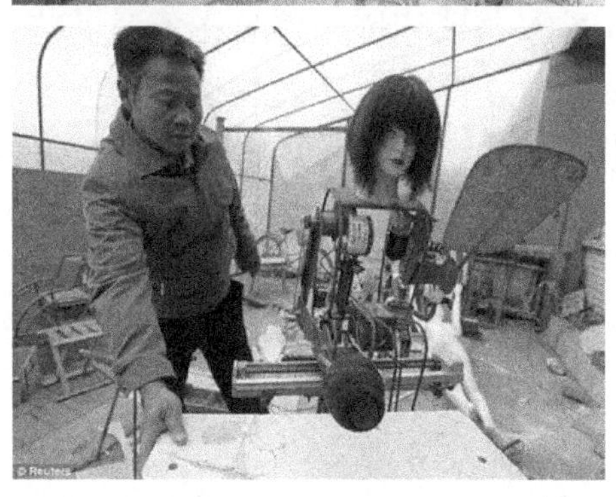

图 8-21　吴玉禄制造的各种机器人(部分)

2009 年 1 月，吴玉禄在乡间小路上操作由他自制的行走机器人拉着的人力车溜达。这款机器人是热衷于发明创造的吴玉禄制造的吴老二十八，如图 8-22 所示。

图 8-22　吴玉禄坐上吴老二十八拉的黄包车

发明机器人的道路并不是一帆风顺的。有一次，吴玉禄把雷管误当作电池，结果不幸炸伤左手。又有一次，在制作机器人吴老五时，接线失误导致电线短路，急速喷出的大火球把他的脸烧得面目全非。这些困难都没能阻挡吴玉禄的创造探索热情。每每谈及机器人“孩子”时，他眼中闪烁的光芒和嘴角不经意上扬的喜悦，让我们感受到了一份炽烈的执着和坚持。

2010 年 5 月，吴玉禄带着他的 21 个机器人“孩子”应邀在世博期间到上海外滩美术馆参加蔡国强主办的“农民达·芬奇”展览并引起不小的反响。这 21 个“孩子”中，包括机器人狼狗、画画机器人、搅墨机器人、拖拉机器人、喷水机器人和跳楼机器人等。机器人狼狗如真狗一般大小，能走能跑，形象逼真；画画机器人脚着摩登高跟鞋，右手执笔，纸上涂鸦，是个会画画的大家闺秀；拖拉机器人身形魁梧，弯腰拖人，并能巧妙地利用拖曳在地上做出一幅图案。其中，技术难度最高的要数跳楼机器人了。世博会上，跳楼机器人站在 2m 高的台架上，张开双臂向后扬，屈膝向前，纵身一跃，安稳落地。

8.3.2　医疗和教育领域

1. 医疗领域

在医疗领域，仿人机器人可以用于假肢和器官移植，用仿人机器人技术可以做成动力型假肢，协助瘫痪患者实现行走的梦想。然而，我们现在还几乎看不到以控制论开发出的生物体与人体完美的结合，因此，这方面还需要更进一步的研究和探索。

日本推出的一款仿人机器人 Hanako，它可以通过眨眼睛以及像患者那样流口水来展现疼痛的表情。因此 Hanako 被作为牙科学生的演练工具，用来测验和评估牙科学生的技能水平。具有女性外形的机器人面部表情非常丰富，能够开口说话："请多多关照。"当这些学生钻孔过多或者钻的地方不对时，Hanako 会说："你碰疼我了。"然后不断地摇动其塑料材质的头部，如图 8-23 所示。牙科学生会根据机器人的表情来做出修正，达到训练的目的。

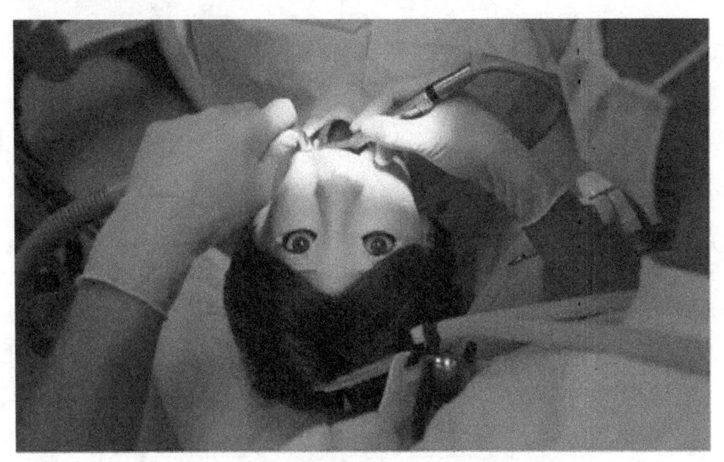

图 8-23 牙疼机器人 Hanako

2013 年初，日本批准了一款由筑波 Cyberdyne 公司研发的人体外骨骼产品，称为"混合辅助肢体"。该产品通过一套全计算机化的传感器阅读大脑信号，来指挥肢体运动。它可以使残疾人和老年人的日常行动更加便捷安全。"混合辅助肢体"模仿人体工程学设计，形似人体外骨骼，由电池驱动，可探测人体肌肉着力点，强化肌肉力量，辅助人体完成肢体动作，设计初衷为协助老年人行动和帮助医院护理人员移动患者。穿上这一"肢体"后，人体可承重 80kg 外力。图 8-24 为身穿机器人装备"混合式辅助义肢"的人员进行表演。

图 8-24 身穿"混合式辅助义肢"的人员

2. 教育领域

一般来说，仿人机器人在教育领域有两种应用。

(1)学生通过制作仿人机器人来实践机械结构和复杂控制软件模块的设计。

(2)学生用仿人机器人进行实验来增强动手能力和解决新问题的能力。

8.3.3 娱乐领域

仿人形机器人可以用在展览会上做广告，它很吸引人的注意，因为它在外形上接近人类，所以更能引起人的兴趣。另外，它还可以用于家庭娱乐。

1. 机器人表演

2008 年 11 月 25 日，两台机器人在日本大阪大学与人“合作”演出了一部话剧。这部话剧名为《工作的我》，讲述两台机器人帮助一对夫妇处理家务的故事。两台机器人“演员”身高约 1m，体重约 30kg，由三菱重工业公司制造。在约 20min 的演出中，其中一台机器人厌倦工作，发出“人类真难”的感叹，引发台下笑声。

图 8-25 中右边的机器人名为“桃子”，左边的机器人名为“武雄”，它们正在参加世界上首次人机结合实验话剧表演。

图 8-25 机器人与人合作表演话剧

2. 角色机器人

在美国加利福尼亚大学举行的科技、娱乐与设计会议上展出了一款“感情机器人”。它以科学家爱因斯坦长相为模型，由美国机器人大师 Hanson 一手打造。“爱因斯坦”机器人的头部与肩膀的皮肤看上去与真人的皮肤没有什么两样。这种皮肤由一种特殊的海绵状橡胶材料制成，它融合了纳米及软件工程学技术，连褶皱都非常逼真。另外，该机器人目光炯炯有神，可以做出各种表情，这让现场的与会者目瞪口呆，如图 8-26 所示。

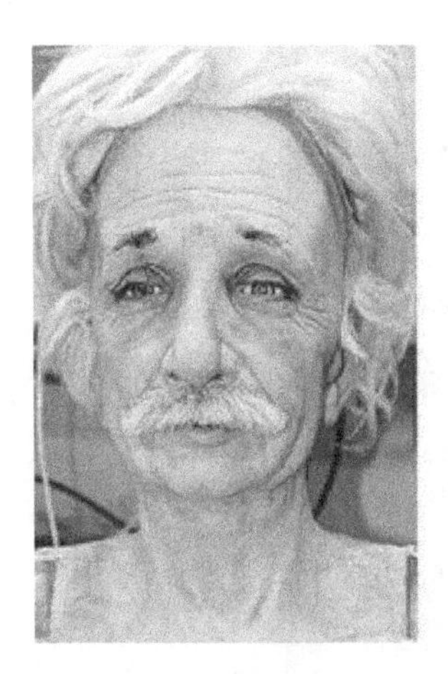
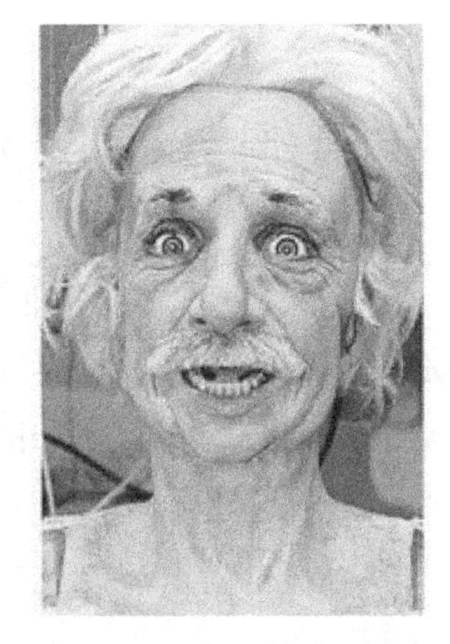
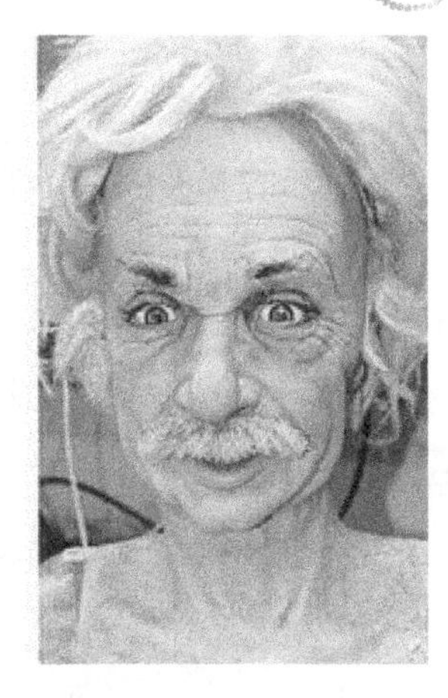

图 8-26　看懂人类面部表情的“爱因斯坦”机器人

2011 年央视元宵晚会的舞台上，两个“李咏”同时出现在舞台上主持节目，真假难辨，令观众惊讶不已。“李咏 2”不仅能点头眨眼，跷起二郎腿还会动脚。它是按照李咏本人 1∶1 比例制造的仿真硅像机器人，是由西安一家文化创意有限公司制作而成的，如图 8-27 所示。

图 8-27　2011 年央视元宵晚会上的真假“李咏”

据设计总监介绍，李咏的相貌和主持风格比较有特点，适合做仿真硅像机器人，于是最后就以李咏的相貌来制造机器人。从 2010 年 10 月到 12 月历时三个月，花费了大概 200 万元才制成这个让观众真假难辨的“李咏”。中国的仿真硅像机器人技术，在仿真度上已经处于世界领先水平。

 8.4 最像人的机器人 ASIMO

日本本田公司从 1986 年开始仿人机器人的研究工作，目前本田公司在这个领域取得了举世瞩目的成绩，ASIMO 的研制成功标志着本田公司成为仿人机器人领域最领先的公司之一，如图 8-28 所示。本节介绍最像人的机器人 ASIMO。

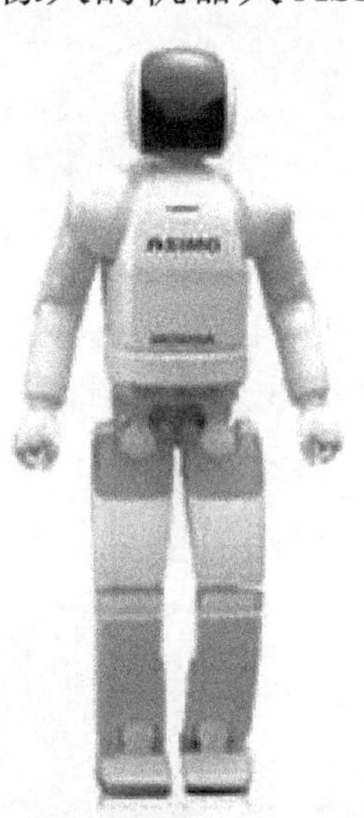

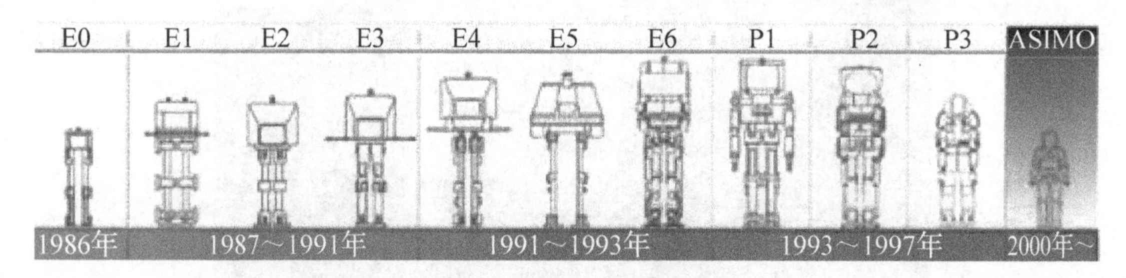

图 8-28　ASIMO 的进化历程

8.4.1　ASIMO 是怎么来的

ASIMO 是创新移动中的先驱（Advanced Step in Innovative Mobility）英文单词的缩写。ASIMO 的外形不会让人生畏和造成压迫感，而会让人们产生一种亲切感，其设计概念是创新和有吸引力的和谐融合。人工智能和身体机能的改善让 ASIMO 进入了新的发展阶段，使其从事舞台表演或与人类生活、合作等方面成为可能。

双足直立行走是人类区别于其他哺乳动物的显著特征之一，为了让机器人能像人类一样行走，本田公司在 20 世纪 80 年代就开始了这方面的研究。

ASIMO 的始祖 E0 诞生于 1986 年，外观就像一个长了腿的大盒子，它首次运用了双足步行的原理，根据直线的静态步行来移动，成功使两腿交替行走，但每步移动花费时间为 5s。

E0 的升级版 E2 诞生于 1987 年，首次实现了速度超过 1km/h 的步行，达到 1.2km/h。更重要的是，它还能适应人类特殊的生活环境——楼梯。随着科技的不断发展，继 E 系列机器人之后诞生了 P 系列机器人，P 系列机器人诞生于 1993～1997 年，可谓是真正意义上的机器人。P1 有了上半部分的身体，可以模拟人类全身运动。身高 1.9m，体重 175kg。电源和控制计算机都是放在主体之外，可以实现开关门、抓东西搬运等动作。1997 年研制的 P3 在计算机上实现分散型的控制之后，机器人满足了小型化和轻量化的要求，易于融入人类的生活。

2000 年，身高 1.2m 的 ASIMO 诞生，成为了机器人历史上最重要的里程碑之一。表 8-1 为本田双足机器人的初型到 ASIMO 的进化年表。

表 8-1　本田双足步行机器人进化年表

系列	型号	诞生年份	获得成果
E 系列	E0、E2、E4、E5、E6	1986～1993	机器人首次运用了双足步行的原理，根据直线的静态步行来移动，成功使两腿交替行走，时速 1.2km，能适应楼梯。加入平衡控制技术，在上楼梯和走斜坡时也不容易摔倒
P 系列	P1	1993	加入了机器人上身，实现了开关门、抓东西搬运等动作
	P2	1996	首款仿人智能双足步行机器人，实现了无线遥控
	P3	1997	满足了小型化和轻量化的要求，易于融入人类的生活
ASIMO	ASIMO	2000	除了行走与人类各种肢体动作之外，还具备了人工智能系统，可以预先设定动作，依据人类的声音、手势等指令来从事相应动作。它也具备基本的记忆与辨识能力

ASIMO 作为备受关注的“明星”机器人，从 2000 年研发至今，也不断升级换版本。如今 ASIMO 行走、奔跑自如，跳舞、射门、跑 8 字、跑楼梯等样样都行。在交互方面，ASIMO 还能与人类互动协作，进行握手、猜拳等动作，并与人进行简单的交谈、讲笑话。更为神奇的是，它除了可以为人端茶倒水、推车带路，作为主人的你还不用担心它“肚子饿”，最新版的 ASIMO 机器人，快没电的

时候，可以自己寻找电源进行充电。通过编程，ASIMO 还能指挥整个交响乐团进行表演。

在未来，ASIMO 将能做到有自己的面部表情，这将使其与人类的交谈变得自然和谐。ASIMO 将成为“感性”机器人中的杰出代表。

8.4.2 ASIMO 的规格特性

ASIMO 的外形尺寸设计，需要满足它能够在人类生活环境中自由地移动并使它更加便利化。ASIMO 的身高尺寸要使它能够操作电灯开关和门把手，并在桌旁和工作台旁进行工作。其眼睛的高度应与坐在椅子上的成年人眼睛的高度在一个水平面上，这样较易于与其进行信息联络。新型 ASIMO 的规格见表 8-2。

新型 ASIMO(图 8-29)可根据周围人的活动状况对自己的行动做出判断，这一点则实现了机器人从“自动机器”到“自律机器”的进化。

表 8-2 新型 ASIMO 的规格

尺寸	长度	130cm
	宽度	45cm
	深度	34cm
	重量	48kg(比上一代减轻 6kg)
性能	最大时速	9km/h(上一代时速 6km/h)
	活动时间	40min(步行时)通过自动充电可实现连续活动
关节自由度	总计 57 个关节自由度(较上一代增加了 23 个)	

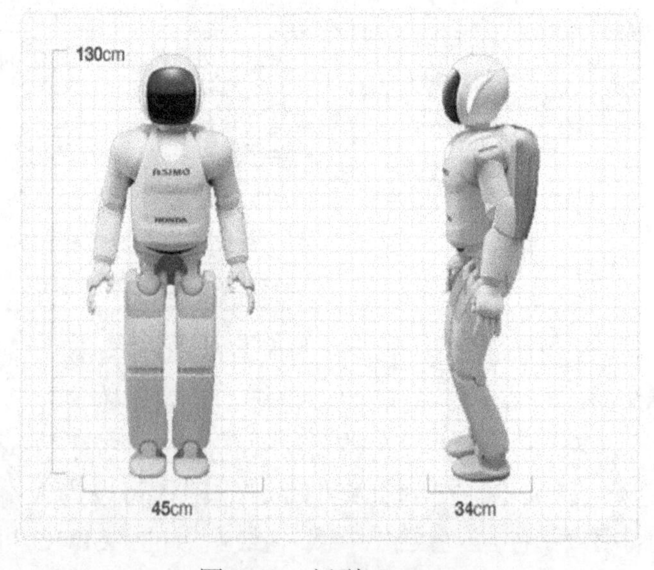

图 8-29 新型 ASIMO

本田公司认为自律机器人需具备三大要素：①姿态高度平衡——突然迈步仍能保持姿态平稳；②外界认知——通过多个传感器将周围人的活动等变化状况进行综合分析和推断；③产生自律行动——根据已有信息进行预测，在无人操作的情况下自行判断下一步的行动。

新型ASIMO实现了智能、身体协调性与作业性能三方面的提升。

(1)全新开发的智能化技术可根据类似人类视觉、听觉、触觉等各类传感器获取的信息进行综合判断，由此推断周围的状况并决定自身的对应行动。

(2)敏捷性大幅提升，即使在崎岖路面上仍可保持稳定姿势顺利行走，能够灵活应对外部的各种状况。步行、奔跑、逆向奔跑、单腿跳跃、双腿跳跃等活动均可自由、连续地完成。

(3)新型ASIMO采用融合视觉与触觉的物体认知技术，可以进行握瓶、旋转瓶盖、握住装有液体的纸杯并保持其完好无损等灵巧的手部作业。此外，还能完成需复杂手指运动才可实现的手语表达。

新型ASIMO用到的传感器有以下几种。

(1)视觉感应器：其眼部摄影机通过连续拍摄图片，再与数据库内容作比较，以轮廓的特征识别人类及辨别来者身份。

(2)水平感应器：由红外线感应器和CCD摄像机构成的sensymg系统共同工作，可避开障碍物。

(3)超声波感应器：以声波测量3m范围内的物体，即使在毫无灯光的黑暗中行驶也完全无碍。

(4)压力感应器：调节握手、搬运等各种作业的力度。

(5)速度传感器：感测“阿西莫”的体位及移动速度。

(6)陀螺仪传感器：向中央计算机传递平衡调节信息。

(7)关节角度传感器和6轴力传感器：完成人类肌肉和皮肤在感测肌肉力量、压力和关节角度方面所做的工作。

8.4.3 ASIMO的主要功能

1. 自由动作(表8-3)

表8-3 新型ASIMO的各种动作方式

动作方式	介绍	展示
奔跑	以时速9km奔跑，较之上一代的6km，奔跑速度显著提升	

续表

动作方式	介绍	展示
双脚跳跃悬空	全新控制技术，让腿部力量加大，活动范围扩大	
在崎岖路面上行走	敏捷性大幅提升，在崎岖路面上仍可保持稳定姿势顺利行走，能够灵活应对外部的各种状况	
单脚跳跃行走	得益于全新控制技术，可进行单脚跳跃行走	
打手语	高性能小型多指手，在手掌、五指中分别内置接触传感器与压力传感器后，可对各节手指进行独立操控，从而完成需复杂手指运动才可实现的手语表达	
踢足球	全新控制技术，让腿部力量加大，活动范围扩大，并能自由变换位置	
自在步行	可以在平坦的地面上顺畅行走，可以调整步伐来保持上半身的平衡，还可旋回、8 字行走	
上下台阶	在 ASIMO 的每只脚上，都装了一个 6 轴力传感器，用来监测每一步的稳定程度。再结合陀螺仪和加速度传感器，使用了独特的数学算法来让它能上下楼梯，并能够上下斜坡而如履平地	

续表

动作方式	介绍	展示
自动修正位置	可自行识别步行路线上的标示，根据标示一边走一边修正	
直线行走	在双脚均离地时可积极地控制姿势，保持直线行走。2005 年本田公司发布的新技术使 ASIMO 的最高时速提高至 6km	
旋回奔跑	可自行控制姿势，保持稳定的旋回奔跑或 8 字形走动	
全身协调运动	可配合步行姿势来控制手腕的动作，还会跳舞。2005 年末本田公司发布的新技术提高了 ASIMO 的全身协调功能，在提高全身平衡性的同时实现动作的柔软和迅速	

2. **使用道具**(表 8-4)

表 8-4　新型 ASIMO 使用道具方式

使用道具方式	介绍	展示
拧瓶盖倒水	手掌、五指中分别内置接触传感器与压力传感器，各节手指独立操控抓握	

续表

使用道具方式	介绍	展示
搬运托盘	运用视觉传感器和手腕力度传感器，ASIMO可根据实际情况交接实物。例如，可通过手腕接触放置托盘的桌子，从而判断高度和负荷大小。另外，还可协调全身动作来放置托盘，无论桌子高低，都可灵活应对	
推车前进	运用手腕的传感器，可调整左右手腕的推力，保持与推车之间的合适距离，一边前进一边推车。当推车遇到障碍时，ASIMO会自行减速并改变行进方向，直线或者转弯推车	

3. **信息交流**(表8-5)

表8-5　新型ASIMO的信息交流方式

信息交流方式	介绍	展示
同时分辨多人讲话	通过视觉和听觉传感器联动辨识人的脸部与声音，可同时辨识多人的声音，而这一点即便是人类也很难做到	
预测行人的行走方向，调整步伐以免发生碰撞	基于空间传感器提供的信息，可对数秒后人的行进方向进行预测。若发现与自身移动预测位置发生冲突，将瞬间选择其他线路，确保行进时不与人相撞	
识别声音及其来源	可通过识别人的声音以及其他响动来进行简单会话，还可以识别声音的来源，当有人叫它时，它会把头转向发声的方向，看着说话的人来交流	

续表

信息交流方式	介绍	展示
面部识别	识别储存在记忆中的面部，称呼姓名、传达信息，可做向导。	
识别移动物体	通过头部摄像头，可辨别出多个移动体，并判断出与其的距离、方向。凭借摄像头的信息，可跟着人步行	
情景和姿势的识别	从影像信息中检测出手的位置和运动，识别姿势和动作。不仅可识别声音指令，也可以识别人的自然动作并作出反应。当你伸出手时，ASIMO会跟你握手；当你挥手时，ASIMO会回应挥手	
认知环境	识别周围的环境，把握障碍物的位置，可以避免碰撞并绕行。人或其他移动的障碍物突然出现在面前时会停下来，离开后继续步行	
NewIC通信卡	ASIMO根据IC通信卡提供的客人信息，可判断出对方的属性和位置，判断与客人的距离，还会与擦身而过的人打招呼，将客人引导至预定的场所；可根据顾客的信息进行适宜的接待和服务	

8.4.4 ASIMO的相关技术

迄今为止，本田公司一直致力于研发高度综合智能和肢体能力，真正对人类有用的仿人机器人。在肢体能力方面，新一代 ASIMO 已经实现了初期的目标。今后的研究重点将转向智能化领域，进一步加强研究和开发，使机器人具备根据各种情况进行综合判断等能力。

1. 智能化、实时和灵活的行走技术(i-WALK)

i-WALK技术(图8-30)的特点是在早期行走控制技术的基础上增加了预测移动控制技术。这项新的双腿行走技术使得机器人的行走更加具有灵活性，使ASIMO更顺畅和更自然地行走。当人向前行走并开始转向时，在开始转向前会朝转向的内侧改变其重心。正是由于有了i-WALK技术，ASIMO可以实时地预测其下一个移动动作并提前改变其重心。

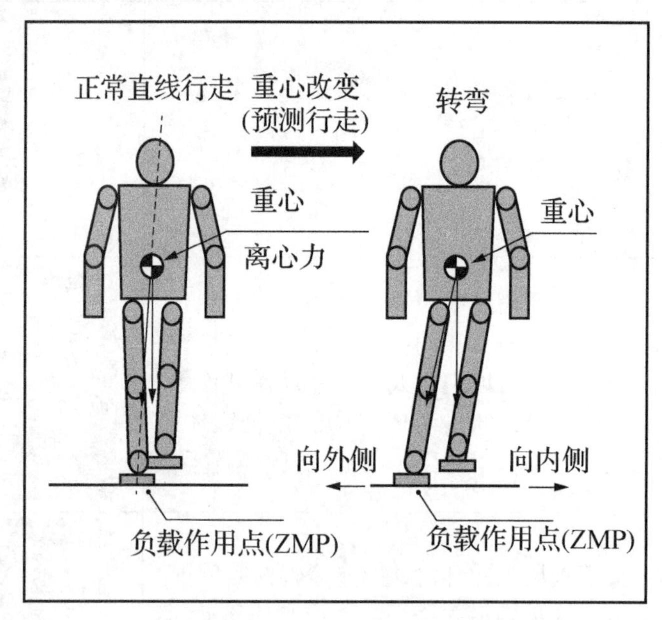

图8-30 预测移动控制技术

(1)实现了智能化、实时和灵活的行走。由于可以连续灵活行走，ASIMO能够在任何时间快速而顺畅地移动和行走，其模式如图8-31所示。

图8-31 ASIMO的行走模式

(2)除了改变脚的位置和转向，也可以自如地改变步幅。P3及其前代机器人是根据储存的行走方式进行转向的。ASIMO可以实时地形成行走方式，并可随意改变脚的位置和转向角度。因此，可以向多个方向顺畅地行走。此外，由于能够自如地改变步幅(每步的时间)，所以ASIMO的移动更加自然。

(3)步态控制。如果机器人失去平衡有可能跌倒，下述三个控制系统将起作用，以防止跌倒，并保持继续行走状态。

① 地面反作用力控制：脚底要能适应地面的不平整，还要能稳定地站立。

② 目标 ZMP 控制：当 ASIMO 无法站立，并开始倾倒时，需要控制它的上肢反方向运动来控制即将产生的摔跤，同时还要加快步速来平衡身体。

③ 落脚点控制：当目标 ZMP 控制被激活时，ASIMO 需要调节每步的间距来满足当时身体的位置、速度和步长之间的关系。

拓展

当机器人行走时，它将受到由地球引力，以及加速或减速行进所引起的惯性力的影响。这些力的总和称为总惯性力。当机器人的脚接触地面时，它将受到来自地面反作用力的影响，这个力称为地面反作用力。所有这些力都必须平衡，而 ASIMO 的控制目标就是找到一个姿势能够平衡所有的力，如图 8-32 所示。这就称为零力矩点(Zero Moment Point，ZMP)。

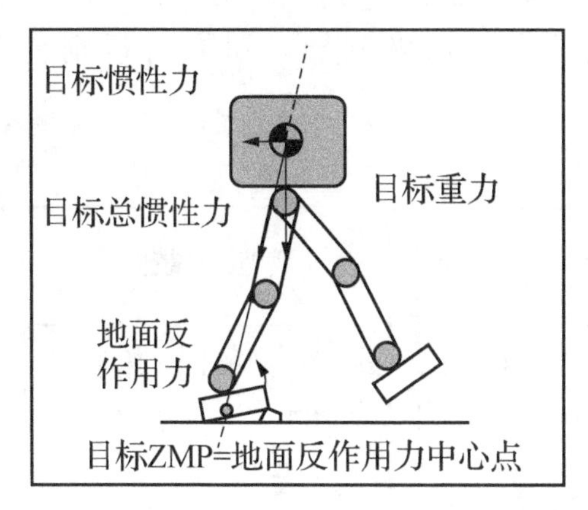

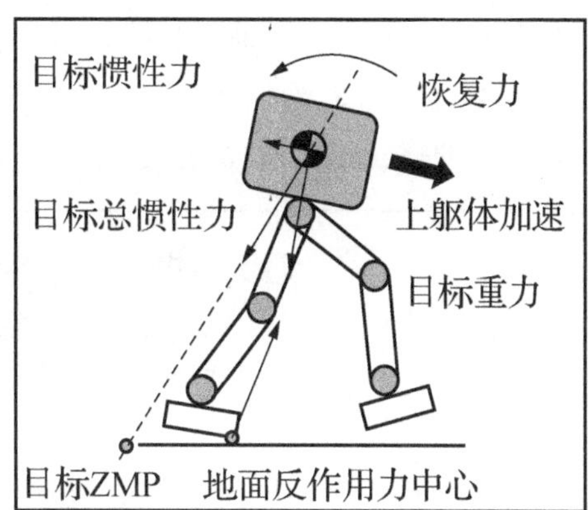

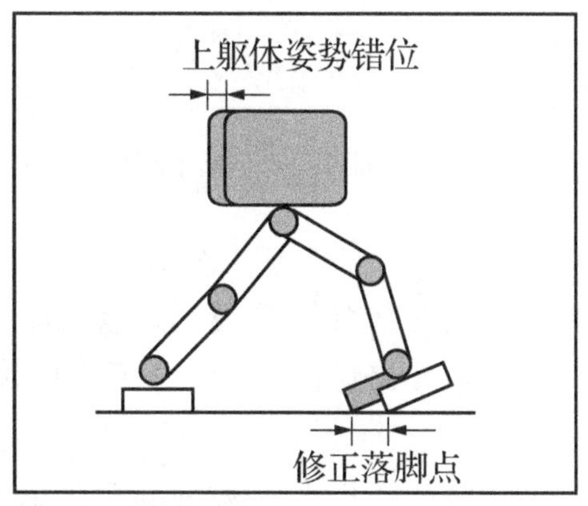

图 8-32　ASIMO 的步态控制图

2. 识别技术

(1) 识别移动物体。检测出由头部摄像头提供的影像信息中的多个移动物体，识别移动物体的距离和方向。如用摄像头追踪人的行动、跟着人步行、感知到人的接近并打招呼等。

(2)情景和姿势识别。从影像信息中检测出手的位置和运动，识别姿势和动作。不仅可识别声音指令，也可识别人的自然动作并做出反应。例如，推断人手指向的位置，向该方向移动(姿势识别)；人伸出手时会握手(姿势识别)；人挥手时，会回应做挥手动作(动作识别)。

(3)环境识别。识别周围的环境，把握障碍物的位置，可以避免碰撞并绕行。例如，人或其他移动的障碍物突然出现在面前时会停下来，离开后继续步行；发现静止障碍物会绕行。

(4)声源识别。识别特定声源位置的能力有了提高，另外可识别人的声音和其他声音。例如，被叫名字后可以转向那个方向并看着对方；看着说话的人的脸进行回答；对突然发出的声音(落下和撞击的声音等)做出反应并看那个方向。

(5)面部识别。人和 ASIMO 即使都在移动之中也可以识别面部。它能识别储存在记忆中的面部，称呼姓名、传达信息，可做向导，可同时识别十个人左右。

图 8-33 所示为识别技术获取信息的分类。

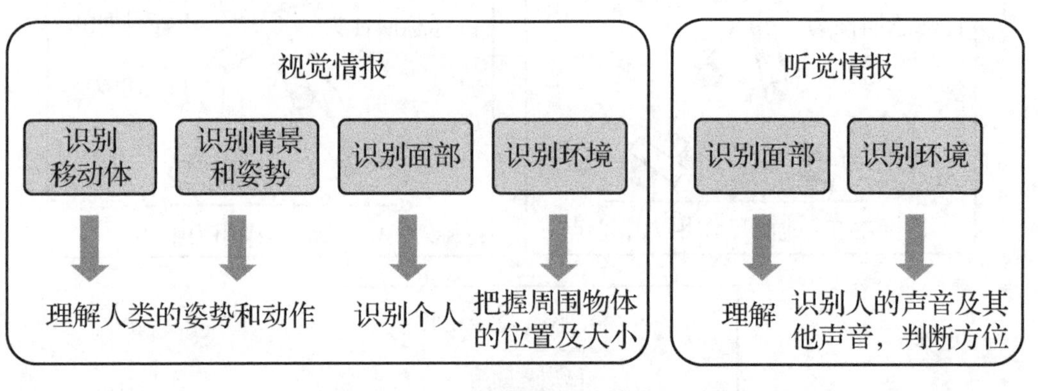

图 8-33　识别技术获取信息的分类

3. 与网络的结合

(1)和客户独自的网络系统的结合。可根据顾客的信息进行适宜的接待和服务；可向个人计算机终端传送客人来访的通知，并可直接传送来访者的面部图像；可将客人引导至约定的场所等。

(2)和互联网的连接。根据声音指令在被询问到新闻和天气时，可以从互联网获取信息进行回答。

4. 能够实现自然奔跑的新姿势控制技术

为了防止高速移动产生的足部打滑和空中旋转，保持平衡状态，本田公司利用上半身弯曲和旋转的新姿势控制理论和新开发的高速应答硬件等，使 ASIMO 的最大奔跑速度达到了 6km/h。同时，步行速度也由原来的 1.6km/h 提高到 2.7km/h。

5. 自律性的连续移动技术

ASIMO 通过地面传感器获得的周围环境信息和预先录入的地图信息等，能够在步行的同时修正路线偏差，途中无须停歇地直接移动到目的地。ASIMO 通过地面传感器和头部视觉传感器发现障碍物时，可以自行判断，迂回选择其他路线。

6. 配合人的活动而连贯活动的技术

ASIMO 通过头部视觉传感器、手腕部位新增加的腕力传感器等检测人的动作，可以进行物品交接，或配合人的动作而握手，而且能够朝着手被牵引的方向迈步等，实现了与人相配合的动作。

7. 控制方法

ASIMO 的“背包”携带有计算机(又称大脑)，用于控制它的动作。ASIMO 有三种方法控制：个人计算机、无线控制器(有点类似操纵杆)、声音指令。

第 9 章 网络机器人

9.1 认识网络机器人

随着互联网的迅猛发展，数字化信息呈爆炸式增长，互联网空间成为了一个大的信息仓库。各 Web 站点就像“数字出版社”一样不断刊登各类数字化信息，这不可避免地带来了网络信息资源的混乱。面对纷繁复杂的网络信息，网络机器人应运而生。

9.1.1 什么是网络机器人

随着互联网的快速发展，网络正在深刻地影响着人们的生活。而在网络上发展最为迅速的 WWW(World Wide Web)技术。以其直观、简单、高效的使用方式和丰富的表达能力，已逐渐成为互联网上最重要的信息发布和交互方式。随着 Web 信息的快速增长，产生了新的矛盾，即在给人们提供丰富信息的同时，却在 Web 信息的高效使用方面给人们带来巨大的挑战，一方面信息种类繁多，另一方面很难找到真正有用的信息。为此，人们发展了以搜索引擎为主的 Web 搜索服务。为了解决网上信息检索的难题，人们在信息检索领域进行了大量的研究，开发出了各种搜索引擎(如 Google、AltaVista)。这些搜索引擎关注广大用户的搜索需求，也称为通用搜索引擎。其通常使用一个或多个的 Web 信息提取器(网络蜘蛛)从互联网上收集各种数据，然后在自身服务器上为这些数据创建索引，当用户搜索时根据用户提交的查询条件从索引库中迅速查找出所需的信息返回给用户。

搜索引擎(Search Engine)，如传统的通用搜索引擎 AltaVista、Yahoo!和 Google 等作为辅助人们检索信息的工具，成为用户访问互联网的入口和指南。但是，这些通用性搜索引擎也存在着如下局限性。

(1) 不同领域、不同背景的用户往往具有不同的检索目的和需求，通用搜索引擎所返回的结果包含大量用户不关心的网页。

(2) 通用搜索引擎(图 9-1)的目标是尽可能大的网络覆盖率，有限的搜索引擎服务器资源与无限的网络数据资源之间的矛盾将进一步加深。

(3) 互联网数据形式的丰富和网络技术的不断发展，图片、数据库、音频、视频多媒体等不同数据大量出现，通用搜索引擎往往对这些信息含量密集且具有一定结构的数据无能为力，不能很好地发现和获取信息。

图 9-1　搜索引擎

(4) 通用搜索引擎大多提供基于关键字的检索，难以支持根据语义信息提出的查询。

为了解决上述问题，定向抓取相关网页资源的网络机器人应运而生。网络机器人(Web Robot)(图 9-2)是针对用户收集网上各种信息资源的需求而开发的网上资源自动采集、智能分类、智能过滤、自动去重和入库、上网发布的系统软件。网络机器人本质上是一个功能强大的 Web 扫描程序。

图 9-2　网络机器人

9.1.2 网络机器人的作用

网络机器人也称“网络蜘蛛”(Web Spider)，如图 9-3 所示。网络机器人作为搜索引擎的基础组成部分，它起着举足轻重的作用，随着应用的深化和技术的发展，网络蜘蛛越来越多地应用于站点结构分析、内容安全监测、页面有效性分析、用户兴趣挖掘以及个性化信息获取等多种服务中。网络蜘蛛在采集 Web 信息时，通常从一个“种子集”(如用户查询、种子链接或种子页面)出发，通过 HTTP 协议请求并下载 Web 页面，分析页面并提取链接，然后再以循环迭代的方式访问 Web。

图 9-3　谷歌网络蜘蛛

近年来，随着搜索经济的崛起，人们开始更加关注全球各大搜索引擎的性能、技术和日流量。而各大搜索引擎一直专注于提升用户的体验度，其用户体验度则反映在三个方面：准、全、快。用专业术语即查准率、查全率和搜索速度。其中最易达到的是搜索速度，因为对于搜索耗时在 1s 以下的系统来说，访问者很难辨别其快慢，更何况还有网络速度的影响。因此，对搜索引擎的评价就集中在了前两者：准、全。中文搜索引擎的“准”，需要保证搜索的前几十条结果都和搜索词十分相关，这需由“分词技术”和“排序技术”来决定；中文搜索引擎的“全”则需保证不遗漏某些重要的结果，而且能找到最新的网页，这需要搜索引擎有一个强大的网页收集器，即“网络蜘蛛”。网络蜘蛛在搜索引擎中占有重要地位，对搜索引擎的查全、查准都有影响，决定了搜索引擎数据容量的大小，而且网络蜘蛛的好坏直接影响搜索结果页中的死链接(即链接所指向的网页已经不存在)的个数。目前如何发现更多的网页、如何正确提取网页内容、如何下载动态网页、如何提供抓取速度、如何识别与站内内容相同的网页等都是网络蜘蛛需要进一步关注和改进的问题。

9.1.3　网络机器人技术的应用

网络机器人最早应用于搜索引擎，随着现代网络技术的发展，为了满足用户的需求，网络机器人已渗透到各行各业，广泛应用于各大搜索引擎、门户网站和各类应用程序。

(1) 翻译服务(图 9-4)。

图 9-4　翻译服务应用

(2) 订阅服务(图 9-5)。

图 9-5　腾讯新闻订阅

(3) 阅读器(图 9-6)。

图 9-6　阅读器

(4) 手机 App(图 9-7)。

图 9-7　手机 App 服务

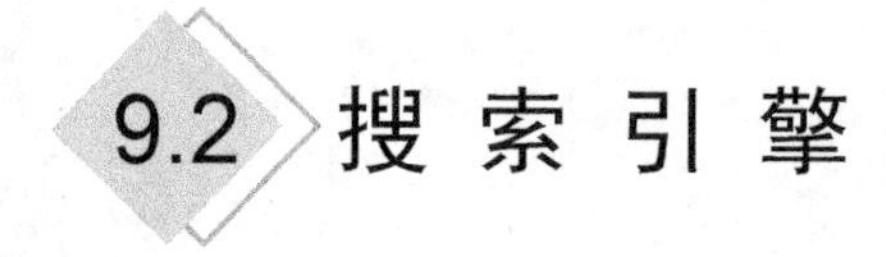

9.2 搜索引擎

9.2.1　什么是搜索引擎

搜索引擎是指根据一定的策略，运用特定的计算机程序从互联网上搜集信息，在对信息进行组织和处理后，为用户提供检索服务，将用户检索相关的信息展示给用户的系统。搜索引擎包括全文索引、目录索引、元搜索引擎、垂直搜索引擎、集合式搜索引擎、门户搜索引擎与免费链接列表等。百度(图 9-8)和谷歌等是搜索引擎的代表。

图 9-8　百度搜索引擎

搜索引擎由搜索器、索引器、检索器和用户接口四部分组成。搜索器在互联网中漫游，发现和搜集信息。它是一个计算机程序，日夜不停地运行。它要尽可能多、尽可能快地搜集各种类型的新信息，同时因为互联网上的信息更新很快，所以还要定期更新已经搜集过的旧信息，以避免死链接和无效链接。索引器理解搜索器所搜索的信息，从中抽取出索引项，用于表示文档以及生成文档库的索引表。检索器根据用户的查询在索引库中快速检索出文档，进行文档与查询的相关度评价，对将要输出的结果进行排序，并实现某种用户相关性反馈机制。用户接口的作用是输入用户查询、显示查询结果、提供用户相关性反馈机制，主要目的是方便用户使用搜索引擎，高效率、多方式地从搜索引擎中得到有效、及时的信息。搜索引擎利用 Web Spider（又称 Robot 或 Web Crawler）自动访问 Web 站点，提取网页上的信息，并根据网页中的链接进一步提取其他页面。用搜索到的信息建立索引库，根据用户的查询输入检索索引库，并将查询结果返回给用户。该类搜索引擎信息量大，更新及时，无须人工干预，但返回信息过多，有很多无关信息，用户必须从结果中进行筛选。

目前大多数搜索引擎都是基于关键词的搜索（图 9-9），基于关键字匹配的搜索技术也有局限性，如它不能区分同形异义，不能联想到关键字的同义字。

目前搜索引擎的发展面临两大难题：一是如何跟上互联网的发展速度，二是如何为用户提供更精确的查询结果。因此，传统的搜索引擎不能适应信息技术的高速发展。

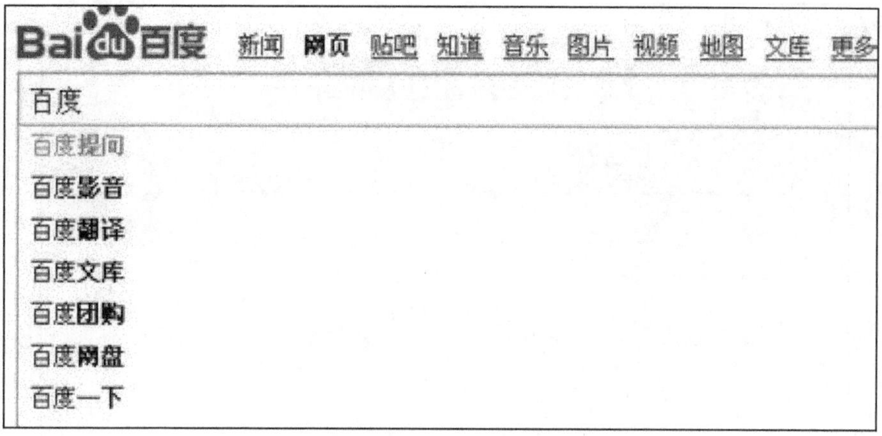

Bai百度 新闻 网页 贴吧 知道 音乐 图片 视频 地图 文库 更多

百度
百度提问
百度影音
百度翻译
百度文库
百度团购
百度网盘
百度一下

图 9-9　百度关键词搜索

搜索引擎已经成为一个新的研究、开发领域，因为它要用到信息检索、人工智能、计算机网络、分布式处理、数据库、数据挖掘等多领域的理论和技术，所以具有综合性和挑战性。又由于搜索引擎具有大量的用户，有很好的经济价值，所以引起了世界各国计算机科学界和信息产业界的高度关注，目前的研究、开发十分活跃，并出现了很多值得注意的动向。

(1) 自然语言理解技术。自然语言理解是计算机科学中的一个富有挑战性的课题。从计算机科学特别是从人工智能的观点看，自然语言理解的任务是建立一种计算机模型，这种计算机模型能够给出像人那样理解、分析并回答问题的自然语言。以自然语言理解技术为基础的新一代搜索引擎，称为智能搜索引擎。

(2) 提高信息查询结果的精度，提高检索的有效性。用户在搜索引擎上进行信息查询时，并不十分关注返回结果的多少，而是看结果是否和自己的需求吻合。对于一个查询，传统的搜索引擎动辄返回几十万、几百万篇文章，用户不得不在结果中筛选。目前出现了几种解决查询结果过多的方法。

① 通过各种方法获得用户没有在查询语句中表达出来的真正用途，包括使用智能代理跟踪用户检索行为，分析用户模型，使用相关度反馈机制，使用户告诉搜索引擎哪些文档和自己的需求相关以及相关度。

② 用正文分类技术，将检索结果分类，使用可视化技术显示分类结果，用户可以只浏览自己感兴趣的类别。

③ 进行站点类聚或内容类聚，减少信息的总量。

(3) 基于智能代理的信息过滤和个性化服务。信息智能代理是一种利用互联网信息的机制。它使用自动获得的领域模型、用户模型知识进行信息搜集、索引、过滤，并自动地将用户感兴趣的、对用户有用的信息提交给用户。智能代理具有不断学习、适应信息和用户兴趣动态变化的能力，从而提供个性化的服务。智能代理可以在用户端进行，也可以在服务器端运行。

9.2.2　搜索引擎工作原理

搜索引擎并不是真正搜索互联网，它搜索的实际上是预先整理好的网页索引数据库。搜索引擎的原理可以分为三步：从互联网上抓取网页，建立索引数据库，在索引数据库中搜索排序。

(1) 从互联网上抓取网页。此过程基本都是自动完成的。每个独立的搜索引擎都有自己的网页抓取程序(又叫网络蜘蛛)。网络蜘蛛会顺着网页中的链接，连续地抓取网页。被抓取的网页称为网页快照。由于互联网中超链接的应用很普遍，理论上，从一定范围的网页出发，就能搜集到绝大多数的网页。

(2) 建立索引数据库。搜索引擎抓到网页后，还要做大量的预处理工作，才能提供检索服务。其中，最重要的是提取相关网页信息(包括网页所在 URL、编码类型、页面内容的所有关键词、关键词位置、生成时间、大小、与其他网页的链接关系等)，根据一定的相关度算法进行大量复杂计算，得到每一个网页针对页面文字中及超链接中每一个关键词的相关度(或重要性)，利用这些相关信息建立索引数据库。其他还包括去除重复网页、分析超链接、计算网页的重要度等一系列用于评价网站的指标(PageRank、Alexa 排名、收录数、链接数等)。

(3) 在索引数据库中搜索排序。用户输入关键词进行检索，搜索引擎从索引数据库中找到匹配该关键词的网页；目前，搜索引擎返回的信息主要是以网页链接的形式提供的，通过这些链接，用户便能到达目标网页。

9.2.3　网络机器人在搜索引擎中的位置

目前主流的搜索引擎以页面迭代抓取、全文索引及关键词搜索为基本特征，其内部结构如图 9-10 所示。

网络机器人(网络蜘蛛)为搜索引擎从互联网上下载网页，并沿着该网页的相关理解在 Web 中收集资源。网络蜘蛛是一个很形象的名字，把互联网看成一个蜘蛛网，那么网络蜘蛛就是在这张网上爬来爬去的蜘蛛，它通过网页的链接地址来寻找网页。从网站的首页开始，先读取首页的内容，找到在网页中其他链接，然后再通过这些链接寻找下一个网页，一直循环下去，直到把所有的网页链接都抓取完。搜索引擎中的 Robot 程序被称为 Spider 程序。网络蜘蛛 Web 的搜索其实是一个循环迭代的过程。

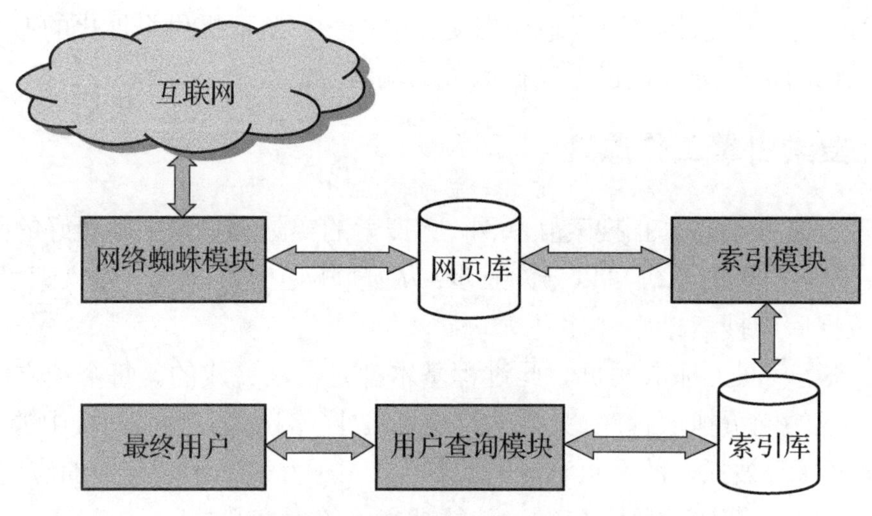

图 9-10　网络机器人的内部结构

就目前的数据来看，要抓取网络上所有的网页是有一定困难的。其中一个原因是抓取技术的瓶颈，无法把所有的网站都遍历一遍，有许多网站无法从其他网页的链接中找到；另一个原因是存储技术和处理技术的限制，如果按照每个页面的平均大小是 20KB 计算，100 亿网页的容量是 100×2000GB，即使能够存储，网页的下载也存在问题。同时，数据量太大，在提供搜索时也对搜索效率有影响。

9.3 网络机器人的基本原理

9.3.1 网络机器人的工作原理

网络机器人的原理是采集 Web 页面内容并检索其中的超链接，将超链接加入待扫描 URL 队列，等待一次网页扫描完之后，再提取 URL 队列中的超链接采集其他页面，从而遍历互联网上的所有相关页面，其核心目的是搜索并获取互联网上的信息。

网络机器人的工作流程较为复杂，需要根据一定的网页分析算法过滤与主题无关的链接，保留有用的链接并将其放入等待抓取的 URL 队列。然后，它将根据一定的搜索策略从队列中选择下一步要抓取的网页 URL，并重复上述过程，直至达到系统的某一条件时停止，如图 9-11 所示。另外，所有被抓取的网页将会被系统存储，进行一定的分析、过滤，并建立索引，以便之后的查询和检索；对于网络机器人来说，这一过程所得到的分析结果还可能对以后的抓取过程给出反馈和指导。这些处理称为网络抓取或者蜘蛛爬行。很多站点，尤其是搜索引擎，都使用蜘蛛提供最新的数据，主要用于提供它访问过页面的一个副本，然后搜索引擎就可以对得到的页面进行索引，以提供快速的访问。网络蜘蛛也可以在 Web 上用来自动执行一些任务，如检查链接，确认 html 代码；也可以用来抓取网页上某种特定类型信息，如抓取电子邮件地址(通常用于垃圾邮件)。

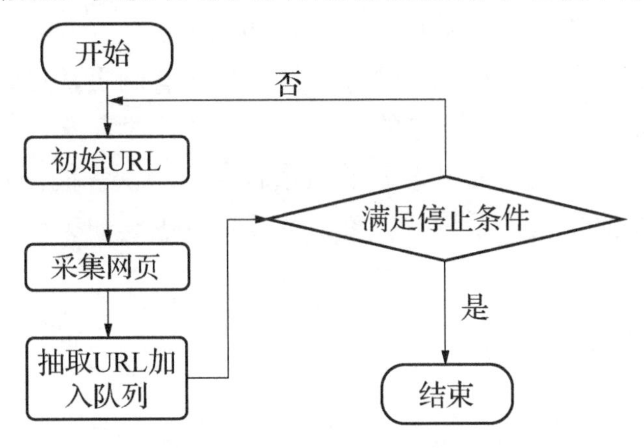

图 9-11　网络机器人工作流程

大体上，网络机器人从一组要访问的 URL 链接开始，可以称这些 URL 为种子，访问这些链接，再辨认出这些页面的所有超链接，然后添加到 URL 列表，可以称为检索前沿。这些 URL 按照一定的策略反复访问。

9.3.2　网络机器人的搜索策略

在网络蜘蛛搜索网页信息的时候，一般有两种搜索策略：深度优先策略和广度优先策略。两种搜索策略示意图如图 9-12 所示。

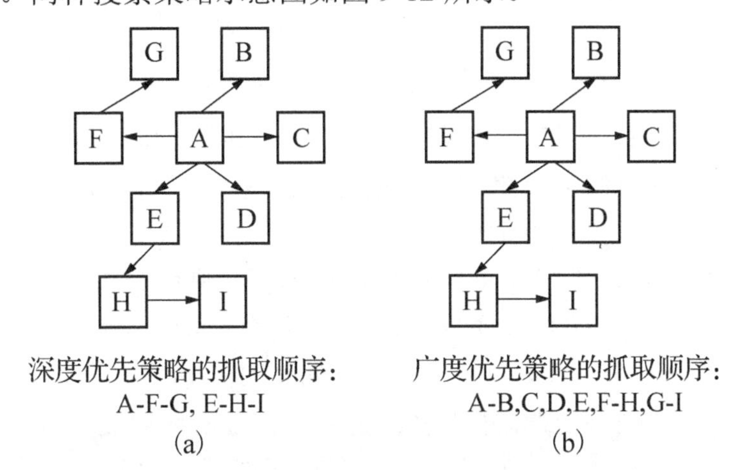

图 9-12　两种搜索策略示意图

深度优先搜索策略只考虑链接之间的层次关系，可以将链接看成树形结构，从起始页开始，一个链接一个链接地跟踪下去，先访问链接树的一个分支，再回到链接树的根节点访问另一个分支，这种搜索方式的优点在于容易设计，而且可以及时搜索到某个链接下足够深的链接，缺点是某些高层次的链接不能够被及时访问甚至有可能访问不到。

广度优先搜索策略是按照链接树的层次访问的，一个层次一个层次地访问，也就是说，网络蜘蛛会先抓取起始网页中链接的所有网页，然后再选择其中一个网页链接，继续抓取该网页中链接的所有网页。这种搜索方式可以让网络蜘蛛并行处理，提高搜索的速度，而且搜索的质量较高，层次高的网页能够及时访问，缺点是只简单地按照层次关系进行搜索，并没有引进其他策略，同样不能满足专业领域搜索的需求。

9.3.3 网络机器人的架构

网络机器人的整体架构如图 9-13 所示，它主要包括网页采集模块、网页分析模块、页面库、URL 队列、种子 URL 等。

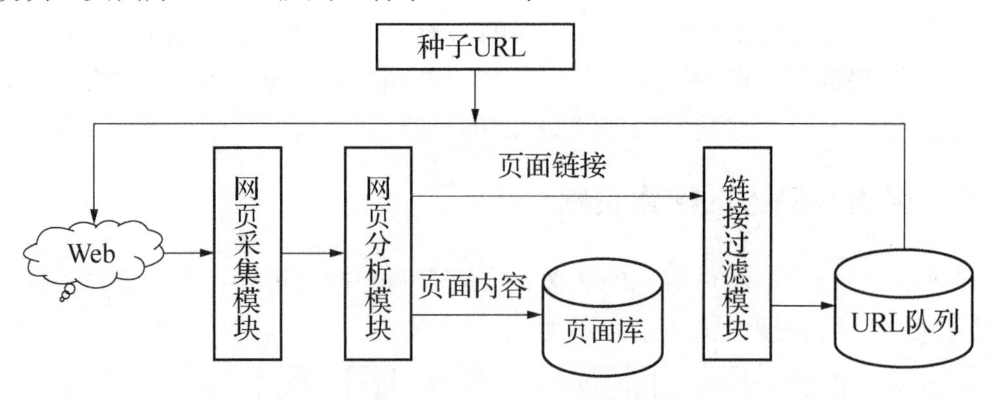

图 9-13　网络机器人的架构

(1) 网页采集模块。该模块主要是通过各种 Web 协议将互联网上各种资源采集下来保存，其过程类似于用户使用浏览器打开网页，保存的网页供其他后续模块处理，如页面分析、链接抽取。

(2) 网页分析模块。该模块主要是将保存的页面进行分析，提取其中的超链接，并进行规范化处理。例如，相对路径需要补全 URL，然后加入待采集 URL 队列中，此时一般会过滤掉队列中已经包含的 URL，以及循环链接的 URL。

(3) 页面库。用于保存已采集下来的页面，以备后期处理。

(4) URL 队列。从采集网页中抽取并作相应处理后得到待采集的 URL，当 URL 为空时，网络机器人程序终止。

(5) 种子 URL。提供 URL 种子，以启动网络机器人。

9.4 互联网智能机器人

移动互联网的发展引发了智能终端的爆炸式增长，作为智能终端的全新形态，智能机器人正成为行业的发展趋势。在不久的将来，类似星球大战中的机器人可能将成为人们工作生活的助手。移动宽带的迅速发展为智能机器人创造了外部通信条件，云计算、大数据的兴起为机器人注入了“智慧的心”，智能机器人为人们提供了全新的交互方式，并将成为智慧生活的核心。

9.4.1 移动互联网催生智能机器人发展

在全球移动互联网大会上，机器人可谓抢尽了风头，如图9-14所示。V-Sido公司首席执行官吉崎航表示：“回家说声‘给我倒杯咖啡’，机器人就会出来给你倒杯咖啡。将人们的住宅跟互联网相连通，改变人们的生活，重要的介质就是机器人，而且具备整合功能。今后人工智能将会越来越多地集中在机器人上，它将越来越智能化。”

图9-14 日本人形机器人亮相全球移动互联网大会

在经历了智能手机、平板电脑的快速增长之后，智能终端正在向更加智能的方向发展，图9-15展示了智能终端的延伸与补充。工业和信息化部电信研究院发布的《移动互联网白皮书》显示，在智能手机年增长率刚刚低于50%之际，新的计算革命已经开启，智能硬件、可穿戴设备、汽车互联网、新型机器人沿着移动互联网的发展道路不断向各个产业领域蔓延，促进经济乃至社会变革。

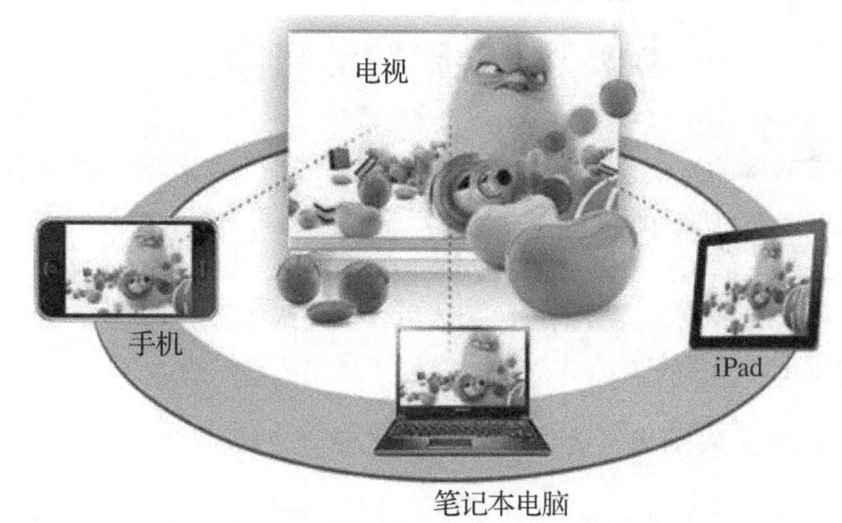

图 9-15　智能终端的延伸与补充

以前的机器人是基于机器人本体的智能性，靠本身的传感器、软件来实现一些功能。移动宽带技术的成熟和移动互联网的快速发展，使智能机器人不再依靠其本体及软硬件，而可以借助互联网的资源来提升其智能化水平。另外，在应用方面，智能机器人也离不开移动互联网技术，资源获取和应用执行也都需要移动互联网技术的支持。近两年，全球服务机器人开始走向市场，也正是因为外部技术条件的成熟才得到突破。

9.4.2　互联网智能机器人战略布局要素

国内外互联网巨头近两年来的变化，有一个明显的趋势，就是资本并购和人才战略不断升级，硝烟弥漫的背后实质是互联网正在推动创新技术的不断萌发和创变。智能机器人已经在互联网巨头中崭露头角，并迅速成为“三国荆州”成为各家争夺之地。智能服务和把握未来是科技巨头的驱动力，巨头忙于布设自己的战略棋局。

1. 掌控人工智能技术

互联网智能机器人的人工智能技术包含赋予智能机器人情感能力的前端语音技术处理和后端专家系统，语音技术主要是语音识别和语音合成技术，语音识别是把用户的语音转化成文字，这里需要强大的语音知识库和云计算技术。语音合成是把返回的文字结果转化成语音并且输出。后台专家系统的目的就是处理用户的请求，并返回与之相匹配的结果，基本的模式是分析用户的输入内容进行类型判断，分别采用内容搜索、知识计算、百科知识库、问答及推荐等技术给出用户想要的正确答案。国内的小 i 机器人，国外的 Google Now 是典型代表，2014 年 8 月，微软小冰二代以更加凸显专属和私密的特点登录新浪微博，此次还升级了二代小冰的人工智能水平、私聊语料库、养成新技能和积分体系。现今，各大巨头纷纷在智能机器人领域拔剑张弩，蓄势待发。

2. 大数据智能分析

智能机器人背后蕴藏了一个神秘莫测的变革力量就是大数据，大数据时代的到来能给智能机器人的迅速发展提供新的推动力，其核心价值是对海量数据进行存储和智能分析。将数量巨大、种类繁多、价值密度极低、本身快速变化的数据有效和低成本存取、检索、分类、统计，挖掘大数据对于智能机器人的重要意义。

智能机器人一旦应用到生活领域，可以接触到更多用户，收集更多用户大数据。因为智能机器人时时刻刻会产生海量大数据，这些数据可以随时感知环境，同用户交互，对于挖掘用户需求价值不可想象。百度大数据智能分析无疑是最具代表性之一，百度 PC 端每天响应近 50 亿次搜索请求，百度地图日均定位请求超过 35 亿次。百度春节前夕的迁徙地图明确地对众多用户传来的定位请求做出反应，从而对所有请求信息进行辨认设备和定位，位置变化准确预测分析人流迁徙的变化。2014 年的世界杯上，百度大数据创造了世界杯比赛预测全部正确的记录，这也仅是大数据表现出的冰山一角。百度正在构建一个基于百度技术的生态系态，将大数据、精准营销、信息出入口都紧握囊中。

3. 云计算开发能力

智能机器人为云计算的客户端，而云计算为智能机器人的神经中枢，决定着整个机器人的感知、运动和思考。并且云计算扩大了机器人使用资源的能力，其海量存储功能为智能机器人的记忆提升提供了无限的可能，存储的能力越强，所能辨别的东西就越多，所以云计算直接决定着智能机器人的记忆力。另外，云计算可以实现众多机器人资源共享，降低存储成本，让机器人廉价开发，便于构建庞大的机器人网络；云计算的另外一个超级功能就是计算能力，它可以赋予每个客户端整个云的计算能力，从而给机器人分配足够多的逻辑推理能力，同样可以降低机器人研发成本。2006 年，微软推出的机器人工程开发平台“Microsoft Robotics Studios”为开发人员提供了一个机器人编程通用平台，降低了机器人的开发范围和门槛，使机器人私人定制成为现实。

4. 搭建百科知识库

知识库是智能机器人的养分，丰盛的养分才能造就一个丰满的机器人。Google 改进了先前基于链接的数量和链接权重的局面，增加了内容和关键词的比重，从单纯的检索关键词变成解释关键词。这就是 Google 的神奇人工智能知识库，先储存字节和词组，然后理解你搜索这些字节的目的，这些知识库甚至是超越搜索的，Google Now 比 Siri 提供的信息相关性更高，通过 Google Now 可以瞬间返回用户所需要的问题答案。

小 i 机器人拥有最先进的中文智能人机对话引擎和关键技术发明专利；在通用领域积累了海量的语言知识库和百科知识库，并具有持续学习能力；在通信、金融等多个领域沉淀了全球最大的行业知识库，所以小 i 机器人在国内率先独树一帜扛起智能机器人大旗。

5. 渠道大幅度整合

渠道整合向来都是巨头的拿手好戏。谷歌先后并购了仿人机器人制造公司 Boston Dynamics、手势识别公司 Flutter、知名智能家居公司 Nest、制造紧凑型仿人机器人公司 Schaft、视觉技术机器人公司 Ndustrial Perception、机器人手臂制造公司 Redwood Robotics、为好莱坞提供自动化机器人的公司 Bot & Dolly，制造与人协作机器人的公司 Meka Robotics、专注于人工智能的大型独立公司 DeepMind。在渠道整合方面谷歌采用资本并购，相对应的百度则采用的是人才攻坚战。百度成立深度学习研究院，广揽世界级技术专家，推出 Baidu Inside 智能硬件合作计划，发布大数据引擎，研发“百度大脑”，修建智能 mall，推出少帅计划。这些举动都显现了不单单是智能机器人而是整个智能领域对互联网巨头的重要地位。

另外一个整合的渠道就是物联网，物联网的最高境界是实现机器人。物联网通过网络化信息传递、智能分析决策，赋予机器人能力，使机器人完成人的工作，这将使智能机器人更加深刻地应用于实践，指导机器人价值的真正实现。

总体来说，人工智能技术、大数据、云计算、知识库、大渠道就是智能机器人战略布局五要素，在智能机器人的背后是巨大的商业价值和社会价值。这是科技革命的又一个里程碑。

第 10 章 3D 打印机器人

10.1 3D 打印技术

18 世纪 60 年代，蒸汽机的广泛使用引发了第一次工业革命，20 世纪 80 年代后期，3D 打印机横空出世。有人推测，3D 打印机广泛应用将引发第三次工业革命。

10.1.1 什么是 3D 打印

3D 打印(3D printing)是快速成型技术的一种，它是一种以数字模型文件为基础，运用粉末状金属或塑料等可黏合材料，利用增材制造法原理，通过逐层打印的方式来构造物体的技术，如图 10-1 所示。

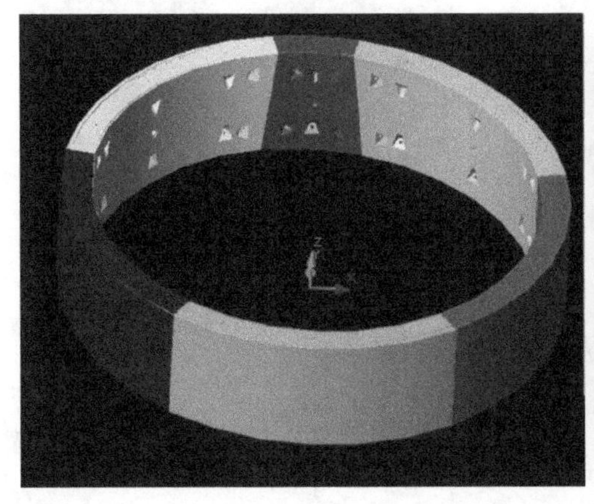

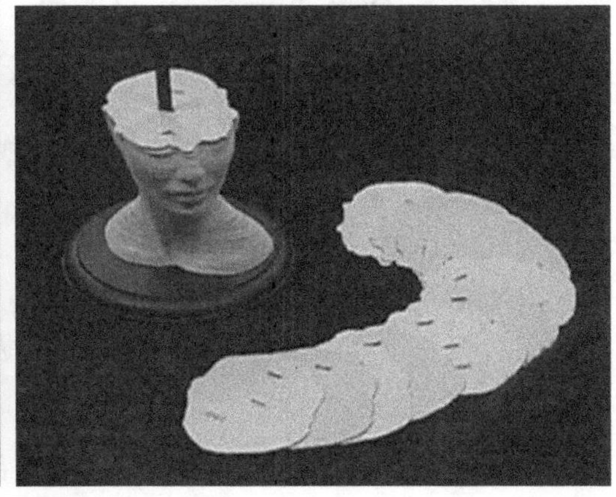

图 10-1 利用 3D 打印构造物体

实现 3D 打印技术的关键是 3D 打印机和 3D 打印自由成型工艺。3D 打印机通过喷头来配送成型材料，按照设计的 CAD 模型，将材料一层层地逐步喷射于工作台上，最终形成 3D 模型，如图 10-2 所示。

现阶段的3D打印被用来制造产品。它的魅力在于不需要在工厂操作，桌面打印机就可以打印出小物品、技术产品、模型等。当然，车架、汽车方向盘、飞机零部件等大物品，则需要工业级的3D打印机及更大的放置空间。

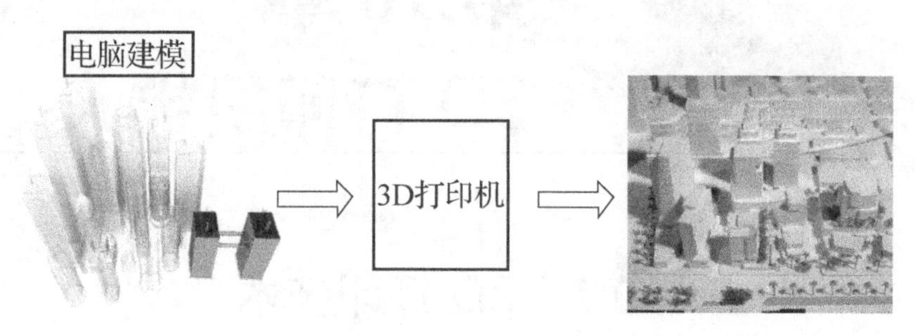

图10-2　3D打印流程图

交流

对比3D打印机与传统打印机(图10-3)，说一说它们之间有什么相似的地方，区别又在哪里？

图10-3　传统打印机和3D打印机

只要一个想法，一些材料，一台3D打印机，就可以把你脑中的想法转化成实体，它可以打印一辆车、一栋房子、一只胳膊，甚至一块猪肉，如图10-4所示。3D打印机的操作原理与传统打印机很多地方是相似的，它配有融化尼龙粉和卤素灯，允许使用者下载图案。3D打印机与传统打印机最大的区别在于它使用的“墨水”是实实在在的原材料，堆叠薄层的形式多种多样。可用于打印的介质种类多样，从繁多的塑料到金属、陶瓷以及胶类物质。有些打印机还能结合不同介质，打印出来的物体一头坚硬而另一头柔软。

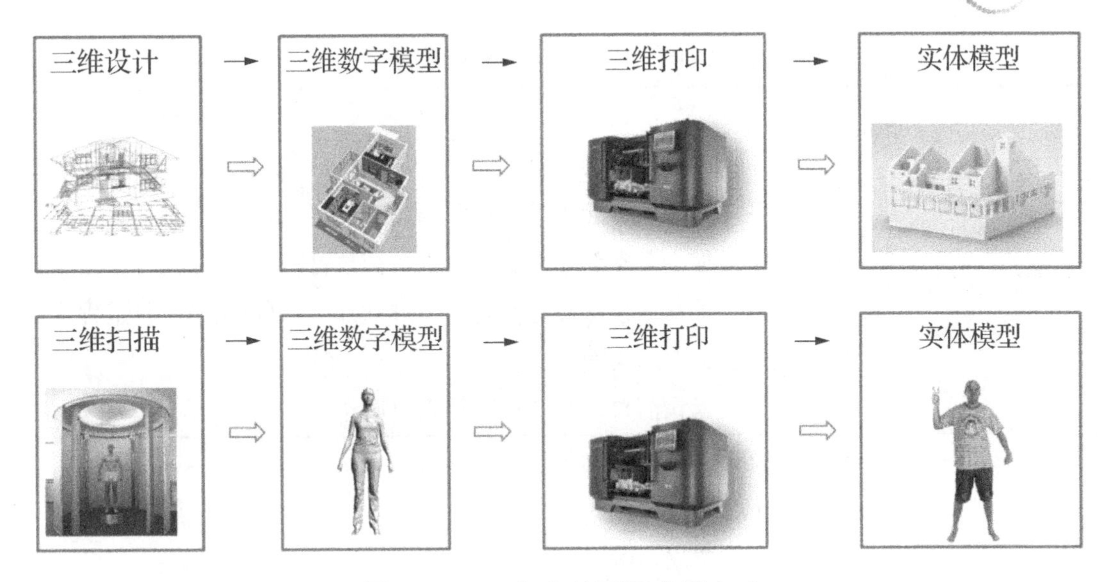

图 10-4　3D 打印的不同应用方式

10.1.2　3D 打印的分类和特点

人们可以在一些电子产品商店购买到 3D 打印机，工厂也进行直接销售。目前，3D 打印机的使用范围还有限，不过在未来的某一天，人们可以通过 3D 打印机打印出实用的物品。

1. 3D 打印的分类

针对市场不同，3D 打印机分为民用级（个人级）和工业级（专业级、生产级），如图 10-5 所示。其分类及特点如表 10-1 所示。

(a) 民用级 3D 打印机

(b) 工业级 3D 打印机

图 10-5　民用级和工业级 3D 打印机

表 10-1 3D 打印机的分类及特点

分类	特点
民用级 3D 打印机	只能打印单色物体，同一台打印机不能更换耗材 价格：几千元到几万元不等(有国产和进口区分) 材料范围：尼龙、塑料、树脂等少数可塑性材料 打印速度：手掌大模型需打印几十分钟到几小时(根据模型复杂程度) 打印机体积：普通桌面可放置 操作难度：操作简单，需三维设计人员操作
工业级 3D 打印机	能直接打印混合彩色物体 价格：上百万元 材料范围：金属、陶瓷、塑料等常见材料 打印速度：可高速批量打印 打印机体积：体积较大 操作难度：操作复杂，需培训专业人员操作

2. 3D 打印的特点

3D 打印技术带来了世界性制造业革命，以前是部件设计完全依赖于生产工艺能否实现，而 3D 打印机的出现，将会颠覆这一生产思路，企业在生产部件的时候不再考虑生产工艺问题，任何复杂形状的设计均可以通过 3D 打印机来实现。3D 打印机技术与传统生产方式的不同之处如图 10-6 所示。

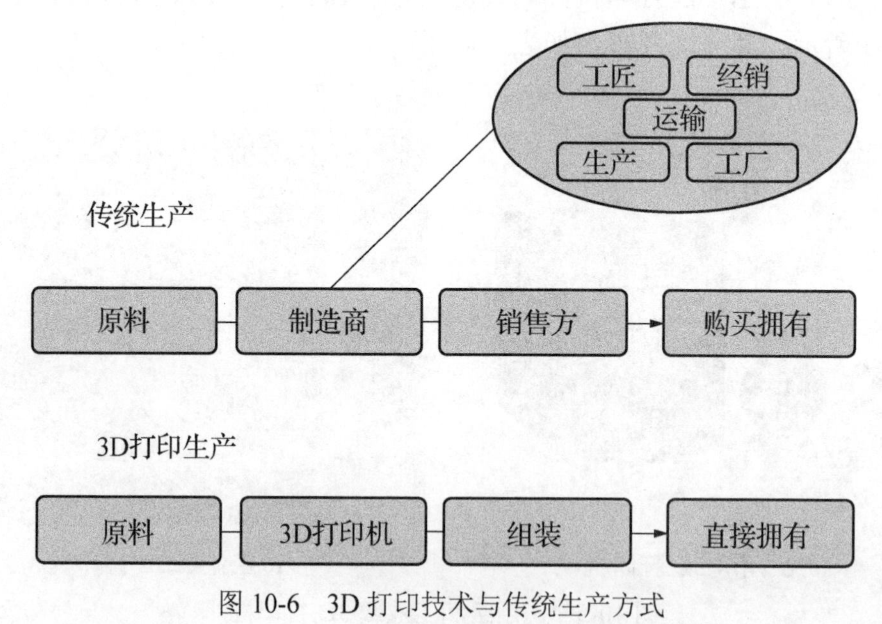

图 10-6 3D 打印技术与传统生产方式

相较于传统制造业，3D 打印的优点如下。

(1) 3D 打印节省材料，不用剔除边角料，提高材料的利用率，通过摒弃生产线而降低了成本。

(2) 3D 打印可达到极高的精度和复杂程度，可以打印出传统工艺无法完成的设计，并且外形美观，具有鉴赏性和实用性。

(3) 3D 打印不需要传统的道具、夹具和机床或任何模具，能直接从计算机图形数据中生产任何形状的零件。

(4) 3D 打印可以自动、快速、直接和精确地将计算机中的设计转化为模具，甚至直接制造零件或模具，从而有效地缩短产品研发周期。

(5) 3D 打印能在数小时内成型，它让设计人员和开发人员实现了从平面图到实体的飞跃。

(6) 3D 打印能打印出组装好的产品，大大降低了组装成本，甚至可以挑战大规模生产方式。

交流

既然 3D 打印如此神奇，有这么多的优点，那为什么目前 3D 打印技术难以普及呢？

(1) 耗材贵，一台打印机只能用同类耗材(便宜的几百元/千克，贵的 2000～3000 元/千克)。

(2) 因成本居高不下，目前仅限于设计、科研等少数领域使用，不适合大面积普及使用。

(3) 耗材不通用。使用金属耗材的打印机无法和使用尼龙或树脂的打印机通用耗材。

(4) 金属耗材打印机造价昂贵，售价在五六百万元，销量极少，厂家无法维持。

(5) 3D 打印产品需要有专业的三维设计与 3D 打印对接才能进行生产。

(6) 民用级产品材料局限性大，可塑性产品材料易变形，产品体积大易结构不稳定。

(7) 工业级 3D 打印产品缺乏成本优势，操作及设置复杂，难以普及。

(8) 国内缺乏 3D 打印核心技术，产品工艺落后，产品可靠度低。

(9) 国外产品及耗材价格高，无成本优势，不适合大批量生产。

拓展

3D 打印技术能否引领第三次工业革命

3D 打印技术已经成功地将传统复杂的生产工艺简单化，将材料领域的疑难问题程序化，并开始渗透到人们生产、生活的方方面面。

过去工业化最大的成就就是通过机械化，实现了规模化大生产。而我们今天的 3D 打印技术则将规模化大生产可能演变为若干个体，打破集约化生产的传统模式。只要一台 3D 打印机，就可以在家里生产任何我们需要的东西，而且可以不断变化款式、样式。那么，未来某些领域我们的服务对象可能就变成自己，自己既是生产商，也是顾客。不过，按照社会分工越来越细的趋势，每个人还是会回到各自的工作体系中，干自己的事情。绝大多数产品还是由专业的厂家来完成。新的生产方式已经发生了重大改变，传统的生产制造业将面临一次长时间的“洗牌”。

有专家认为，未来模具制造行业、机床行业、玩具行业、轻工产品行业或许都可能被淘汰出局，而取代它们的就是 3D 打印机。当然，这需要一个过程，主要是人们适应和接受新事物的过程，也有产业自身完善成长的过程。10 年或 20 年是一个分水岭。一般新技术就会变得非常成熟，并广泛应用。

由于我国没有完成工业化，传统粗放式的工业发展模式已经严重阻碍了生产力发展，产业升级和结构调整成为一项长期的艰巨任务。而 3D 打印技术的产业化无疑对我国新型工业化建设和促进传统产业的升级发挥十分重要的引领作用。3D 打印技术作为一次重大的技术革命，已经成为共识。

10.1.3 3D 打印的材料

3D 打印技术的兴起和发展离不开 3D 打印材料的发展。3D 打印有多种技术种类，如 SLS、SLA 和 FDM 等，每种打印技术材料都是不一样的，如 SLS 常用的打印材料是金属粉末，而 SLA 通常用光敏树脂，FDM 采用的材料比较广泛如 ABS 塑料、PLA 塑料等。

当然，不同的打印材料是针对不同的应用，目前 3D 打印材料还在丰富中，材料的丰富和发展也是 3D 打印技术能够普及、能够带来所谓的“第三次工业革命”的关键。

1. ABS 塑料类

ABS 是最常用的打印材料，目前有很多种颜色可以选择，也是民用级 3D 打印机用户最喜爱的打印材料，如打印玩具、制作创意家居饰件等。ABS 材料通常是细丝盘装，通过 3D 打印喷嘴加热溶解打印，如图 10-7 所示。

图 10-7　ABS 塑料

2. PLA 塑料类

PLA 塑料熔丝也是一种常用的打印材料，尤其对于民用级 3D 打印机来说，PLA 是一种可以降解的环保材料。PLA 一般情况下不需要加热，容易使用，适合低端的 3D 打印机。PLA 有多种颜色，还有半透明的红、蓝、绿以及全透明的材料供用户选择，如图 10-8 所示。

3. 亚克力

亚克力（有机玻璃）材料表面光洁度好，可以打印出透明和半透明的产品，如图 10-9 所示。目前，使用亚克力材质可以打印出牙齿模型用于牙齿矫正的治疗。

图 10-8　PLA 塑料

图 10-9　亚克力板

4. 尼龙铝粉材料

尼龙铝粉材料在尼龙的粉末中掺杂了铝粉，利用 SLS 技术进行打印，其成品就有金属光泽，常用于装饰品和首饰等创意产品的打印，如图 10-10 所示。

图 10-10　尼龙铝粉 3D 打印成品

5. 陶瓷

陶瓷粉末采用 SLS 进行烧结，上釉陶瓷产品可以用来盛食物，很多人用陶瓷来打印个性化杯子，当然 3D 打印并不能完成陶瓷的高温烧制，这道工序现在需要在打印完成之后进行，如图 10-11 所示。

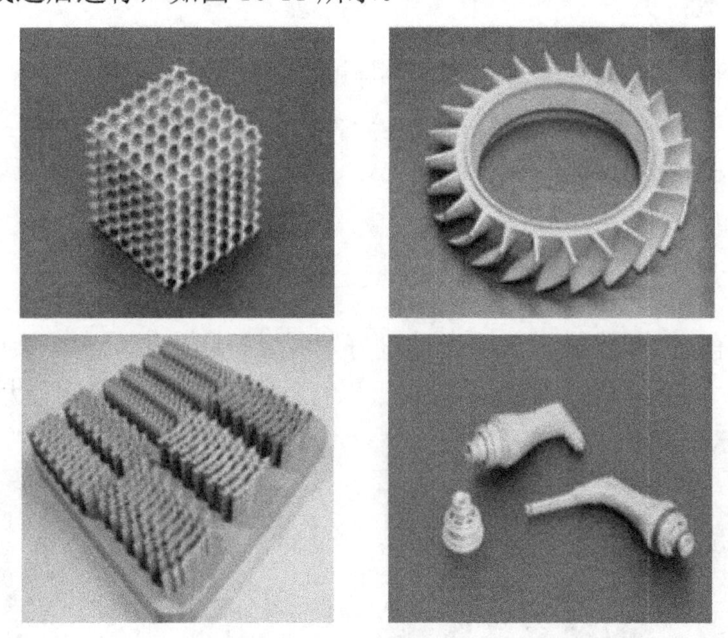

图 10-11　陶瓷 3D 打印材料

6. 树脂

树脂是光固化成型(SLA)的重要材料，其变化种类很多，有透明的、半固体状的，可以制作中间设计过程模型，如图 10-12 所示。由于其成型精度较高，可以作为生物模型或医用模型。

图 10-12　固态树脂

7．玻璃

真正用于 3D 打印的玻璃目前正在试验中。玻璃粉末采用 SLS 技术进行打印，玻璃材料的变化种类就像树脂和聚丙乙烯一样多，如图 10-13 所示。

图 10-13　玻璃

8．不锈钢

不锈钢坚硬且有很强的牢固度。不锈钢粉末采用 SLS 技术进行 3D 烧结，可以选用银色、古铜色以及白色。利用不锈钢可以打印模型、现代艺术品以及很多功能性和装饰性的用品，如图 10-14 所示。

9. 其他金属——金、银和钛金属

金、银、钛，这些金属材料都采用 SLS 的粉末烧结。金银可以打印饰品，而钛金属是高端 3D 打印机材料，用来打印航空飞行器上的构件，如图 10-15 所示。

图 10-14　不锈钢材料

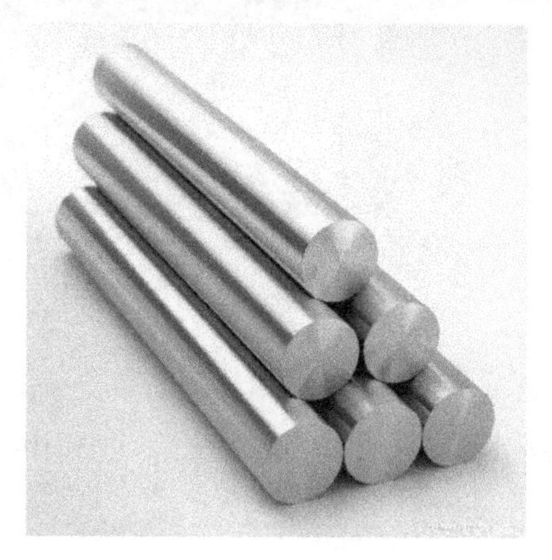

图 10-15　钛金属材料

10. 彩色打印和其他材料

彩色打印有两种情况：一种是两种或多种颜色的相同或不同材料从各自的喷嘴中挤出，最常用的是民用级 FDM 双喷嘴打印机，通过两种或多种材料的组合来形成有限的色彩组合；另一种是采用喷墨打印机的原理，通过不同染色剂的组合，和胶黏剂混合注入打印材料粉末中进行凝固。如图 10-16 所示。

图 10-16　3D 打印彩色材料

其他的打印材料包括水泥、岩石、纸张，甚至盐，目前有少量的研究应用。例如，用混凝土打印房子，初步试验可以打印出小的模型或预制件；也有人研究用木板或者纸张打印家具，如利用回收的报纸作为打印材料是很有前景的。

10.2　3D 打印的应用领域

3D 打印常在模具制造、工业设计等领域被用于制造模型，后逐渐用于一些产品的直接制造，已经有使用这种技术打印而成的零部件。该技术在珠宝、鞋类、工业设计、建筑、工程和施工、汽车、航空航天、牙科和医疗产业、教育、地理信息系统、土木工程、枪支以及其他领域都有所应用。

10.2.1　工业制造

目前 3D 打印机制造出来的金属部件在精度和强度上已大有提升，有的已经开始进行大规模尝试。3D 打印制造的金属零部件能够达到传统制造工艺水平，甚至超过传统制造工艺水平。利用 3D 打印技术加工某一个零部件时，不需要冗长的生产线和复杂的加工流程，只需要在一台打印机中就能全部完成，从而将故障点数目降到最低，几乎杜绝了残次品的出现，这是传统制造技术所难以比拟的。

此外，3D 打印还能够制造出一些构造复杂、传统工艺无法实现的零部件，这将大幅提升金属零部件的生产效率。未来将会有更多的 3D 打印机技术应用在工业制造领域。

在传统制造领域，开模是一件令人头疼的事情，耗时长、难度大、成本高。而 3D 打印技术在产品设计(模型设计)方面应用广泛，凡是能够设计出来的、复杂的个性化产品，都能通过 3D 打印技术把模型打印出来，甚至直接生产制造出产品。

汽车零部件结构复杂，部件之间的配合精度要求高，使用传统制造方法，需要经过开模等过程，零部件的设计周期长、成本高。但通过 3D 打印技术进行快速成型，不仅能打印汽车零部件本身，还能打印零部件模具和零部件装配过程中使用的工装夹具。无须金属加工或任何模具，免去了模具开发、铸造、锻造等繁杂工序，省去试制环节中大量的人员、设备投入，提高开发效率，节约开发成本。3D 打印目前的技术水平可视金属零部件的力学性能和精度达到锻造件性能指标，保证汽车零部件对于精度和强度的需求。同时 3D 打印技术的工装夹具变形小、强度高，使用起来更方便，也更符合人体工学。

因此，3D 打印核心的意义体现在两个方面：一是传统生产方式不能生产制造的个性化、高复杂度的产品，通过 3D 打印技术能够直接制造；二是虽然传统方式能够生产制造，但是投入成本太大，周期太长，而通过 3D 打印技术作为传统生产方式的一次重大变革，是对传统生产方式有益的补充。如图 10-17 所示。

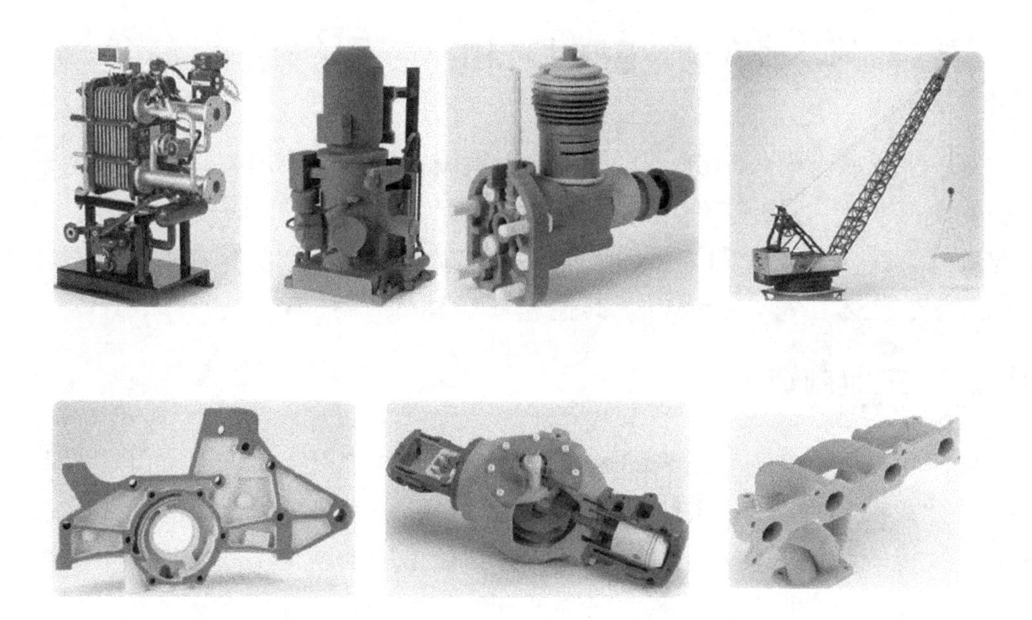

图 10-17　工业设计 3D 打印案例

10.2.2　航空航天

航天是高端制造技术的集中体现。就测量检测来说，无论是对于组件的测绘，还是零部件的检测，不允许有任何的错误，对测量检测的要求可以用苛刻来形容。而在加工制造方面，减重和安全是两个终极目标，要求不断优化组件设计和材料性能，做到轻量化、一体化。

航空航天领域检测零件外形以往多使用接触法，如三坐标测量机、特殊的量具等，使用贴靠的方法检测零件的曲面形状。这种方法效率不高，受人为因素影响较大，容易出错，存在一定的缺陷。三维扫描或三维光学测量技术则可以做到无损检测、复杂型面全尺寸测量检测、加工余量智能化检测等，高效便捷。

3D 打印在航空航天方面的应用已经趋于成熟，并且占比越来越大，成为 3D 打印应用的主要市场。美国国家航空航天局在外太空探索计划中，大量采用了 3D 打印技术，从火箭部件到飞船及外星球探测器，甚至是众人关心的宇航员吃什么，都用了 3D 打印技术来实现。中国航空航天工业中的一些机械装备，以及美国的 F-35 战斗机，部分零件也是由 3D 打印技术制造而成的。

有了高精度的三维测量检测技术和高端的 3D 打印技术，飞机将会越来越轻，也越来越安全。

(1) 2013 年，美国“太空制造”公司与美国国家航空航天局马歇尔航天中心合作，开展在零重力环境中的 3D 打印技术试验研究。

(2) 2014 年，计划为国际空间站提供一台 3D 打印机，供宇航员在轨生产零部件，无须再从地球运输零部件。计划 2014 年 8 月利用美国太空探索技术公司的“龙”飞船，将新研发的太空 3D 打印机送往国际空间站。

(3) 2014 年，3D 打印机连同太空货物由 SpaceX 飞行器携带声控抵达国际空间站，采用“挤制递增制造”技术将聚合物和其他材料逐层打印，最终形成所需的打印物体。3D 打印设计蓝图可从空间站计算机中预先载入或者从地面上行传输，空间站超过 30%的零部件都可以通过这台 3D 打印机制造。

(4) 2015 年，该公司还计划为国际空间站提供一个名为“增量生产设备”的太空打印设备，该设备不仅可“打印”物品，还能修理组件并升级硬件等。

(5) 2016 年，太空制造公司正在研制的一种称为“递增生产设备”的永久性太空打印装置，将交付国际空间站使用。

10.2.3　未来建筑

随着 3D 打印技术的完善，越来越多的物品都可以由 3D 打印完成。截止 2013 年 1 月，这些 3D 打印而成的产品都是小件物体，之后，这项技术开始颠覆传统的建筑行业。

目前，3D 打印在建筑装饰上已经比较成熟，个性化的装饰部件已经成功应用于水立方、上海世博会大会堂、国家大剧院、广州歌剧院、东方艺术中心、凤凰国际传媒中心、海南国际会展中心、三亚凤凰岛等成百上千个建筑项目。在建筑业，设计师使用 3D 打印机打印建筑模型，如图 10-18 所示，这种方法快速、成本低、环保，同时制作精美。3D 打印模型是建筑创意实现可视化与无障碍沟通的最好方法。这些模型完全符合设计者的要求，且又节省大量的材料和时间。

图 10-18　3D 打印建筑模型

2014 年 4 月，10 幢 3D 打印建筑在上海张江高新青浦园内揭开神秘面纱。这些建筑的墙体是用建筑垃圾制成的特殊“油墨”，依据计算机设计的图纸和方案，由大型的 3D 打印机层层叠加喷绘而成的，如图 10-19 所示。据介绍，10 幢小屋的建筑过程仅用 24 小时。

图 10-19　上海张江高新青浦园 3D 打印建筑

随着 3D 打印技术的推广，3D 打印在建筑设计领域的应用越来越广泛。对于一个新的项目，3D 打印模型可以实现在项目设计过程中实时交流与改进，这在与客户沟通的过程中是非常必要的。3D 打印技术可以向客户呈现一个二维图片和普通三维软件无法比拟的实体感，客户可以根据模型提出对设计细节的修改要求，制造出属于自己的梦幻之星。

10.2.4　医疗健康

随着 3D 打印技术的急速发展，其与生物医学的结合也越来越紧密。外科医生通过核磁共振技术生成三维扫描数据，使用 3D 打印制作身体模型用于手术方案的研究及手术过程的模拟，从而可以缩短手术时间，降低手术的风险；对于器官移植的患者，则可通过生物 3D 打印材料制造无排他性的替代器官进行医治，从而无须大量服用抗免疫类药物，减少患者的痛苦。未来，3D 打印将把人类带入生物智能制造的时代，3D 打印假体如图 10-20 所示。

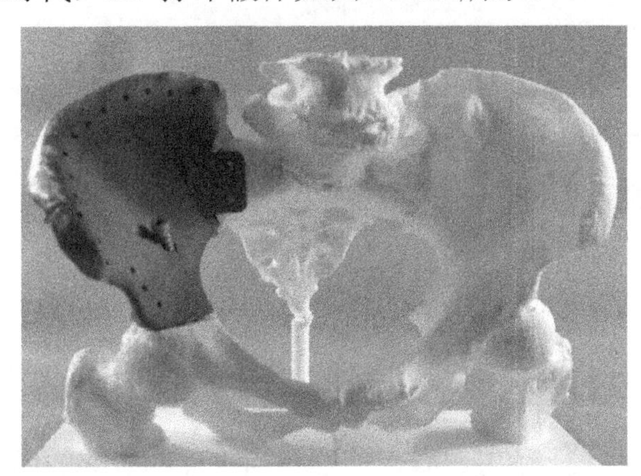

图 10-20　3D 打印假体

医疗设备已成为现代医疗的一个重要领域。中国医疗产品需求增长高于全球平均值，巨大的人口基数以及逐年快速递增的老龄化人口和人们不断增强的健康意识、国家政策、医疗信息化及技术革命的推动，使中国医疗产品市场需求持续快速增长。然而，医疗设备开发商不但要在产品的构思阶段堵塞设计漏洞，甚至要在产品的整个寿命周期内不断管理有关风险，以免设备发生故障，这就对医疗设备设计开发过程中的质量以及最终产品的品质提出了相当高的要求。如图 10-21 所示为 3D 打印制作的各种医疗用具。

准确地验证零件的尺寸规格是小型医疗器械工件设计和产品改进的一个关键环节，尤其是微创介入类产品，除了尺寸小，往往还材料比较柔软或者结构比较复杂，非常需要高精度、非接触式的三维测量检测设备的协助。

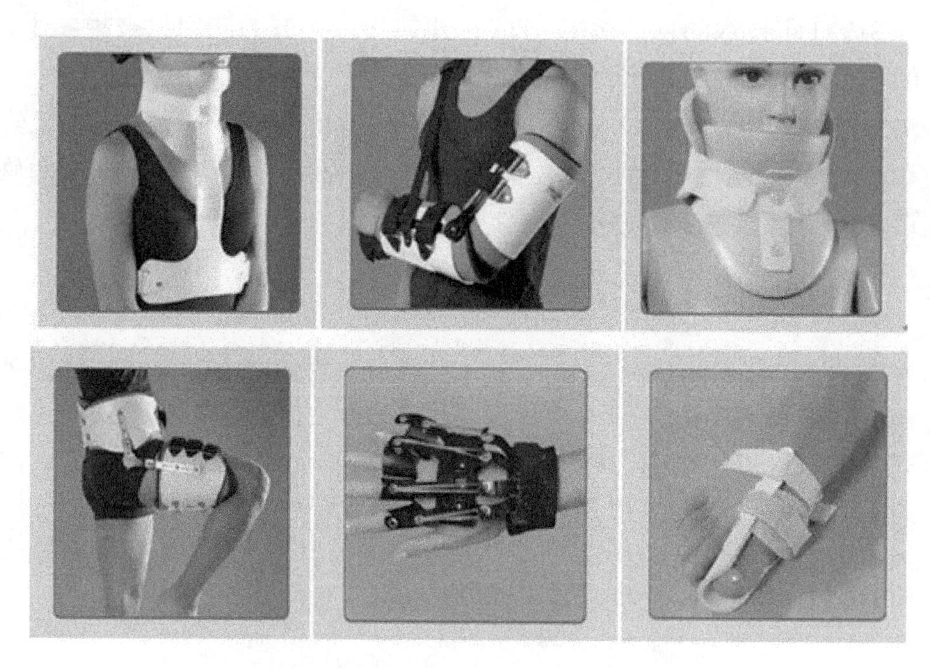

图 10-21　3D 打印制作各种医疗用具

3D 打印在医疗领域的应用已经非常广泛，医疗设备是很重要的一部分，主要体现在新产品设计研发、医疗设备定制、高端医疗设备的小批量制造方面。

数字化牙科是 3D 打印在医疗健康领域最重要的应用之一。数字化牙科是指借助计算机技术和机械设备辅助诊断、设计、治疗、信息追溯等。其中所需的 CAD/CAM 技术与产品，主要包括 CAD/CAM 设备与打印材料。数字化牙科还可以提供整套的数字化修复解决方案，将数字化和自动化的生产方式，带到牙科修复的设计与生产阶段，如图 10-22 所示。

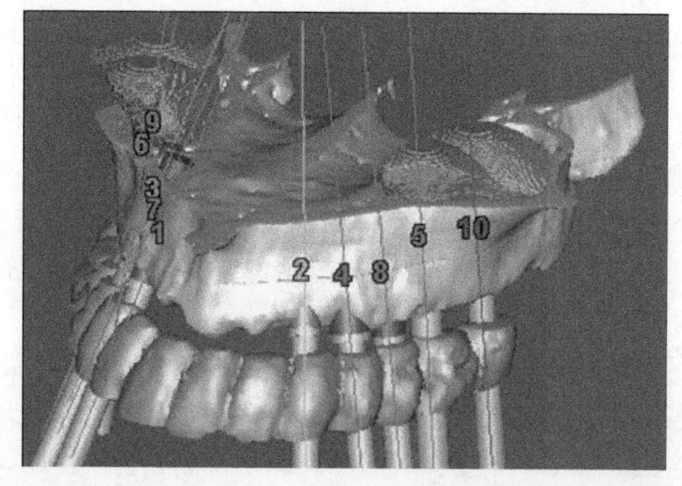

图 10-22　三维数字化牙科系统在牙齿种植修复中的应用

通过三维扫描、CAD/CAM 设计和 3D 打印，牙科实验室可以准确、快速、高效地生产牙冠、牙桥、石膏模型和种植导板等。口腔修复体的设计与制作目前在临床上仍以手工为主，效率较低，数字化牙科则为我们展示了广阔的发展空间。数字化技术解除了人们手工作业的繁重负担，同时又消除了手工建模导致的精确度及效率的瓶颈。

10.2.5　文物保护

3D 打印已经应用于文物修复领域。像电影《十二生肖》里演的那样复制出一件“一模一样”的文物，就现在的 3D 打印技术而言，完全是有可能的。

所有历史文物和遗迹都是前人智慧的结晶，然而由于文物本身的脆弱性，随着时间的流逝，都经受着不同程度的破坏和损害。如何对历史文物进行有效的保护、修复、重建、研究以及传播，是摆在所有文博工作者面前的现实问题。

文物保护技术也一直在与时俱进，涉及诸多物理、化学、材料学等学科知识，很多高等院校开设有专门的学科进行相关人才的系统培养，而目前最受关注的文物保护技术，无疑是三维数字化技术和 3D 打印技术。

博物馆里常常会用很多复杂的替代品来保护原始作品不受环境或意外事件的伤害，同时复制品也能使艺术或文物的影响变得更大。不仅如此，3D 打印已广泛应用于文物数据化存档、文物复制、文物修复以及遗失文物仿真复原等专业领域。例如，美国的史密森尼博物馆因为原始的托马斯 • 杰弗逊雕像要放在弗吉尼亚州展览，所以该博物馆就用一个巨大的 3D 打印替代品放在原来雕塑的位置，如图 10-23 所示。

图 10-23　3D 打印的托马斯 • 杰弗逊

3D 打印技术也已经应用到国内一些博物馆的文物保护工作中。应用在博物馆里的 3D 打印技术主要有两个方面：一是对于无法翻模或不适于翻模的文物进行复制，二是用于局部残缺文物的修复。

传统的文物复制一般直接在文物上翻模。有些复制方法会造成不利影响：首先是翻模材料残留在文物表面，对文物造成污染；其次塑形与文物不能达到百分百的一致。但是结合三维扫描技术的3D打印就可以很好地解决这些问题。首先使用三维扫描技术获得复制文物的三维模型，然后使用3D打印技术获得复制品，再在复制品上翻模复制，就可以批量制作，如图10-24所示。

图10-24 3D打印仿文物作品

对于残缺文物的修复，首先要获得残缺处的三维模型。例如，陶俑有一足缺失，根据分析，应与另一足形状相同，可以扫描另一足外形打印后用作补全的依据。再如，瓷碗口沿缺失局部，而缺失处整体弧度与其他部分是完全相同的，也可以通过复制其他部分来进行文物修复。个别材质的文物(如瓷器)还可直接利用打印品进行文物补全。

在文物保护方面，3D打印技术有一项十分明显的优势，它可以根据需要调整打印品的比例，这在传统复制上是很难甚至根本无法做到的。3D打印的模型一旦获得是独立于文物之外的，可以像复制文件一样，获得完全相同的打印品，甚至可以获得细微纹饰的形貌。

实践

上网查阅资料，了解3D打印技术还应用于哪些领域？如个性化创作、科普教育、3D照相馆等。

10.3 3D打印与机器人结合

3D打印正在成为机器人爱好者的强大工具，并且会日趋重要。在机器人技术领域，采用 3D 打印进行迭代，是研发过程中的重要环节。在机器人创作、原型制作和研发过程中的重要性不容小觑。打印新零件或已有零件升级，可以节约大量时间。如果你有一台 3D 打印机，或者有机会接触到 3D 打印，那么你的零件制作过程将能控制在数小时内,而不再是数日或数周。单个零件的评估和测试时间大大缩短，有利于机器人的设计、研发和原型制作，同时还可能为你省下预算。3D 打印机器人零件如图 10-25 所示。

每一天，都有新的机器人爱好者、研究者开始接触 3D 打印技术，以便在降低成本的同时尝试更多的设计。机器人研究者可以将 3D 设计文件发送给 3D 打印服务商，在家静候成品的送达。3D 打印服务商会对模型进行测试，并用高质量的商业 3D 打印机制作成品，因此研究者可以省下该工序的时间。3D 打印机器人零件可以降低制作机器人的成本，也可以降低设计成本，节省时间，如图 10-26 所示为机器人研究者设计的机器人。

图 10-25 3D 打印的机器人零件

图 10-26 机器人研究者设计的机器人

3D 打印还有助于分享和研发开源平台的机器人设计。只要有 3D 打印机，就能下载他人分享的设计，打印出机器人，如图 10-27 所示。

3D 打印机还可能改变我们未来的购买和制作方式。能打印高质量材料，如树脂、高强度塑料或者金属。如今，这些属于专业级的高质量 3D 打印，未来也许会变得更加亲民，每个人都能使用。展望未来，机器人技术和 3D 打印技术相结合，可以产生无限可能。3D 金属打印，如钛，也许会变得常见。新型塑料材料，也许不仅比金属便宜，甚至更坚固。机器人自我制造，也是另一种可能性。自己设计好机器人，发送到 3D 打印机或者 3D 打印服务供应商进行制作，然后坐在一旁等待。3D 打印机助你创造新型机器人。

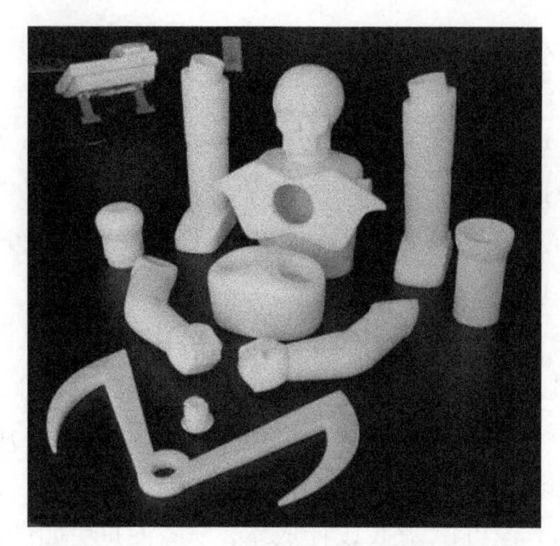
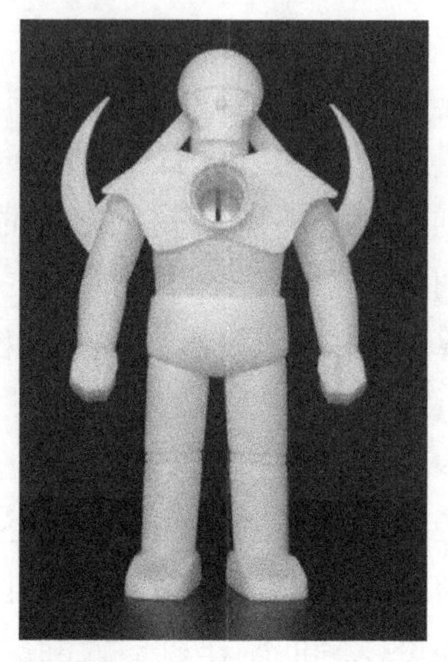

图 10-27　3D 打印机器人部件并组装

通过使用 3D 打印技术是否会使我们向仿人机器人更近一步？在机器人学领域有一种新的进步正在成型。这种新兴科学——软机器人学，旨在消除仍然存在于人和机器人之间的物理差异。直到目前，机器人仍然外观坚硬，材质比人体软组织强硬无数倍。因而机器人在通常的形态上与人类没有丝毫相似之处。3D 打印和生物金属取得了进展，可能距离使用多材料 3D 打印创造出真实的工作智能机器人将不再遥远。使用这样的系统可以使设计师将刚性 3D 打印骨骼和关节无缝连接到灵活的 3D 打印制成的软组织上，通过生物金属伸进和肌腱提供动力，精确地嵌在复杂分支旁道内部。接下来，可能仿人机器人将升至太空，使得火星变得如地球一般适合“人类”居住。

第11章 畅想机器人的未来

30多年前，比尔•盖茨毅然弃学，创立微软，成为个人计算机普及革命的领军人物。进入21世纪，他预言，机器人即将重复个人计算机崛起的道路。点燃机器人普及的“导火索”，这场革命必将与个人计算机一样，彻底改变这个时代的生活方式。

2015年，在参与制造智能汽车引起业内讨论后，阿里巴巴又将目光投向机器人产业。阿里巴巴集团董事局主席马云预言，“30年内机器人产业会有飞跃发展，未来机器人会像汽车、飞机一样普及”。马云指出，“目前我们处于从以控制为出发点的IT时代，走向以激活生产力为目的的数据时代。未来，机器人产业有望在医疗、公共服务、研究和智能家庭等方面成为催化科技突破的关键领域。”

11.1 未来机器人技术研究

当今，机器人技术的发展趋势主要有两个突出的特点：一是在横向上，机器人的应用领域不断扩大，机器人的种类日趋增多；二是在纵向上，机器人的性能不断提高，并逐步向智能化方向发展。21世纪，机器人技术将继续是科学与技术发展的热点。机器人技术的进一步发展必将对社会经济和生产力的发展产生更加深远的影响。在未来的100年中，科学与技术的发展将会使机器人技术提高到一个更高的水平。机器人将成为人类的伙伴，更加广泛地参与人类的生产活动和社会生活。

目前，国际机器人界都在加大科研力度，进行机器人共性技术的研究，并朝着智能化和多样化方向发展。未来机器人技术的主要研究内容集中在以下几个方面。

(1) 工业机器人操作结构的优化设计技术。探索新的高强度轻质材料，进一步提高负载/自重比，同时机构向着模块化、可重构方向发展。

⑵ 机器人控制技术。重点研究开放式、模块化控制系统，人机界面更加友好，语言、图形编程界面正在研制之中。机器人控制器的标准化和网络化以及基于个人计算机网络式控制器已成为研究热点。

⑶ 多传感系统。为进一步提高机器人的智能和适应性，多种传感器的使用是其问题解决的关键。其研究热点在于有效可行的多传感器融合算法，特别是在非线性及非平稳、非正态分布的情形下的多传感器融合算法。

⑷ 机器人遥控及监控技术、机器人半自主和自主技术。多机器人和操作者之间的协调控制，通过网络建立大范围内的机器人遥控系统，在有时延的情况下，建立预先显示进行遥控等。

⑸ 虚拟机器人技术。基于多传感器、多媒体和虚拟现实以及临场感应技术，实现机器人的虚拟遥控操作和人机交互。

⑹ 多智能体控制技术。这是目前机器人研究的一个崭新领域。主要对多智能体的群体体系结构、相互间的通信与磋商机理、感知与学习方法、建模和规划、群体行为控制等方面进行研究。

⑺ 微型和微小机器人技术。这是机器人研究的一个新的领域和重点发展方向。过去的研究在该领域几乎是空白，因此该领域研究的进展将会引起机器人技术的一场革命，并且对社会进步和人类活动的各个方面产生不可估量的影响，微型机器人技术的研究主要集中在系统结构、运动方式、控制方法、传感技术、通信技术以及行走技术等方面。

⑻ 软机器人技术。主要用于医疗、护理、休闲和娱乐场合。传统机器人设计未考虑与人紧密共处，因此其结构材料多为金属或硬性材料，软机器人技术要求其结构、控制方式和所用传感系统在机器人意外地与环境或人碰撞时是安全的，机器人对人是友好的。

⑼ 仿人和仿生技术。这是机器人技术发展的最高境界，目前仅在某些方面进行一些基础研究。

11.2 决定机器人未来发展的因素

人类生产活动的需要是机器人技术发展的基本动力，社会的科学技术水平是机器人技术的基础。

目前，机器人技术的发展尚存在许多待解决的瓶颈问题。从仿生学角度看，现代机器人的驱动系统还是相当笨重的，虽然人们曾经努力创造了数种用于机器人的驱动系统，但是现在还没有任何驱动系统能与人的肌肉相媲美；需要研究体积小、质量轻、出力大、灵敏度高的新型驱动系统来取代现在使用的笨重的驱动系统；对于移动机器人来说，还需要解决可携带能源问题，研究新型高效能源。

现在使用的蓄电池的体积和重量，相对其蓄电容量来讲，显得太大、太重；计算机的信息传输与处理速度还不够快，还不能满足机器人实时感知系统的需要；机器人的“思维能力”也将取决于计算机的智能化程度；传感器的微型化和集成化仍然不能满足机器人技术的发展需要；纳米机器人的研究，需要人们对生命过程分子水平生物学原理的每一步都有深刻的认识；水下机器人的研究，要求解决动力定位的控制问题、远距离水下通信和能源问题；为了提高太空机器人的可靠性和灵活性，促进其智能化和微型化，需要研究用灵巧的、可变形的材料来代替电动机等执行机构；机器人的进化研究，需要人们清楚了解人类社会进化的每一步，研究其机器实现的方法等。

机器人的发展给现代科学技术提出了亟待解决的问题，问题的解决又将极大地推动机器人的进步。在 21 世纪，科学技术更加发达，机器人种类更加多样，机器人家族将会越来越兴旺，机器人也将越来越多才多艺，越来越聪明伶俐。同时，机器人将进一步促进人类社会科技的进步和经济的发展。

随着新技术不断被提出以及现有技术的高度发展，机器人在运动方面的难题将会得到妥善的解决。那个时候的机器人将能够很好地行走和跳跃，很好地模拟生物的运动，从而大大解决因机器人运动不便所带来的种种问题。同时经过不懈的探索，人类必将在新材料的领域取得巨大突破，因此，未来的机器人会拥有和人一样的身材及质量，最大限度地模仿人的外形及运动。这种机器人更加接近电影中的机器人，这个时候的机器人可以说已经发展到一个很成熟的地步，机器人可以在更大的程度上代替人的工作。到那时候，人类社会可以很好地从机器人身上得到想要的回报，会缓解很多社会问题。机器人可以走进家庭，走进工厂，走进医院。而由于运动学、仿生学和新材料的发展，我们将研制出更加完美的身体器官替代品。因此未来人的生命质量将大大提高，现在很多无法解决的医学问题也会得到很好的解决，这对于人类社会来讲无疑是一件很有意义的事。

另外，传感器也将得到极大的飞跃式发展，未来的机器人可以模仿人类的感觉。这一点对于医学方面极为重要。第一，通过机器人来模仿人在生病时的感觉变化以及在手术等医疗过程中的感觉变化对于改进医疗手段具有十分重要的意义。第二，在身体器官的替代品中装入合适的传感器可以帮助患者更好地适应与使用，使得残障人士在身体感官上恢复到和正常人差不多的水平，将会大大方便患者的生活。第三，一些手术通过机器人来辅助或替代人的工作，会大大提高手术的准确性和成功率。同时，由于机器人的自身材料优势，它们可以抵挡严寒酷暑，不用呼吸，不怕辐射，因此在空间探索方面将会给人类带来极大的帮助。

11.3 机器人的未来发展趋势

智能化是机器人未来的发展方向，智能机器人是具有感知、思维和行动功能的机器，是机构学、自动控制、计算机、人工智能、微电子学、光学、通信技术、传感技术、仿生学等多种学科和技术的综合成果。智能机器人可获取、处理和识别多种信息，自主地完成较为复杂的操作任务，比一般的工业机器人具有更大的灵活性、机动性和更广泛的应用领域。未来意识化智能机器人很可能的几大发展趋势如下。

1. 语言交流功能越来越完美

智能机器人，既然已经被赋予“人”的特殊含义，当然需要有比较完美的语言功能，这样就能与人类进行一定的语言交流，机器人语言功能的完善是一个非常重要的环节。未来智能机器人的语言交流功能完美化是一个必然性趋势，在工程师完美设计的程序下，它们能轻松地掌握多个国家的语言，远高于人类的学习能力。另外，机器人还能进行自我的语言词汇重组能力，即当人类与之交流时，遇到语言包程序中没有的语句或词汇的情况下，机器人可以自动地利用相关或相近意思的词组，按句子的结构重新组成句子来回答，这也相当于人类的学习能力和逻辑能力，是一种意识化的表现。

2. 各种动作的完美化

机器人的动作是相对于模仿人类动作来说的，我们知道人类能做的动作是极多样化的，招手、握手、走、跑、跳等，都是人类的惯用动作。现代智能机器人虽然也能模仿人的部分动作，但是动作有点僵硬，或者动作比较缓慢。未来机器人将以更灵活的类似人类的关节和仿真人造肌肉，使其动作更像人类，模仿人的所有动作。还有可能做出一些普通人很难做出的动作，如平地翻跟斗、倒立等。

3. 外形越来越酷似人类

科学家以人类自身形体为参照对象研制出越来越高级的智能机器人。当完美的人造皮肤、人造头发、人造五官等恰到好处地遮盖于金属内在的机器人身上，配以人类正统手势时，从远处乍一看，还真会误以为是一个大活人。当走近时，细看才发现原来只是个机器人。对于未来机器人，仿真程度很有可能达到即使近在咫尺也很难分辨的程度。这种状况就如美国科幻大片《终结者》中的机器人造型一样，具有极致完美的人类外表。

4. 逻辑分析能力越来越强

对于智能机器人，为了完美地模仿人类，未来科学家会不断地赋予它许多逻辑分析程序功能，这也相当于是智能的表现。例如，自行重组相应词汇，形成新的句子，这是逻辑能力的完美表现形式。再如若自身能量不足，可以自行充电，而不需要主人帮助，是一种意识表现。总之，逻辑分析有助于机器人完成许多工作，在不需要人类帮助的情况下，还可以帮助人类完成一些任务，甚至是比较复杂的任务。在一定层面上讲，机器人有较强的逻辑分析能力，是利大于弊的。

5. 具备越来越多样化功能

人类制造机器人的目的是为人类所服务的，所以就会尽可能地把它变成多功能化。例如，在家庭中，机器人可以成为保姆，既可以扫地、吸尘，也可以陪人聊天，还可以看护小孩等。到外面时，机器人可以搬一些重物，或提一些东西，甚至还能当私人保镖。另外，未来高级智能机器人还具备多样化的变形功能，如从人形状态变成一辆豪华的汽车，这似乎是真正意义上的变形金刚，它载着主人到想去的地方，这种比较理想的设想，或许未来都可能实现。

机器人是社会科学技术发展的必然产品，是社会经济发展到一定程度的产物。随着科学技术的进一步发展及各种技术的相互融合，机器人技术的前景将会更加光明。

参考文献

陈恳, 付成龙, 2010. 仿人机器人理论与技术[M]. 北京: 清华大学出版社.
陈汝佳, 2014. 轮式人形家庭服务机器人设计与实现[D]. 成都: 电子科技大学.
何克抗, 李文光, 2009. 教育技术学[M]. 2 版. 北京: 北京师范大学出版社.
彭绍东, 2002. 论机器人教育(上)[J]. 电化教育研究, (6): 3-7.
齐丙辰, 大川善邦, 高平, 2000. 现代教育技术的新领域——机器人辅助教育[J]. 机器人技术与应用, (1): 5-7.
吴洁, 何花, 周波, 2006. 浅谈教育机器人[J]. 中国教育技术装备, (7): 14-17.
张剑平, 王益, 2006. 机器人教育：现状、问题与推进策略[J]. 中国电化教育, (23): 65-69.
赵炜, 2017. 基于建构主义的机器人辅助教学系统研究[D]. 重庆: 重庆师范大学.